T0220228

Springer-Lehrbuch

Uwe Schäfer

Das lineare Komplementaritätsproblem

Eine Einführung

 Springer

Priv.-Doz. Dr. Uwe Schäfer
Institut für Angewandte und Numerische Mathematik
Universität Karlsruhe (TH)
76128 Karlsruhe
Uwe.Schaefer@math.uni-karlsruhe.de

ISBN 978-3-540-79734-0   e-ISBN 978-3-540-79735-7

DOI 10.1007/978-3-540-79735-7

Springer-Lehrbuch ISSN 0937-7433

Bibliografische Information der Deutschen Nationalbibliothek
Die Deutsche Nationalbibliothek verzeichnet diese Publikation in der Deutschen Nationalbibliografie;
detaillierte bibliografische Daten sind im Internet über http://dnb.d-nb.de abrufbar.

Mathematics Subject Classification (2000): 90C33, 65F99, 65G40, 65L10, 91A05, 60H30

© 2008 Springer-Verlag Berlin Heidelberg

Satz: Datenerstellung durch den Autor unter Verwendung eines Springer TEX-Makropakets
Herstellung: le-tex publishing services oHG, Leipzig
Umschlaggestaltung: WMXDesign GmbH, Heidelberg

Gedruckt auf säurefreiem Papier

9 8 7 6 5 4 3 2 1

springer.de

für Gabriele Schäfer

Vorwort

Das vorliegende Buch entstand aus zwei aufeinander aufbauenden Vorlesungen, die ich im Sommersemester 2007 bzw. im Sommersemester 2008 an der Universität Karlsruhe in der Fakultät für Mathematik gehalten habe. Die Idee, ein Buch über das lineare Komplementaritätsproblem zu schreiben, entstand aus der Tatsache, dass das lineare Komplementaritätsproblem insbesondere im Grundstudium selten gelehrt wird, obwohl doch das lineare Komplementaritätsproblem mit wenig Grundkenntnissen behandelt werden kann, eine schöne geometrische Interpretation zulässt, eine Fülle von Anwendungen besitzt und insbesondere die lineare Programmierung als Spezialfall beinhaltet.

Um das lineare Komplementaritätsproblem in der Lehre zu etablieren, benötigt man Lehrbücher. Jedoch existieren hierzu nur sehr wenige Lehrbücher. Die Klassiker sind:

1. R. W. Cottle, J.-S. Pang, R. E. Stone, The Linear Complementarity Problem, Academic Press, 1992, 762 Seiten.
2. K. Murty, Linear Complementarity, Linear and Nonlinear Programming, Heldermann-Verlag, 1988, 605 Seiten.

Das vorliegende Buch ist in deutscher Sprache verfasst und gibt auf 268 Seiten zusammengefasst eine Einführung in die Problematik. Dabei werden auch neue Ergebnisse vorgestellt. Beispielsweise behandelt dieses Buch auch die Bewertung von amerikanischen Put-Optionen. Dass dies auf ein lineares Komplementaritätsproblem führt, wurde erst Ende der 1990er Jahre thematisiert.

Danken möchte ich meinem Doktorvater Prof. Dr. Götz Alefeld, der mich 1996 auf das lineare Komplementaritätsproblem aufmerksam machte und mir am Institut für Angewandte und Numerische Mathematik der Universität Karlsruhe die Gelegenheit gab, dieses Buch zu schreiben.

Des Weiteren danke ich Prof. Dr. Florian Potra. Er hielt im Juni/Juli 2006 im internen Seminar des Instituts für Angewandte und Numerische Mathematik an der Universität Karlsruhe eine Vortragsreihe über Innere-Punkte-Verfahren. Das sechste Kapitel dieses Buches basiert auf seinen Ausführungen, die er mir in zahlreichen persönlichen Gesprächen weiter erläutert hat.

Bedanken möchte ich mich auch bei den Gutachtern für ihre hilfreichen Hinweise und für ihre wertvollen Anregungen.

Für das Korrekturlesen möchte ich mich herzlichst bei Dr. Marco Schnurr und cand. math. Thomas Donauer bedanken.

Zuletzt danke ich Frau Katja Röser von der Firma le-tex sowie Frau Agnes Herrmann und Herrn Clemens Heine vom Springer-Verlag für die freundliche und gute Zusammenarbeit.

Karlsruhe, im Juli 2008   Uwe Schäfer

Inhaltsverzeichnis

1

Die Problemstellung

Im Jahre 1968 erschien in der ersten Ausgabe der mathematischen Zeitschrift *Linear Algebra and its Applications* ein Artikel von Richard W. Cottle und George B. Dantzig, der eine mathematische Problemstellung behandelt, die lineare und quadratische Programme verallgemeinert sowie das Berechnen eines Nash-Gleichgewichts in einem Zwei-Personen-Spiel ermöglicht.

Diese Problemstellung wurde in jenem Artikel mit *fundamental problem* bezeichnet. Es ist aber überliefert[1], dass Richard W. Cottle bereits 1965 für diese Problemstellung den Begriff *linear complementarity problem* vorgeschlagen hat. Dieser Begriff hat sich nun seit Jahrzehnten etabliert und wird in der Literatur mit LCP abgekürzt. Übersetzen wollen wir den Begriff mit *lineares Komplementaritätsproblem*.

Mittlerweile gibt es viele weitere Problemstellungen, die sich in ein LCP überführen lassen, und es ist Teil dieses Buches, einige dieser Anwendungen im Detail vorzustellen. Der komplementäre Teil des Buches widmet sich der Aufgabe, ein LCP zu lösen.

Was ist aber nun ein LCP?

Gegeben sind eine reelle Matrix

$$
M = \begin{pmatrix} m_{11} & m_{12} & \cdots & m_{1n} \\ m_{21} & m_{22} & \ddots & \vdots \\ \vdots & \ddots & \ddots & \vdots \\ m_{n1} & \cdots & \cdots & m_{nn} \end{pmatrix} \in \mathbb{R}^{n \times n}
$$

und ein reeller Vektor

$$
q = \begin{pmatrix} q_1 \\ \vdots \\ q_n \end{pmatrix} \in \mathbb{R}^n.
$$

---

[1] Siehe Notes and References 1.7.1 in [21].

Das lineare Komplementaritätsproblem besteht darin, zwei Vektoren

$$w = \begin{pmatrix} w_1 \\ \vdots \\ w_n \end{pmatrix} \in \mathbb{R}^n \quad \text{und} \quad z = \begin{pmatrix} z_1 \\ \vdots \\ z_n \end{pmatrix} \in \mathbb{R}^n$$

zu finden, die

$$w = q + Mz, \tag{1.1}$$

$$0 = w_1 z_1 + w_2 z_2 + \ldots + w_n z_n, \tag{1.2}$$

$$w \geq o, \, z \geq o \tag{1.3}$$

erfüllen, oder zu zeigen, dass keine solchen Vektoren existieren. In (1.3) bezeichnet o den Nullvektor, und das $\geq$-Zeichen ist komponentenweise zu verstehen. $z \geq o$ bedeutet also

$$z_1 \geq 0, \, z_2 \geq 0, \ldots, z_n \geq 0.$$

Für $w_1 z_1 + w_2 z_2 + \ldots + w_n z_n$ schreibt man $w^\mathrm{T} z$. Man schreibt die drei Bedingungen (1.1)-(1.3) auch oft in eine Zeile:

$$w = q + Mz, \quad w^\mathrm{T} z = 0, \quad w \geq o, \, z \geq o. \tag{1.4}$$

Machmal wird das LCP auch mit $LCP(q, M)$ abgekürzt, um die Eingangsdaten q und M zu betonen.

Eine alternative Formulierung von $LCP(q, M)$ besteht darin, einen Vektor z zu finden, der

$$q + Mz \geq o, \quad z \geq o, \quad (q + Mz)^\mathrm{T} z = 0 \tag{1.5}$$

erfüllt, oder zu zeigen, dass kein solcher Vektor existiert. Beide Formulierungen sind äquivalent im folgenden Sinne: Bilden w und z eine Lösung von (1.4), so ist z eine Lösung von (1.5). Umgekehrt bilden $w := q + Mz$ und z eine Lösung von (1.4), falls z (1.5) löst.

1.1 Zur Namensgebung

Bezeichnet E die Einheitsmatrix, also

$$E = \begin{pmatrix} 1 & 0 & \cdots & 0 \\ 0 & 1 & \ddots & \vdots \\ \vdots & \ddots & \ddots & 0 \\ 0 & \cdots & 0 & 1 \end{pmatrix},$$

so lässt sich (1.1) schreiben als

$$\left(E \vdots - M \right) \begin{pmatrix} w \\ z \end{pmatrix} = q. \tag{1.6}$$

Dies ist ein unterbestimmtes lineares Gleichungssystem mit n Gleichungen und $2n$ Unbekannten. Daher der Name *lineares* Komplementaritätsproblem. Der Name *Komplementarität* begründet sich aus folgender Beobachtung: Bilden $w \in \mathbb{R}^n$ und $z \in \mathbb{R}^n$ eine Lösung von $LCP(q, M)$, so erfüllen sie insbesondere die Bedingungen (1.2)-(1.3). Daher gilt

$$0 = \underbrace{w_1 z_1}_{\geq 0} + \underbrace{w_2 z_2}_{\geq 0} + \ldots + \underbrace{w_n z_n}_{\geq 0}.$$

Eine Summe aus n Summanden, wobei jeder Summand positiv oder gleich null ist, kann nur dann null ergeben, wenn alle n Summanden den Wert null haben, d.h. es muss gelten

$$w_1 z_1 = 0, \ w_2 z_2 = 0, \ldots, w_n z_n = 0.$$

Für jedes $i \in \{1, ..., n\}$ gilt somit

$$w_i = 0 \quad \text{oder} \quad z_i = 0.$$

In einem gewissen Sinne sind w_i und z_i daher *komplementär*. Ist $w_i > 0$, so folgt $z_i = 0$; aus $z_i > 0$ folgt umgekehrt $w_i = 0$.

Bilden w und z eine Lösung von $LCP(q, M)$, so kann es auch vorkommen, dass für ein $i \in \{1, ..., n\}$ sowohl $w_i = 0$ als auch $z_i = 0$ gilt. Eine solche Lösung nennt man entartet. Andernfalls nichtentartet.

1.2 Wie man prinzipiell das LCP lösen kann

Die Beobachtungen aus dem letzten Abschnitt geben uns eine Möglichkeit, alle Lösungen von $LCP(q, M)$ zu bestimmen. Die Vektoren $w \in \mathbb{R}^n$, $z \in \mathbb{R}^n$ sind nämlich genau dann eine Lösung von $LCP(q, M)$, wenn sie (1.6) erfüllen mit $w \geq o$, $z \geq o$ und wenn

$$\text{für jedes } i \in \{1, ..., n\} \quad w_i = 0 \quad \text{oder} \quad z_i = 0 \quad \text{gilt.} \tag{1.7}$$

Da also mindestens n der $2n$ Unbekannten den Wert null annehmen müssen, kann man $LCP(q, M)$ mit Hilfe von Fallunterscheidungen in Angriff nehmen. Wir werden dies anhand eines Beispiels erläutern.

Beispiel 1.2.1 Wir betrachten $LCP(q, M)$ mit

$$M = \begin{pmatrix} 1 & 2 & 3 \\ 4 & 5 & 6 \\ 7 & 8 & 9 \end{pmatrix} \quad \text{und} \quad q = \begin{pmatrix} -2 \\ -1 \\ 1 \end{pmatrix}.$$

(1.6) lautet dann

$$\begin{pmatrix} 1\,0\,0 & -1 & -2 & -3 \\ 0\,1\,0 & -4 & -5 & -6 \\ 0\,0\,1 & -7 & -8 & -9 \end{pmatrix} \begin{pmatrix} w_1 \\ w_2 \\ w_3 \\ z_1 \\ z_2 \\ z_3 \end{pmatrix} = \begin{pmatrix} -2 \\ -1 \\ 1 \end{pmatrix}. \tag{1.8}$$

1. Fall: $z_1 = 0$, $z_2 = 0$, $z_3 = 0$. Dann reduziert sich (1.8) zu

$$\begin{pmatrix} 1\,0\,0 \\ 0\,1\,0 \\ 0\,0\,1 \end{pmatrix} \begin{pmatrix} w_1 \\ w_2 \\ w_3 \end{pmatrix} = \begin{pmatrix} -2 \\ -1 \\ 1 \end{pmatrix}.$$

Es folgt

$$w = \begin{pmatrix} -2 \\ -1 \\ 1 \end{pmatrix} \not\geq o, \quad z = o. \tag{1.9}$$

Der 1. Fall führt somit zu keiner Lösung.
2. Fall: $w_1 = 0$, $z_2 = 0$, $z_3 = 0$. Dann reduziert sich (1.8) zu

$$\begin{pmatrix} -1\,0\,0 \\ -4\,1\,0 \\ -7\,0\,1 \end{pmatrix} \begin{pmatrix} z_1 \\ w_2 \\ w_3 \end{pmatrix} = \begin{pmatrix} -2 \\ -1 \\ 1 \end{pmatrix}.$$

Es folgt

$$z_1 = 2, \quad w_2 = 7, \quad w_3 = 15.$$

Somit ist

$$w = \begin{pmatrix} 0 \\ 7 \\ 15 \end{pmatrix}, \quad z = \begin{pmatrix} 2 \\ 0 \\ 0 \end{pmatrix} \tag{1.10}$$

eine Lösung von $LCP(q, M)$.
3. Fall: $w_1 = 0$, $w_2 = 0$, $z_3 = 0$. Dann reduziert sich (1.8) zu

$$\begin{pmatrix} -1 & -2\,0 \\ -4 & -5\,0 \\ -7 & -8\,1 \end{pmatrix} \begin{pmatrix} z_1 \\ z_2 \\ w_3 \end{pmatrix} = \begin{pmatrix} -2 \\ -1 \\ 1 \end{pmatrix}.$$

Mit dem Gaußschen Eliminationsverfahren erhält man

$$\left(\begin{array}{ccc|c} -1 & -2 & 0 & -2 \\ -4 & -5 & 0 & -1 \\ -7 & -8 & 1 & 1 \end{array} \right) \rightsquigarrow \left(\begin{array}{ccc|c} 1 & 2 & 0 & 2 \\ 0 & 3 & 0 & 7 \\ 0 & 6 & 1 & 15 \end{array} \right) \rightsquigarrow \left(\begin{array}{ccc|c} 1 & 2 & 0 & 2 \\ 0 & 3 & 0 & 7 \\ 0 & 0 & 1 & 1 \end{array} \right). \tag{1.11}$$

Es folgt

$$w_3 = 1, \quad z_2 = \frac{7}{3}, \quad z_1 = -\frac{8}{3}.$$

Somit ist

$$w = \begin{pmatrix} 0 \\ 0 \\ 1 \end{pmatrix}, \quad z = \begin{pmatrix} -\frac{8}{3} \\ \frac{7}{3} \\ 0 \end{pmatrix} \qquad (1.12)$$

eine Lösung von (1.8), aber wegen $z \not\geq o$ keine Lösung von $LCP(q, M)$.
4. Fall: $w_1 = 0$, $w_2 = 0$, $w_3 = 0$. Dann reduziert sich (1.8) zu

$$\begin{pmatrix} -1 & -2 & -3 \\ -4 & -5 & -6 \\ -7 & -8 & -9 \end{pmatrix} \begin{pmatrix} z_1 \\ z_2 \\ z_3 \end{pmatrix} = \begin{pmatrix} -2 \\ -1 \\ 1 \end{pmatrix}.$$

Mit dem Gaußschen Eliminationsverfahren erhält man

$$\begin{pmatrix} -1 & -2 & -3 & | & -2 \\ -4 & -5 & -6 & | & -1 \\ -7 & -8 & -9 & | & 1 \end{pmatrix} \rightsquigarrow \begin{pmatrix} 1 & 2 & 3 & | & 2 \\ 0 & 3 & 6 & | & 7 \\ 0 & 6 & 12 & | & 15 \end{pmatrix} \rightsquigarrow \begin{pmatrix} 1 & 2 & 3 & | & 2 \\ 0 & 3 & 6 & | & 7 \\ 0 & 0 & 0 & | & 1 \end{pmatrix}. \qquad (1.13)$$

In diesem Fall (d.h. falls $w = o$) besitzt (1.8) keine Lösung und somit auch nicht $LCP(q, M)$.
Die restlichen vier Fälle liefern keine weitere Lösung von $LCP(q, M)$. Die entsprechenden Rechnungen seien als Übung empfohlen.   □

Wir wollen die Vorgehensweise in Beispiel 1.2.1 allgemein beschreiben und dabei einige Definitionen einführen. $LCP(q, M)$ hat $2n$ Unbekannte

$$w_1, w_2, \ldots w_n, z_1, z_2, \ldots z_n, \qquad (1.14)$$

die auch oft Variablen genannt werden. Das Variablenpaar (w_i, z_i) nennt man das i-te komplementäre Variablenpaar mit $i \in \{1, ..., n\}$. Bilden die Variablen (1.14) eine Lösung von $LCP(q, M)$, so hat in jedem der n komplementären Variablenpaaren (w_i, z_i) mindestens eine Variable den Wert null. Diese Variable nennt man Nichtbasisvariable, die dazu komplementäre Variable nennt man Basisvariable. Aus den n komplementären Variablenpaaren

$$(w_1, z_1), (w_2, z_2), \ldots, (w_n, z_n)$$

wählt man jeweils eine Variable als Basisvariable, im Falle $n = 4$ beispielsweise

$$('w_1', 'z_2', 'z_3', 'w_4').$$

Dies nennen wir Basisvariablenfeld. Ein Basisvariablenfeld ist also ein n-dimensionales Array (auf Deutsch: Feld), welches als i-ten Eintrag das Symbol $'w_i'$ oder $'z_i'$ besitzt.

Es definiert ein lineares Gleichungssystem

$$Cx = q, \quad C \in \mathbb{R}^{n \times n}, \quad x \in \mathbb{R}^n \tag{1.15}$$

durch

$$C_{\cdot j} := \left\{ \begin{array}{l} E_{\cdot j} \text{ falls } w_j \text{ Basisvariable ist,} \\ -M_{\cdot j} \text{ falls } z_j \text{ Basisvariable ist,} \end{array} \right\} \quad j = 1, ..., n.$$

Ist die Matrix C regulär, so nennt man C eine Basis und falls $x := C^{-1}q \geq o$ gilt, hat man eine Lösung von $LCP(q, M)$ gefunden, wie in Beispiel 1.2.1 erläutert wurde.

Um alle Lösungen von $LCP(q, M)$ zu bestimmen, löst man all die linearen Gleichungssysteme (1.15), die durch sämtliche Basisvariablenfelder definiert werden.

Lemma 1.2.1 *Für $LCP(q, M)$, $q \in \mathbb{R}^n$, $M \in \mathbb{R}^{n \times n}$ gibt es 2^n verschiedene Basisvariablenfelder.*

Beweis: Für $n = 1$ gibt es $2^1 = 2$ Basisvariablenfelder ($'w_1'$) und ($'z_1'$). Für den Induktionsschluss von n auf $n + 1$ wählt man z_{n+1} als $(n + 1)$-te Basisvariable. Dann hat man nach Induktionsvoraussetzung für die restlichen n Basisvariablen 2^n Auswahlmöglichkeiten. Diese 2^n Auswahlmöglichkeiten hat man auch, wenn w_{n+1} als Basisvariable gewählt wurde. Somit gibt es genau $2 \cdot 2^n = 2^{n+1}$ Basisvariablenfelder. □

Aufgabe 1.2.1 *Zeigen Sie, dass $LCP(q, M)$ mit*

$$M = \frac{1}{2} \begin{pmatrix} 2 & 7 \\ 6 & 5 \end{pmatrix}, \quad q = \begin{pmatrix} -4 \\ -5 \end{pmatrix}$$

genau drei Lösungen besitzt.

Aufgabe 1.2.2 *Zeigen Sie, dass $LCP(q, M)$ mit*

$$M = \frac{1}{2} \begin{pmatrix} -1 & 1 \\ -5 & 5 \end{pmatrix}, \quad q = \begin{pmatrix} -\varepsilon \\ -3\varepsilon \end{pmatrix}, \quad \varepsilon > 0$$

keine Lösung besitzt.

Aufgabe 1.2.3 *Zeigen Sie, dass $LCP(q, M)$ mit*

$$M = \begin{pmatrix} 1 & 2 \\ 1 & 0 \end{pmatrix}, \quad q = \begin{pmatrix} -1 \\ 0 \end{pmatrix}$$

unendlich viele Lösungen besitzt.

Aufgabe 1.2.4 *Schreiben Sie ein Computerprogramm, welches für einzugebendes n alle 2^n Basisvariablenfelder ausgibt.*

2

Der Lemke-Algorithmus

2.1 Motivation

In Abschnitt 1.2 haben wir gesehen, wie wir prinzipiell alle Lösungen von $LCP(q, M)$ bestimmen können. Allerdings hätte man sich einige Arbeit sparen können, da sich gewisse Rechnungen wiederholen. Wir werden dies anhand von Beispiel 1.2.1 erläutern.

Wenn man in Beispiel 1.2.1 den 3. Fall mit dem 4. Fall vergleicht, so fällt auf, dass sich die jeweiligen Gaußschen Eliminationsverfahren (1.11) und (1.13) lediglich in einer Spalte unterscheiden. Der Grund dafür ist, dass sich die jeweiligen Basisvariablenfelder lediglich in einer Basisvariablen unterscheiden.

Daher wollen wir die 2^n verschiedenen Basisvariablenfelder so anordnen, dass sich zwei aufeinanderfolgende Basisvariablenfelder lediglich in einer Basisvariablen unterscheiden.

Beispiel 2.1.1 Wir betrachten wieder Beispiel 1.2.1 und wollen jetzt zeigen, wie man sich gewisse Rechnungen spart. Dazu betrachten wir wiederum das lineare Gleichungssystem (1.6), welches in diesem Beispiel in Tableau-Form

w_1	w_2	w_3	z_1	z_2	z_3	q
1	0	0	-1	-2	-3	-2
0	1	0	-4	-5	-6	-1
0	0	1	-7	-8	-9	1

lautet. Der 1. Fall: $z = o$ entspricht dem Basisvariablenfeld $('w_1', 'w_2', 'w_3')$, welches auf (1.9) führt. Der 2. Fall aus Beispiel 1.2.1 entspricht dem Basisvariablenfeld $('z_1', 'w_2', 'w_3')$. Diese zwei Basisvariablenfelder unterscheiden sich in einer Basisvariablen.

Nach Anwendung *eines* Gauß–Jordan-Schritts geht das Tableau über in

w_1	w_2	w_3	z_1	z_2	z_3	q
-1	0	0	1	2	3	2
-4	1	0	0	3	6	7
-7	0	1	0	6	12	15

und man erhält (1.10). Der 3. Fall aus Beispiel 1.2.1 entspricht dem Basisvariablenfeld $('z_1{}', 'z_2{}', 'w_3{}')$. Auch dieses Basisvariablenfeld unterscheidet sich zu seinem Vorgänger in genau einer Basisvariablen. Nach Anwendung *eines* Gauß–Jordan-Schritts geht das Tableau über in

w_1	w_2	w_3	z_1	z_2	z_3	q
$\frac{5}{3}$	$-\frac{2}{3}$	0	1	0	-1	$-\frac{8}{3}$
$-\frac{4}{3}$	$\frac{1}{3}$	0	0	1	2	$\frac{7}{3}$
1	-2	1	0	0	0	1

und man erhält (1.12).　　　　　　　　　　　　　　　　　　　□

Oft gibt man sich zufrieden mit dem Auffinden lediglich *einer* Lösung oder man weiß im Voraus, dass es genau eine Lösung gibt. Ist man lediglich an *einer* Lösung interessiert, so hätte man in Beispiel 1.2.1 nach dem zweiten Fall aufhören können.

Aber woher hätte man in Beispiel 1.2.1 wissen sollen, dass ausgerechnet das im zweiten Fall ausgewählte Basisvariablenfeld zu einer Lösung führt? Woher hätte man wissen sollen, dass das Basisvariablenfeld $('z_1{}', 'w_2{}', 'w_3{}')$ dem Basisvariablenfeld $('w_1{}', 'z_2{}', 'w_3{}')$ vorzuziehen ist?

Um diesbezüglich eine Strategie zu erarbeiten, muss offenbar mehr Augenmerk auf die Bedingung $w \geq o$, $z \geq o$ gelegt werden. Eine solche Strategie verfolgt der Lemke-Algorithmus[1], der im Wesentlichen aus drei Schritten besteht:

1. Initialisierung;
2. Allgemeiner Pivotschritt;
3. Abbruchkriterien.

Wir werden uns in den folgenden Abschnitten diesen Punkten zuwenden.

Bemerkung 2.1.1 Der Lemke-Algorithmus wird zur Lösung eines LCP am häufigsten angewandt. Er bleibt „the most versatile algorithm for solving this fundamental problem in the field of mathematical programming" ([33]). In den Jahren 1997-2007 wurden beispielsweise mehrere Dissertationen verfasst, die jeweils einen technischen Vorgang mit Hilfe eines LCP beschrieben. Zur

---

[1] Carlton E. Lemke, 11.10.1920-12.4.2004

Lösung des LCP wird der Lemke-Algorithmus verwendet. Siehe [36], [46], [94], [119], [125], [126].   □

2.2 Initialisierung des Lemke-Algorithmus

Zunächst möchten wir ausdrücklich betonen, dass sich der Lemke-Algorithmus damit begnügt, *eine* Lösung von $LCP(q, M)$ zu finden. Ist $q \geq o$, so ist $w := q$, $z := o$ eine Lösung von $LCP(q, M)$. Wir setzen daher im Folgenden voraus, dass $q \not\geq o$ gilt. Der entscheidende Ausgangspunkt des Lemke-Algorithmus ist das Hinzufügen einer weiteren Variablen zum linearen Gleichungssystem (1.6). Man setzt

$$A^{(0)} := (E \mathrel{\vdots} -M \mathrel{\vdots} -e) \in \mathbb{R}^{n \times 2n+1}, \quad q^{(0)} := q,$$

wobei e den Vektor bezeichnet, der in jeder Komponente den Wert eins besitzt. Gesucht ist dann ein Vektor

$$x = \begin{pmatrix} w \\ z \\ z_0 \end{pmatrix} \in \mathbb{R}^{2n+1}, \quad w \in \mathbb{R}^n, \, z \in \mathbb{R}^n, \, z_0 \in \mathbb{R} \tag{2.1}$$

mit

$$A^{(0)}x = q^{(0)}, \tag{2.2}$$

$$w \geq o, \quad z \geq o, \tag{2.3}$$

$$w^{\mathrm{T}}z = 0, \tag{2.4}$$

$$z_0 = 0. \tag{2.5}$$

Der Lemke-Algorithmus wird wie folgt initialisiert:

1. Fall: Ist $q \geq o$, so setzt man $w := q$, $z := o$. Der Algorithmus hat somit eine Lösung gefunden und ist zu Ende.

2. Fall: Es ist $q \not\geq o$. Dann wählt man einen Index t mit $q_t := \min\limits_{1 \leq i \leq n} q_i$. Es gilt somit $q_t < 0$, wobei t nicht eindeutig bestimmt sein muss. Man führt nun einen Gauß–Jordan-Schritt durch mit $a^{(0)}_{t\,2n+1}$ als Pivotelement. Dadurch wird aus dem Tableau $(A^{(0)}|q^{(0)})$ das Tableau $(A^{(1)}|q^{(1)})$ mit

$$q_t^{(1)} = |q_t| > 0 \quad \text{und} \quad q_i^{(1)} = q_i + |q_t|, \, i = 1, ..., n, \, i \neq t, \tag{2.6}$$

und einem entsprechenden $A^{(1)} \in \mathbb{R}^{n \times 2n+1}$. Dies definiert das Basisvariablenfeld

$$\mathrm{BVF}_1 := ('w_1{}', .., 'w_{t-1}{}', 'z_0{}', 'w_{t+1}{}', .., 'w_n{}').$$

Man sagt:

$'z_0{}'$ wird Basisvariable, $'w_t{}'$ verlässt das Basisvariablenfeld.

Beispiel 2.2.1 Wir betrachten wieder $LCP(q, M)$ aus Beispiel 1.2.1. Das lineare Gleichungssystem (2.2) in Tableau-Gestalt lautet

w_1	w_2	w_3	z_1	z_2	z_3	z_0	$q^{(0)}$
1	0	0	–1	–2	–3	$\boxed{-1}$	–2
0	1	0	–4	–5	–6	–1	–1
0	0	1	–7	–8	–9	–1	1

Da $q_1 = \min\limits_{1 \leq i \leq 3} q_i$ gilt, ist die erste Zeile die Pivotzeile und man erhält nach einem Gauß–Jordan-Schritt mit Pivotelement $a_{17}^{(0)}$

w_1	w_2	w_3	z_1	z_2	z_3	z_0	$q^{(1)}$
–1	0	0	1	2	3	1	2
–1	1	0	–3	–3	–3	0	1
–1	0	1	–6	–6	–6	0	3

und das Basisvariablenfeld $\mathrm{BVF}_1 = ('z_0\,', 'w_2\,', 'w_3\,')$. □

Durch die Initialisierung hat man erreicht, dass $q^{(1)} \geq o$ gilt. Des Weiteren erfüllt $x \in \mathbb{R}^{2n+1}$ der Gestalt (2.1) mit

$$w := \begin{pmatrix} q_1^{(1)} \\ \vdots \\ q_{t-1}^{(1)} \\ 0 \\ q_{t+1}^{(1)} \\ \vdots \\ q_n^{(1)} \end{pmatrix}, \quad z := o, \quad z_0 := q_t^{(1)}$$

die Bedingungen (2.2)-(2.4). Allerdings gilt nach (2.6) die Ungleichung $q_t^{(1)} > 0$ und somit nicht (2.5). Der Lemke-Algorithmus besteht nun darin, ausgehend von dem Tableau $(A^{(1)}|q^{(1)})$ durch Gauß–Jordan-Schritte andere Tableaus zu konstruieren, bis ein Lösungsvektor $x \in \mathbb{R}^{2n+1}$ der Gestalt (2.1) neben (2.2)-(2.4) auch noch (2.5) erfüllt.

2.3 Allgemeiner Pivotschritt

Nach k Gauß–Jordan-Schritten sei aus dem Tableau $(A^{(0)}|q^{(0)})$ das Tableau $(A^{(k)}|q^{(k)})$ entstanden und im Basisvariablenfeld BVF_k sei festgehalten, in welchen Spalten von $A^{(k)}$ die n Standard-Basisvektoren $E._i$, $i = 1, ..., n$ stehen. Wir setzen nun wie in einem Induktionsbeweis als Induktionsvoraussetzung

$$q^{(l)} \geq o, \quad \text{für } l = 1, ..., k \tag{2.7}$$

voraus, und für alle $i = 1, ..., n$ gelte

$$\left.\begin{array}{l} 'w_i' \in \text{BVF}_l \Rightarrow 'z_i' \notin \text{BVF}_l \\ 'z_i' \in \text{BVF}_l \Rightarrow 'w_i' \notin \text{BVF}_l \end{array}\right\} \quad l = 1, ..., k. \tag{2.8}$$

Als Induktionsanfang gelten diese Aussagen für $k = 1$ nach der Initialisierung, wie diese im vorigen Abschnitt beschrieben wurde.

Falls $'z_0' \notin \text{BVF}_k$ oder falls $z_0 = q_t^{(k)} = 0$ gilt (t ist dabei der Pivotzeilenindex aus der Initialisierung), so wird der Lemke-Algorithmus beendet, weil man dann eine Lösung von $LCP(q, M)$ angeben kann. Wir verweisen diesbezüglich auf den nächsten Abschnitt.

Wir setzen voraus, dass sowohl $'z_0' \in \text{BVF}_l$ als auch $z_0 = q_t^{(l)} > 0$ für alle $l = 1, ..., k$ gilt. Dann wollen wir den $(k + 1)$-ten Schritt des Lemke-Algorithmus so definieren, dass nach einem weiteren Gauß–Jordan-Schritt ein Tableau $(A^{(k+1)}|q^{(k+1)})$ und ein Basisvariablenfeld BVF_{k+1} entstehen mit

$$q^{(k+1)} \geq o \tag{2.9}$$

und

$$\left.\begin{array}{l} 'w_i' \in \text{BVF}_{k+1} \Rightarrow 'z_i' \notin \text{BVF}_{k+1} \\ 'z_i' \in \text{BVF}_{k+1} \Rightarrow 'w_i' \notin \text{BVF}_{k+1} \end{array}\right\} \quad i = 1, ..., n. \tag{2.10}$$

In BVF_{k+1} soll dabei wiederum festgehalten sein, in welchen Spalten von $A^{(k+1)}$ die n Standard-Basisvektoren $E._i$, $i = 1, ..., n$ stehen.

Der Gauß–Jordan-Schritt wird durch ein Pivotelement $a_{i_0 j_0}^{(k)}$ festgelegt. Es ist also eine Pivotzeile i_0 und eine Pivotspalte j_0 zu bestimmen. Es wird sich zeigen, dass die Pivotzeile i_0 so bestimmt wird, dass (2.9) gilt, während die Pivotspalte j_0 so bestimmt wird, dass (2.10) gilt.

Wir beginnen mit der Bestimmung der Pivotspalte j_0: Für $k = 1$ ist

$$\text{BVF}_1 = ('w_1', ..., 'w_{t-1}', 'z_0', 'w_{t+1}', ..., 'w_n')$$

gemäß der Initialisierung. Dann setzt man $j_0 := n + t$. Wird aus dieser Spalte ein Element als Pivotelement ausgewählt, dann wird nach einem Gauß–Jordan-Schritt $'z_t' \in \text{BVF}_2$ und (weiterhin) $'w_t' \notin \text{BVF}_2$ gelten. Somit gilt (2.10) für $k = 1$.

Für $k > 1$ existiert wegen $'z_0' \in \mathrm{BVF}_k$ und (2.8) genau ein $s \in \{1, ..., n\}$ mit $'w_s' \notin \mathrm{BVF}_k$ und $'z_s' \notin \mathrm{BVF}_k$. Das Tableau $(A^{(k)}|q^{(k)})$ war aus dem Tableau $(A^{(k-1)}|q^{(k-1)})$ durch Anwendung *eines* Gauß–Jordan-Schrittes hervorgegangen. Daher unterscheidet sich das Basisvariablenfeld BVF_k vom Basisvariablenfeld BVF_{k-1} lediglich in einer Basisvariablen. Da (2.8) insbesondere für $l = k - 1$ gilt und $'z_0' \in \mathrm{BVF}_{k-1}$ vorausgesetzt ist, muss

$$\text{entweder } 'w_s' \in \mathrm{BVF}_{k-1} \quad \text{oder } 'z_s' \in \mathrm{BVF}_{k-1}$$

gegolten haben, d.h. im k-ten Schritt des Lemke-Algorithmus hat entweder $'w_s'$ oder $'z_s'$ das Basisvariablenfeld BVF_{k-1} verlassen. Damit setzt man

$$j_0 := \begin{cases} n + s, & \text{falls } 'w_s' \text{ das Basisvariablenfeld } \mathrm{BVF}_{k-1} \text{ verlassen hat,} \\ s, & \text{falls } 'z_s' \text{ das Basisvariablenfeld } \mathrm{BVF}_{k-1} \text{ verlassen hat.} \end{cases}$$

Führt man einen Gauß–Jordan-Schritt aus mit diesem j_0 als Pivotspalte, so gilt

$$\left. \begin{aligned} j_0 = n + s &\Rightarrow \quad 'z_s' \in \mathrm{BVF}_{k+1} \text{ und } 'w_s' \notin \mathrm{BVF}_{k+1}, \\ j_0 = s \quad &\Rightarrow \quad 'w_s' \in \mathrm{BVF}_{k+1} \text{ und } 'z_s' \notin \mathrm{BVF}_{k+1}. \end{aligned} \right\} \tag{2.11}$$

Das Basisvariablenfeld BVF_{k+1} unterscheidet sich vom Basisvariablenfeld BVF_k lediglich durch die Basisvariable $'w_s'$ bzw. $'z_s'$. Somit gilt (2.10) aufgrund von (2.11) und (2.8).

Wir bestimmen nun die Pivotzeile i_0. Es sei

$$r := \begin{pmatrix} a_{1j_0}^{(k)} \\ \vdots \\ a_{nj_0}^{(k)} \end{pmatrix}$$

die Pivotspalte im Schritt $k + 1$ im Lemke-Algorithmus.

1. Fall: $r \leq o$. Dann bricht der Algorithmus ab mit der Meldung, dass er keine Lösung finden kann, obwohl das LCP vielleicht eine Lösung besitzt. Diesen Fall nennt man Ray-Termination. Zur Namensgebung verweisen wir auf Abschnitt 2.7.

2. Fall: $r \nleq o$. Dann wählt man als Pivotzeilenindex einen Index i_0 mit

$$\frac{q_{i_0}^{(k)}}{a_{i_0 j_0}^{(k)}} = \min_{1 \leq i \leq n} \left\{ \frac{q_i^{(k)}}{a_{ij_0}^{(k)}} : a_{ij_0}^{(k)} > 0 \right\}. \tag{2.12}$$

Somit folgt

$$q_i^{(k+1)} = \begin{cases} \dfrac{q_{i_0}^{(k)}}{a_{i_0 j_0}^{(k)}}, & i = i_0, \\[2ex] q_i^{(k)} - q_{i_0}^{(k+1)} \cdot a_{ij_0}^{(k)}, & i = 1, ..., n, \, i \neq i_0. \end{cases}$$

Auf Grund von $q^{(k)} \geq o$ und wegen (2.12) gilt zunächst $q_{i_0}^{(k+1)} \geq 0$ und somit sowohl

$$q_i^{(k+1)} = q_i^{(k)} - q_{i_0}^{(k+1)} \cdot a_{ij_0}^{(k)} \geq 0, \quad i = 1, ..., n, \, i \neq i_0, \quad \text{falls} \quad a_{ij_0}^{(k)} \leq 0$$

als auch

$$q_i^{(k+1)} = q_i^{(k)} - q_{i_0}^{(k+1)} \cdot a_{ij_0}^{(k)} \geq 0 \quad i = 1, ..., n, \, i \neq i_0, \quad \text{falls} \quad a_{ij_0}^{(k)} > 0,$$

da für $a_{ij_0}^{(k)} > 0$ wegen (2.12)

$$\frac{q_i^{(k)}}{a_{ij_0}^{(k)}} \geq \frac{q_{i_0}^{(k)}}{a_{i_0 j_0}^{(k)}}$$

gilt. Somit ist (2.9) erfüllt.

2.4 Abbruchkriterien des Lemke-Algorithmus

Es werden zwei Abbruchkriterien für den Lemke-Algorithmus definiert.
1. Nach dem k-ten Schritt des Lemke-Algorithmus hat die Pivotspalte

$$r := \begin{pmatrix} a_{1j_0}^{(k)} \\ \vdots \\ a_{nj_0}^{(k)} \end{pmatrix}$$

die Eigenschaft $r \leq o$. Dann bricht der Lemke-Algorithmus ab mit der Meldung, dass er keine Lösung finden kann. Dies bedeutet allerdings nicht zwangsläufig, dass $LCP(q, M)$ keine Lösung besitzt. Unter gewissen Voraussetzungen an M kann man jedoch zeigen, dass aus dem Zwischenergebnis $r \leq o$ tatsächlich folgt, dass $LCP(q, M)$ nicht lösbar ist. Wir werden in Abschnitt 3.2 darauf zurückkommen.

2. Nach dem k-ten Schritt des Lemke-Algorithmus hat $'z_0'$ das Basisvariablenfeld verlassen oder es ist $'z_0' \in \text{BVF}_k$ mit $z_0 = q_t^{(k)} = 0$. Dann wird der Lemke-Algorithmus beendet, denn er kann nun eine Lösung von $LCP(q, M)$ angeben: Das Tableau $(A^{(k)}|q^{(k)})$ ist durch Gauß–Jordan-Schritte aus $(A^{(0)}|q^{(0)})$ hervorgegangen. Daher bilden n Spalten von $A^{(k)}$ die Einheitsmatrix. Welche Spalten dies sind, steht im Basisvariablenfeld BVF_k. Indem die $n + 1$ Nichtbasisvariablen null gesetzt werden und die n Basisvariablen entsprechend die Werte der n Komponenten von $q^{(k)}$ zugewiesen bekommen, erhält man einen Vektor der Gestalt (2.1), der (2.2) erfüllt. Wegen (2.7) gilt dann auch (2.3).

Hat $'z_0'$ das Basisvariablenfeld verlassen, so ist $'z_0'$ keine Basisvariable mehr und es wird einerseits $z_0 := 0$ gesetzt, womit (2.5) folgt. Andererseits folgt aus (2.8), dass *für alle $i = 1, ..., n$*

$$w_i := 0 \quad \text{oder} \quad z_i := 0$$

gesetzt wird, d.h. es gilt (2.4). Gilt $'z_0' \in \text{BVF}_k$ und $z_0 = q_t^{(k)} = 0$, so gilt einerseits (2.5), andererseits sind w_t und z_t Nichtbasisvariablen, d.h. es werden $w_t := 0$ und $z_t := 0$ gesetzt. Aus (2.8) folgt, dass für alle $i = 1, ..., n$, $i \neq t$

$$w_i := 0 \quad \text{oder} \quad z_i := 0$$

gesetzt werden. Somit hat man (2.4).

Beispiel 2.4.1 Wir betrachten $LCP(q, M)$ mit

$$M = \begin{pmatrix} 2 & 3 & 1 \\ -2 & 0 & 3 \\ 4 & -2 & 1 \end{pmatrix} \quad \text{und} \quad q = \begin{pmatrix} -11 \\ -7 \\ -3 \end{pmatrix}.$$

Als Anfangstableau erhalten wir

w_1	w_2	w_3	z_1	z_2	z_3	z_0	$q^{(0)}$
1	0	0	-2	-3	-1	$\boxed{-1}$	-11
0	1	0	2	0	-3	-1	-7
0	0	1	-4	2	-1	-1	-3

Es ist $q_1^{(0)} = \min\limits_{1 \leq i \leq 3} q_i^{(0)}$. Daher ist $a_{17}^{(0)}$ das erste Pivotelement. Nach einem Gauß–Jordan-Schritt erhalten wir

BVF$_1$	w_1	w_2	w_3	z_1	z_2	z_3	z_0	$q^{(1)}$	$q_i^{(1)}/a_{ij_0}^{(1)} : a_{ij_0}^{(1)} > 0$
$'z_0'$	-1	0	0	2	3	1	1	11	$\frac{11}{2}$
$'w_2'$	-1	1	0	$\boxed{4}$	3	-2	0	4	1
$'w_3'$	-1	0	1	-2	5	0	0	8	–

$'w_1'$ hat das Basisvariablenfeld verlassen. Somit ist BVF$_1 = ('z_0', 'w_2', 'w_3')$. Wir schreiben in Zukunft das Basisvariablenfeld als erste Spalte im Tableau. Da $'w_1'$ das Basisvariablenfeld verlassen hat, wird der Pivotspaltenindex $j_0 = 3 + 1 = 4$ gesetzt, damit dann $'z_1' \in \text{BVF}_2$ gelten wird. Um den Pivotzeilenindex zu bestimmen, bestimmen wir das Minimum in (2.12). Dazu schreiben wir die Brüche, die in (2.12) betrachtet werden und von denen das Minimum zu bestimmen ist, als letzte Spalte im Tableau.

Damit lässt sich einfach $i_0 = 2$ ablesen. Daher ist $a_{24}^{(1)}$ das zweite Pivotelement. Nach einem zweiten Gauß–Jordan-Schritt erhalten wir

BVF_2	w_1	w_2	w_3	z_1	z_2	z_3	z_0	$q^{(2)}$	$q_i^{(2)}/a_{ij_0}^{(2)} : a_{ij_0}^{(2)} > 0$
$'z_0'$	$-\frac{1}{2}$	$-\frac{1}{2}$	0	0	$\frac{3}{2}$	2	1	9	$9 \cdot \frac{2}{3} = 6$
$'z_1'$	$-\frac{1}{4}$	$\frac{1}{4}$	0	1	$\boxed{\frac{3}{4}}$	$-\frac{1}{2}$	0	1	$1 \cdot \frac{4}{3} = \frac{4}{3}$
$'w_3'$	$-\frac{3}{2}$	$\frac{1}{2}$	1	0	$\frac{13}{2}$	-1	0	10	$10 \cdot \frac{2}{13} = \frac{20}{13}$

$'w_2'$ hat das Basisvariablenfeld verlassen. Daher wird der Pivotspaltenindex $j_0 = 3 + 2 = 5$ gesetzt. Für den Pivotzeilenindex erhält man $i_0 = 2$. Daher ist $a_{25}^{(2)}$ das dritte Pivotelement. Nach einem dritten Gauß–Jordan-Schritt erhalten wir

BVF_3	w_1	w_2	w_3	z_1	z_2	z_3	z_0	$q^{(3)}$	$q_i^{(3)}/a_{ij_0}^{(3)} : a_{ij_0}^{(3)} > 0$
$'z_0'$	0	-1	0	-2	0	3	1	7	$-$
$'z_2'$	$-\frac{1}{3}$	$\frac{1}{3}$	0	$\frac{4}{3}$	1	$-\frac{2}{3}$	0	$\frac{4}{3}$	$-$
$'w_3'$	$\boxed{\frac{2}{3}}$	$-\frac{5}{3}$	1	$-\frac{26}{3}$	0	$\frac{10}{3}$	0	$\frac{4}{3}$	$\frac{4}{3} \cdot \frac{3}{2} = 2$

$'z_1'$ hat das Basisvariablenfeld verlassen. Daher wird der Pivotspaltenindex $j_0 = 1$ gesetzt. Für den Pivotzeilenindex erhält man $i_0 = 3$. Daher ist $a_{31}^{(3)}$ das vierte Pivotelement. Nach einem Gauß–Jordan-Schritt erhalten wir

BVF_4	w_1	w_2	w_3	z_1	z_2	z_3	z_0	$q^{(4)}$	
$'z_0'$	0	-1	0	-2	0	3	1	7	$\frac{7}{3}$
$'z_2'$	0	$-\frac{1}{2}$	$\frac{1}{2}$	-3	1	1	0	2	2
$'w_1'$	1	$-\frac{5}{2}$	$\frac{3}{2}$	-13	0	$\boxed{5}$	0	2	$\frac{2}{5}$

$'w_3'$ hat das Basisvariablenfeld verlassen. Daher wird der Pivotspaltenindex $j_0 = 3 + 3 = 6$ gesetzt. Für den Pivotzeilenindex erhält man $i_0 = 3$. Daher ist $a_{36}^{(4)}$ das fünfte Pivotelement. Nach einem Gauß–Jordan-Schritt erhalten wir

BVF_5	w_1	w_2	w_3	z_1	z_2	z_3	z_0	$q^{(5)}$	
$'z_0'$	$-\frac{3}{5}$	$\frac{1}{2}$	$-\frac{9}{10}$	$\boxed{\frac{29}{5}}$	0	0	1	$\frac{29}{5}$	1
$'z_2'$	$-\frac{1}{5}$	0	$\frac{1}{5}$	$-\frac{2}{5}$	1	0	0	$\frac{8}{5}$	$-$
$'z_3'$	$\frac{1}{5}$	$-\frac{1}{2}$	$\frac{3}{10}$	$-\frac{13}{5}$	0	1	0	$\frac{2}{5}$	$-$

$'w_1'$ hat das Basisvariablenfeld verlassen. Daher wird der Pivotspaltenindex $j_0 = 3 + 1 = 4$ gesetzt. Für den Pivotzeilenindex erhält man $i_0 = 1$. Daher ist $a_{14}^{(5)}$ das sechste Pivotelement. Es wird $'z_0'$ das Basisvariablenfeld verlassen. Daher brauchen wir im letzten Tableau die ersten drei Spalten und die letzte Spalte nicht ausrechnen. Wir erhalten

BVF_6	w_1	w_2	w_3	z_1	z_2	z_3	z_0	$q^{(6)}$
$'z_1'$	*	*	*	1	0	0	*	1
$'z_2'$	*	*	*	0	1	0	*	2
$'z_3'$	*	*	*	0	0	1	*	3

Somit bilden

$$w = \begin{pmatrix} 0 \\ 0 \\ 0 \end{pmatrix} \quad \text{und} \quad z = \begin{pmatrix} 1 \\ 2 \\ 3 \end{pmatrix}$$

eine Lösung von $LCP(q, M)$.

Wir wollen in diesem Beispiel die Folge der Basisvariablenfelder betrachten. Es war

$$\text{BVF}_1 = ('z_0','w_2','w_3'),$$
$$\text{BVF}_2 = ('z_0','z_1','w_3'),$$
$$\text{BVF}_3 = ('z_0','z_2','w_3'),$$
$$\text{BVF}_4 = ('z_0','z_2','w_1'),$$
$$\text{BVF}_5 = ('z_0','z_2','z_3'),$$
$$\text{BVF}_6 = ('z_1','z_2','z_3').$$

Wie an anderer Stelle bereits erwähnt, unterscheiden sich zwei aufeinanderfolgende Basisvariablenfelder durch genau eine Basisvariable. Denn sie gehen durch *einen* Gauß–Jordan-Schritt auseinander hervor. Außerdem sieht man in diesem Beispiel sehr schön eine Konsequenz von (2.8): Ist $'z_0' \in \text{BVF}_k$, so gibt es genau ein $s \in \{1, ..., n\}$ mit $'w_s' \notin \text{BVF}_k$ und $'z_s' \notin \text{BVF}_k$, und für $k > 1$ ist entweder

$$'w_s' \in \text{BVF}_{k-1} \quad \text{und} \quad 'z_s' \in \text{BVF}_{k+1}$$

oder

$$'z_s' \in \text{BVF}_{k-1} \quad \text{und} \quad 'w_s' \in \text{BVF}_{k+1}.$$

Ferner sieht man an diesem Beispiel, dass gewisse Vermutungen falsch sind. Aus der Tatsache, dass ein $'w_i'$ das Basisvariablenfeld BVK_k verlässt, folgt nicht, dass ein $'z_j'$ zum Basisvariablenfeld BVK_{k+1} hinzukommt. Es kann durchaus eine Basisvariable $'w_i'$ durch eine Basisvariable $'w_j'$ ersetzt werden.

Genauso falsch ist die Vermutung, dass eine Basisvariable x, die das Basis-variablenfeld verlassen hat, im weiteren Verlauf des Algorithmus keine Basis-variable mehr wird. Siehe $'z_1'$ hier in diesem Beispiel. $\qquad\square$

Bemerkung 2.4.1 Beim Lemke-Algorithmus ist das Basisvariablenfeld an-ders definiert als in Kapitel 1. Denn es gilt $'z_0' \in \text{BVK}_1$. In Kapitel 1 kommt $'z_0'$ hingegen gar nicht vor. Es gibt aber noch einen weiteren Unter-schied: Beim Lemke-Algorithmus identifizieren wir Basisvariablenfelder, die sich lediglich durch eine Permutation unterscheiden. Beispielsweise identi-fizieren wir das Basisvariablenfeld

$$('z_0', 'z_1', 'w_3') \quad \text{mit} \quad ('w_3', 'z_0', 'z_1'),$$

da die entsprechenden linearen Gleichungssysteme lediglich durch Zeilenver-tauschungen ineinander übergehen. $\qquad\square$

Aufgabe 2.4.1 *Zeigen Sie: Die Vektoren*

$$w = \begin{pmatrix} 1 \\ 0 \\ 0 \end{pmatrix}, \quad z = \begin{pmatrix} 0 \\ 1 \\ 1 \end{pmatrix}$$

lösen $LCP(q, M)$ *für*

$$M = \begin{pmatrix} 0 & 0 & -2 \\ 1 & 1 & 1 \\ -2 & 3 & 0 \end{pmatrix} \quad \text{und} \quad q = \begin{pmatrix} 3 \\ -2 \\ -3 \end{pmatrix},$$

der Lemke-Algorithmus angewandt auf q *und* M *bricht jedoch durch Ray-Termination ab.*

Aufgabe 2.4.2 *Zeigen Sie: Die Vektoren*

$$w = o, \quad z = \begin{pmatrix} 2 \\ 0 \\ 1 \end{pmatrix}$$

lösen $LCP(q, M)$ *für*

$$M = \begin{pmatrix} 2 & 3 & 1 \\ -2 & 0 & 3 \\ 4 & -2 & 1 \end{pmatrix} \quad \text{und} \quad q = \begin{pmatrix} -5 \\ 1 \\ -9 \end{pmatrix},$$

der Lemke-Algorithmus angewandt auf q *und* M *findet jedoch eine andere Lösung.*

Aufgabe 2.4.3 *Führen Sie den Lemke-Algorithmus durch für*

$$M = \begin{pmatrix} 1 & 2 & 0 \\ 0 & 1 & 2 \\ 2 & 0 & 1 \end{pmatrix} \quad und \quad q = \begin{pmatrix} -1 \\ -1 \\ -1 \end{pmatrix}.$$

Ist dabei der Pivotzeilenindex nicht eindeutig definiert, so wählen Sie unter den Indizes, die zur Auswahl stehen, jeweils den kleinsten Index. Zeigen Sie, dass der Lemke-Algorithmus mit dieser Strategie nicht terminiert.

Aufgabe 2.4.4 *Gegeben seien ein Vektor $q \in \mathbb{R}^n$ mit $q \not\geq o$ und die Matrix $M \in \mathbb{R}^{(m+n)\times(m+n)}$ der Gestalt*

$$M = \begin{pmatrix} O & A \\ B & O \end{pmatrix}, \quad A \in \mathbb{R}^{m\times n}, B \in \mathbb{R}^{n\times m}.$$

Zeigen Sie: Gilt $A \geq O$ sowie $B \geq O$, dann bricht der Lemke-Algorithmus unmittelbar nach der Initialisierung durch Ray-Termination ab.

Aufgabe 2.4.5 *Zeigen Sie, dass $\mathrm{BVF}_1 \neq \mathrm{BVF}_3$ gilt, falls zuvor kein Abbruch erfolgt ist.*

2.5 Möglichkeit eines Zyklus

Der Lemke-Algorithmus generiert eine Folge von Basisvariablenfeldern

$$\left.\begin{array}{l} \mathrm{BVF}_1 = ('w_1\,',..,'w_{t-1}\,','z_0\,','w_{t+1}\,',..,'w_n\,') \\ \mathrm{BVF}_2 = ... \\ \quad\vdots \\ \mathrm{BVF}_k \\ \quad\vdots \end{array}\right\} \tag{2.13}$$

bzw. eine Folge von Tableaus

$$(A^{(0)}|q^{(0)}),\ (A^{(1)}|q^{(1)}),\ \ldots,\ (A^{(k)}|q^{(k)}),\ \ldots.$$

Es gelte

$$q^{(l)} > o \quad \text{für } l = 1,2,3,\ldots. \tag{2.14}$$

Unter der Voraussetzung (2.14) werden wir zeigen, dass in der Folge (2.13) kein Basisvariablenfeld ein zweites Mal vorkommt. Wir werden dies in den folgenden drei Lemmata beweisen. Im ersten Lemma geht es darum, dass die Bedingung (2.14) nicht verletzt wird, solange der Pivotzeilenindex i_0 eindeutig durch (2.12) bestimmt ist.

Lemma 2.5.1 *Es sei* $(A^{(k)}|q^{(k)})$, $k \geq 1$ *mit* $q^{(k)} > o$ *das aktuelle Tableau des Lemke-Algorithmus, und* j_0 *sei der Pivotspaltenindex. Dann gelten folgende Aussagen:*

1. *Es sei der Pivotzeilenindex* i_0 *eindeutig durch (2.12) bestimmt. Dann führt ein Gauß–Jordan-Schritt mit Pivotwahl* $a_{\nu j_0}^{(k)}$, $\nu \neq i_0$, $a_{\nu j_0}^{(k)} \neq 0$ *auf die Aussage* $q^{(k+1)} \not\geq o$.

2. *Existieren* i_1, $i_2 \in \{1, ..., n\}$, $i_1 \neq i_2$ *mit*

$$\frac{q_{i_1}^{(k)}}{a_{i_1 j_0}^{(k)}} = \min_{1 \leq i \leq n} \left\{ \frac{q_i^{(k)}}{a_{ij_0}^{(k)}} : a_{ij_0}^{(k)} > 0 \right\} = \frac{q_{i_2}^{(k)}}{a_{i_2 j_0}^{(k)}},$$

so existiert -unabhängig davon, ob $a_{i_1 j_0}^{(k)}$ *oder* $a_{i_2 j_0}^{(k)}$ *als Pivotelement gewählt wird- ein* $i \in \{1, ..., n\}$ *mit* $q_i^{(k+1)} = 0$.

Beweis: Zu 1.: Es sei $a_{\nu j_0}^{(k)} \neq 0$ und $\nu \neq i_0$.

1. Fall: $a_{\nu j_0}^{(k)} > 0$. Dann gilt

$$\frac{q_\nu^{(k)}}{a_{\nu j_0}^{(k)}} > \frac{q_{i_0}^{(k)}}{a_{i_0 j_0}^{(k)}},$$

da i_0 als eindeutig durch (2.12) definiert vorausgesetzt ist. Es folgt

$$q_{i_0}^{(k+1)} = q_{i_0}^{(k)} - \frac{q_\nu^{(k)}}{a_{\nu j_0}^{(k)}} \cdot a_{i_0 j_0}^{(k)} < 0.$$

2. Fall: $a_{\nu j_0}^{(k)} < 0$. Dann ist

$$q_\nu^{(k+1)} = \frac{q_\nu^{(k)}}{a_{\nu j_0}^{(k)}} < 0$$

wegen $q^{(k)} > o$.

Zu 2.: Es ist

$$\frac{q_{i_1}^{(k)}}{a_{i_1 j_0}^{(k)}} = \frac{q_{i_2}^{(k)}}{a_{i_2 j_0}^{(k)}}.$$

Wird $a_{i_1 j_0}^{(k)}$ als Pivotelement gewählt, so gilt

$$q_{i_2}^{(k+1)} = q_{i_2}^{(k)} - \frac{q_{i_1}^{(k)}}{a_{i_1 j_0}^{(k)}} \cdot a_{i_2 j_0}^{(k)} = 0.$$

Wird $a_{i_2 j_0}^{(k)}$ als Pivotelement gewählt, so gilt

$$q_{i_1}^{(k+1)} = q_{i_1}^{(k)} - \frac{q_{i_2}^{(k)}}{a_{i_2 j_0}^{(k)}} \cdot a_{i_1 j_0}^{(k)} = 0.$$

$\square$

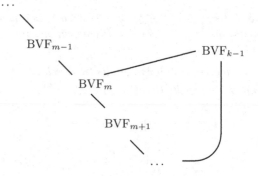

Abb. 2.1. Zyklus in (2.13).

Lemma 2.5.2 *Es gelte (2.14). Dann kommt kein Basisvariablenfeld* BVF_k, *$k > 1$ in der Folge der Basisvariablenfelder (2.13) ein zweites Mal vor.*

Beweis: Angenommen in der Folge (2.13) ist BVF_k, $k > 1$ das erste Basisvariablenfeld, das in (2.13) ein zweites Mal vorkommt. Dann gibt es ein m mit $1 < m < k$ mit $\text{BVF}_m = \text{BVF}_k$. Siehe Abb. 2.1.

Wegen $'z_0' \in \text{BVF}_m$ gibt es genau ein $s \in \{1, ..., n\}$ mit $'w_s' \notin \text{BVF}_m$ und $'z_s' \notin \text{BVF}_m$. Es seien $x \in \{w_s, z_s\}$ und y die komplementäre Variable zu x, d.h. aus $x = w_s$ folgt $y = z_s$ bzw. aus $x = z_s$ folgt $y = w_s$. Dann gilt

$$'x' \in \text{BVF}_{m-1} \quad \text{und} \quad 'y' \in \text{BVF}_{m+1}.$$

Somit haben wir zwei Fälle:
1. Fall: $'y' \in \text{BVF}_{k-1}$.
2. Fall: $'x' \in \text{BVF}_{k-1}$.

Zum 1. Fall: Wegen $\text{BVF}_{k-1} \neq \text{BVF}_{m+1}$ und $q^{(k-1)} > o$, $q^{(m+1)} > o$ gibt es *zwei* erfolgreiche Wege, den Lemke-Algorithmus von BVF_m aus fortzuführen. Dies ist ein Widerspruch zu Lemma 2.5.1 und $q^{(m+1)} > o$.

Zum 2. Fall: Es seien

$$(A^{(m-1)}|q^{(m-1)}) = \begin{array}{|c|c|} \hline x & \\ \hline \cdots E_{\cdot\mu} \cdots & q^{(m-1)} \\ \hline \end{array}$$

$$(A^{(k-1)}|q^{(k-1)}) = \begin{array}{|c|c|} \hline x & \\ \hline \cdots E_{\cdot\nu} \cdots & q^{(k-1)} \\ \hline \end{array}$$

und

$$(A^{(m)}|q^{(m)}) = \left. \begin{array}{|c|c|} \hline x & \\ \hline a_{1j_0}^{(m)} & \\ \cdots \quad \vdots \quad \cdots & q^{(m)} \\ a_{nj_0}^{(m)} & \\ \hline \end{array} \right.$$

abgekürzt. Im Verlauf des Lemke-Algorithmus hat man sowohl

$$(A^{(m-1)}|q^{(m-1)}) \rightsquigarrow (A^{(m)}|q^{(m)}) \text{ als auch } (A^{(k-1)}|q^{(k-1)}) \rightsquigarrow (A^{(m)}|q^{(m)})$$

jeweils durch *einen* Gauß–Jordan-Schritt getätigt. Daher ist jeweils dieser *eine* Gauß–Jordan-Schritt auch von rechts nach links durchführbar. Hieraus folgt zunächst

$$\mu \neq \nu,$$

da ansonsten $(A^{(m-1)}|q^{(m-1)}) = (A^{(k-1)}|q^{(k-1)})$ und $\text{BVF}_{m-1} = \text{BVF}_{k-1}$ wäre, was nicht sein kann, da vorausgesetzt ist, dass BVF_k das erste Basisvariablenfeld ist, welches sich in (2.13) wiederholt.

Einerseits folgen nun aus $(A^{(m)}|q^{(m)}) \rightsquigarrow (A^{(m-1)}|q^{(m-1)})$ die Beziehungen

$$q_\mu^{(m-1)} = \frac{q_\mu^{(m)}}{a_{\mu j_0}^{(m)}}, \quad q_\nu^{(m-1)} = q_\nu^{(m)} - \frac{q_\mu^{(m)}}{a_{\mu j_0}^{(m)}} \cdot a_{\nu j_0}^{(m)}.$$

Andererseits folgen aus $(A^{(m)}|q^{(m)}) \rightsquigarrow (A^{(k-1)}|q^{(k-1)})$ die Beziehungen

$$q_\nu^{(k-1)} = \frac{q_\nu^{(m)}}{a_{\nu j_0}^{(m)}}, \quad q_\mu^{(k-1)} = q_\mu^{(m)} - \frac{q_\nu^{(m)}}{a_{\nu j_0}^{(m)}} \cdot a_{\mu j_0}^{(m)}.$$

Aus (2.14) folgt dann einerseits $a_{\mu j_0}^{(m)} > 0$, $a_{\nu j_0}^{(m)} > 0$, und damit dann andererseits

$$\frac{q_\mu^{(m)}}{a_{\mu j_0}^{(m)}} < \frac{q_\nu^{(m)}}{a_{\nu j_0}^{(m)}} < \frac{q_\mu^{(m)}}{a_{\mu j_0}^{(m)}}.$$

Dies ist ein Widerspruch. $\square$

Lemma 2.5.3 *Es sei*

$$\text{BVF}_1 = ('w_1\,', .., 'w_{t-1}\,', 'z_0\,', 'w_{t+1}\,', .., 'w_n\,')$$

das Basisvariablenfeld nach der Initialisierung und es gelte (2.14). Dann kommt BVF_1 in der Folge von Basisvariablenfeldern (2.13) kein zweites Mal vor.

Beweis: Angenommen es existiere ein $k \geq 3$ mit $\mathrm{BVF}_1 = \mathrm{BVF}_k$. Dann ist entweder $'z_t' \in \mathrm{BVF}_{k-1}$ oder $'w_t' \in \mathrm{BVF}_{k-1}$. Zunächst folgt aus Aufgabe 2.4.5, dass $k > 3$ gelten muss. Dann ist $\mathrm{BVF}_{k-1} \neq \mathrm{BVF}_2$ wegen Lemma 2.5.2 und $q^{(k-1)} > o$, $q^{(2)} > o$ wegen (2.14). Daher gibt es, falls $'z_t' \in \mathrm{BVF}_{k-1}$ gilt, *zwei* erfolgreiche Wege, den Lemke-Algorithmus von BVF_1 aus fortzuführen. Dies ist ein Widerspruch zu Lemma 2.5.1.

Falls $'w_t' \in \mathrm{BVF}_{k-1}$ gilt, so folgt, dass man durch *einen* Gauß–Jordan-Schritt vom Tableau $(A^{(1)}|q^{(1)})$ zum Tableau $(A^{(k-1)}|q^{(k-1)})$ gelangt mit Pivotspaltenindex t. Diese Pivotspalte lautet $-e$. Für jeden Pivotzeilenindex ν gilt dann

$$q_\nu^{(k-1)} = -q_\nu^{(1)}.$$

Dies ist ein Widerspruch zu (2.14). $\qquad\qquad\qquad\qquad\qquad\qquad\qquad\square$

Die beiden letzten Lemmata garantieren, dass der Lemke-Algorithmus nach endlich vielen Schritten zu Ende ist, solange nach jedem Schritt $q^{(k)} > o$ gilt. Wir wollen dies im folgenden Satz festhalten, wobei wir auch eine konkrete obere Schranke für die Anzahl der Pivotschritte angeben.

Satz 2.5.1 *Der Lemke-Algorithmus endet spätestens nach $n \cdot 2^{n-1}$ Gauß–Jordan-Schritten, falls (2.14) gilt.*

Beweis: Wegen Lemma 2.5.2 und Lemma 2.5.3 enthält die Folge von Basisvariablenfeldern (2.13) kein Basisvariablenfeld ein zweites Mal. Somit muss der Lemke-Algorithmus nach endlich vielen Schritten abbrechen. Die Anzahl der Schritte ist beschränkt durch die Anzahl der verschiedenen Basisvariablenfelder.

Ist $'z_0'$ beim Initialisierungsschritt für $'w_t'$ ins Basisvariablenfeld BVF_1 gekommen, so gibt es 2^{n-1} verschiedene Möglichkeiten, ein Basisvariablenfeld zu konstruieren, welches weder $'w_t'$ noch $'z_t'$ enthält. Da es n Möglichkeiten gibt, ein $t \in \{1, ..., n\}$ auszuwählen, erhält man $n \cdot 2^{n-1}$ verschiedene Basisvariablenfelder, die $'z_0'$ enthalten. $\qquad\qquad\qquad\qquad\square$

Wir wollen noch einmal betonen, dass Satz 2.5.1 nicht besagt, dass der Lemke-Algorithmus das LCP löst, falls (2.14) gilt. Es kann durchaus vorkommen, dass der Lemke-Algorithmus durch Ray-Termination abbricht, obwohl das LCP eine Lösung besitzt. Siehe Aufgabe 2.4.1.

Die folgende Aufgabe dient nicht der Wiederholung des bisherigen Stoffes, sondern der Vorbereitung auf den nächsten Abschnitt. Dort werden wir mit so genannten erweiterten Tableaus argumentieren.

Aufgabe 2.5.1 *Gegeben sind*

$$A = \begin{pmatrix} 0 & 2 & -1 \\ 1 & 2 & 0 \\ 2 & 1 & 4 \end{pmatrix}, \quad b = \begin{pmatrix} 2 \\ 4 \\ 5 \end{pmatrix}.$$

Berechnen Sie mit Gauß–Jordan-Schritten anhand des erweiterten Tableaus

x_1 x_2 x_3	b	E
0 2 -1	2	1 0 0
1 2 0	4	0 1 0
2 1 4	5	0 0 1

ohne Zeilenvertauschung A^{-1} und die eindeutige Lösung x^* von $Ax = b$.

2.6 Der lexikographische Lemke-Algorithmus

Die Voraussetzung (2.14) ist hinreichend, um zu zeigen, dass der Lemke-Algorithmus nach endlich vielen Schritten endet. Ist die Voraussetzung (2.14) nicht erfüllt, so kann es beim Lemke-Algorithmus zu Zyklen kommen. Siehe Aufgabe 2.4.3.

Wir werden in diesem Abschnitt die Voraussetzung (2.14) so verallgemeinern, dass diese Verallgemeinerung dann nicht mehr vorausgesetzt werden muss, sondern eine Gegebenheit sein wird.

Komponentenweise bedeutet (2.14), dass für alle $i = 1, ..., n$ und $l = 1, 2, 3, ...$

$$q_i^{(l)} > 0$$

gilt. Diese Eigenschaft werden wir ersetzen durch (2.17), wobei wir folgende Definition verwenden.

Definition 2.6.1 *Ein Zeilenvektor x mit $x^T \in \mathbb{R}^d$, $x \neq o$ wird lexikopositiv genannt, falls gilt: Für den kleinsten Index i mit $x_i \neq 0$ gilt $x_i > 0$. Wir schreiben $x \succ o$.*

Es sei $(A^{(1)}|q^{(1)})$ das Tableau nach der Initialisierung des Lemke-Algorithmus. Sind die Komponenten von $q^{(0)} = q$ nicht paarweise verschieden, so gilt zwar $q^{(1)} \geq o$, aber nicht notwendigerweise $q^{(1)} > o$. Siehe (2.6).

Ist der Lemke-Algorithmus bis zum k-ten Schritt durchführbar, so gilt

$$o \leq q^{(l)} = (B^{(l)})^{-1} \cdot q^{(1)}, \quad l = 1, ..., k. \tag{2.15}$$

Dabei ist jede Matrix $B^{(l)}$ regulär, und ihre n Spalten stimmen jeweils mit n Spalten von $A^{(1)}$ (nicht von $A^{(0)}$!) überein. Die Matrizen $(B^{(l)})^{-1}, l = 1, ..., k,$

die (2.15) erfüllen, können mit Hilfe der Gauß–Jordan-Schritte in der Tableau-Folge

$$(A^{(1)}|q^{(1)}) \rightsquigarrow (A^{(2)}|q^{(2)}) \rightsquigarrow \cdots \rightsquigarrow (A^{(k)}|q^{(k)})$$

bestimmt werden. Siehe Aufgabe 2.5.1. Man erhält somit eine Folge von erweiterten Tableaus

$$\left(A^{(1)}|(q^{(1)} \vdots (B^{(1)})^{-1})\right) \rightsquigarrow \cdots \rightsquigarrow \left(A^{(k)}|(q^{(k)} \vdots (B^{(k)})^{-1})\right) \qquad (2.16)$$

mit $(B^{(1)})^{-1} = E$ und (2.15). Im Hinblick auf Voraussetzung (2.14) liegt es nahe, $q^{(1)}$ so zu stören, dass

$$q^{(1)} \approx q^{(1)}(\varepsilon) > o \quad \text{und} \quad q^{(l)}(\varepsilon) := (B^{(l)})^{-1} \cdot q^{(1)}(\varepsilon) > o, \quad l = 1, ..., k$$

gelten. Dann endet der Lemke-Algorithmus beginnend mit dem Tableau $(A^{(1)}|q^{(1)}(\varepsilon))$ nach endlich vielen Schritten gemäß Satz 2.5.1. Falls $'z_0'$ nach dem k-ten Schritt das Basisvariablenfeld verlässt, so bestimmt man über

$$\lim_{\varepsilon \to 0} q^{(k)}(\varepsilon) = \lim_{\varepsilon \to 0}(B^{(k)})^{-1} \cdot q^{(1)}(\varepsilon) = (B^{(k)})^{-1} \cdot q^{(1)} = q^{(k)}$$

eine Lösung von $LCP(q, M)$. Dies lässt sich praktisch nicht umsetzen, es sei denn, man rechnet im Lemke-Algorithmus symbolisch mit ε. Der folgende Satz wird $q^{(l)}(\varepsilon)$ in Verbindung mit Definition 2.6.1 bringen.

Satz 2.6.1 *Es seien* $(B^{(l)})^{-1} = (\beta_{ij}^{(l)})$ *aus der Folge der erweiterten Tableaus (2.16) und* $q^{(l)} = (B^{(l)})^{-1}q^{(1)} \geq o, l = 1, 2, 3, ...$ *Für* $\varepsilon > 0$ *definieren wir den Vektor*

$$q^{(1)}(\varepsilon) := q^{(1)} + \begin{pmatrix} \varepsilon \\ \varepsilon^2 \\ \vdots \\ \varepsilon^n \end{pmatrix}$$

und damit

$$q^{(l)}(\varepsilon) := (B^{(l)})^{-1} \cdot q^{(1)}(\varepsilon), \quad l = 1, 2, 3, ...$$

Dann sind folgende Aussagen äquivalent:

1. *Es existiert ein* $\varepsilon^* > 0$, *so dass für alle* $\varepsilon \in (0, \varepsilon^*)$ *die Ungleichungen*

$$q^{(l)}(\varepsilon) > 0, \quad l = 1, 2, 3, ...$$

   gelten.
2. *Für* $l = 1, 2, 3, ...$ *und* $i = 1, ..., n$ *gilt*

$$\left(q_i^{(l)} \, \beta_{i1}^{(l)} \, ... \, \beta_{in}^{(l)}\right) \succ o. \qquad (2.17)$$

In Worten: Für alle $l = 1, 2, 3, ...$ *sind alle Zeilenvektoren der Matrix* $(q^{(l)} \vdots (B^{(l)})^{-1}) \in \mathbb{R}^{n \times (n+1)}$ *lexikopositiv.*

Beweis: Für $l = 1, 2, 3, \ldots$ ist

$$q^{(l)}(\varepsilon) = (B^{(l)})^{-1} \cdot q^{(1)}(\varepsilon) = (B^{(l)})^{-1} \cdot q^{(1)} + (B^{(l)})^{-1} \begin{pmatrix} \varepsilon \\ \varepsilon^2 \\ \vdots \\ \varepsilon^n \end{pmatrix}$$

$$= \begin{pmatrix} q_1^{(l)} + \beta_{11}^{(l)} \varepsilon + \cdots + \beta_{1n}^{(l)} \varepsilon^n \\ \vdots \\ q_n^{(l)} + \beta_{n1}^{(l)} \varepsilon + \cdots + \beta_{nn}^{(l)} \varepsilon^n \end{pmatrix}.$$

Wir zeigen nun für $i = 1, \ldots, n$ und $l = 1, 2, 3, \ldots$:

$$\left(q_i^{(l)} \; \beta_{i1}^{(l)} \ldots \beta_{in}^{(l)} \right) \succ o \Leftrightarrow \text{für hinreichend kleines } \varepsilon > 0 \text{ ist } q_i^{(l)}(\varepsilon) > 0.$$

Dazu sei $i \in \{1, \ldots, n\}$ beliebig, aber fest gewählt. Nach Voraussetzung ist $q_i^{(l)} \geq 0$. Ist $q_i^{(l)} > 0$, so ist $\left(q_i^{(l)} \; \beta_{i1}^{(l)} \ldots \beta_{in}^{(l)} \right) \succ o$ nach Definition, und für hinreichend kleines $\varepsilon > 0$ gilt

$$\left| \beta_{i1}^{(l)} \varepsilon + \cdots + \beta_{in}^{(l)} \varepsilon^n \right| < \frac{q_i^{(l)}}{2},$$

woraus dann $q_i^{(l)}(\varepsilon) > 0$ für hinreichend kleines $\varepsilon > 0$ folgt.

Falls $q_i^{(l)} = 0$ gilt, so sei $\mu \in \{1, \ldots, n\}$ der kleinste Index mit $\beta_{i\mu}^{(l)} \neq 0$. Ein solcher Index muss existieren, da $B^{(l)}$ regulär ist. Dann ist

$$q_i^{(l)}(\varepsilon) = \sum_{j=\mu}^{n} \beta_{ij}^{(l)} \varepsilon^j.$$

Nun ist

$$q_i^{(l)}(\varepsilon) > 0 \quad \text{für hinreichend kleines } \varepsilon > 0$$

äquivalent zu

$$-\beta_{i\mu}^{(l)} < \sum_{j=\mu+1}^{n} \beta_{ij}^{(l)} \varepsilon^{j-\mu} \quad \text{für hinreichend kleines } \varepsilon > 0. \tag{2.18}$$

Dabei wird die Summe $\sum_{j=\mu+1}^{n}(\ldots)$ null gesetzt für $\mu = n$. Für hinreichend kleines $\varepsilon > 0$ ist

$$\left| \sum_{j=\mu+1}^{n} \beta_{ij}^{(l)} \varepsilon^{j-\mu} \right| < \frac{|\beta_{i\mu}^{(l)}|}{2}.$$

Daher ist (2.18) äquivalent zu $\beta_{i\mu}^{(l)} > 0$ bzw. $\left(q_i^{(l)} \; \beta_{i1}^{(l)} \ldots \beta_{in}^{(l)} \right) \succ o$. $\qquad\square$

Wir benötigen noch eine weitere Definition.

Definition 2.6.2 *Für eine Menge von paarweise verschiedenen Zeilenvektoren $V := \{v^{(1)}, ..., v^{(m)}\}$ ist das lexikographische Minimum definiert als der Vektor $v^{(i)} \in V$, für den alle Vektoren*

$$v^{(j)} - v^{(i)}, \quad j = 1, ..., m, j \neq i$$

lexikopositiv sind.

Das lexikographische Minimum einer Menge von paarweise verschiedenen Zeilenvektoren ist immer eindeutig bestimmt. Diese Eindeutigkeit wird der Grund sein, warum im Gegensatz zu (2.12) beim lexikographischen Lemke-Algorithmus die Bestimmung des Pivotzeilenindex in jedem Schritt eindeutig sein wird.

Der lexikographische Lemke-Algorithmus wird wie folgt definiert. Die Initialisierung wird noch wie beim herkömmlichen Lemke-Algorithmus durchgeführt. Allerdings wird von nun an nicht mehr mit den Tableaus

$$(A^{(k)}|q^{(k)}), \quad k \geq 1$$

gerechnet, sondern mit den erweiterten Tableaus

$$\left(A^{(k)}|(q^{(k)} \vdots (B^{(k)})^{-1})\right), \quad k \geq 1.$$

Dabei ist $B^{(1)} = E$ und $q^{(k)} = (B^{(k)})^{-1} \cdot q^{(1)}$, $k \geq 1$. Es sei $(B^{(k)})^{-1} = (\beta_{ij}^{(k)})$.

Die Bestimmung des Pivotspaltenindex ist wie beim herkömmlichen Lemke-Algorithmus definiert. Die Bestimmung des Pivotzeilenindex wird allerdings modifiziert. Es sei J die Indexmenge, für die in (2.12) das Minimum angenommen wird. Dann wird wie folgt verfahren:

1. Ist $J = \emptyset$, so endet der Algorithmus in Ray-Termination. Ansonsten fahre fort mit 2.
2. Ist $t \in J$ (t ist dabei der Pivotzeilenindex aus der Initialisierung), so wähle $i_0 = t$ und der Algorithmus wird im nächsten Schritt enden, da $'z_0'$ das Basisvariablenfeld verlassen wird. Ansonsten fahre fort mit 3.
3. Bestimme das lexikographische Minimum der Menge

$$V := \left\{ \frac{1}{a_{ij_0}^{(k)}} \left(q_i^{(k)} \, \beta_{i1}^{(k)} \, ... \, \beta_{in}^{(k)}\right) : a_{ij_0}^{(k)} > 0 \right\}.$$

Dieses Minimum ist eindeutig, da $B^{(k)}$ regulär ist. Ist

$$\frac{1}{a_{i_0 j_0}^{(k)}} \left(q_{i_0}^{(k)} \, \beta_{i_0 1}^{(k)} \, \beta_{i_0 2}^{(k)} \, ... \, \beta_{i_0 n}^{(k)}\right)$$

das lexikographische Minimum von V, so wähle man i_0 als den Pivotzeilenindex.

Die Abbruchkriterien sind wie beim herkömmlichen Lemke-Algorithmus definiert. Dabei kann der Fall $z_0 = q_t^{(k)} = 0$ nicht vorkommen. Siehe Bemerkung 2.6.1.

Beispiel 2.6.1 Wir betrachten $LCP(q, M)$ mit

$$M = \begin{pmatrix} 1 & 2 & 0 \\ 0 & 1 & 2 \\ 2 & 0 & 1 \end{pmatrix} \quad \text{und} \quad q = \begin{pmatrix} -1 \\ -1 \\ -1 \end{pmatrix}$$

aus Aufgabe 2.4.3. Wir verwenden den lexikographischen Lemke-Algorithmus. Die Initialisierung verläuft wie beim herkömmlichen Lemke-Algorithmus. Es ist $q \not\geq o$ und $\min\{q_1, q_2, q_3\} = \min\{-1\} = -1$. Bereits im ersten Schritt ist der Pivotzeilenindex nicht eindeutig festgelegt. Wir wählen willkürlich als Pivotzeilenindex $i_0 = 1$ und erhalten

$$(A^{(1)} \mid q^{(1)}) = \begin{pmatrix} -1 & 0 & 0 & 1 & 2 & 0 & 1 & | & 1 \\ -1 & 1 & 0 & 1 & 1 & -2 & 0 & | & 0 \\ -1 & 0 & 1 & -1 & 2 & -1 & 0 & | & 0 \end{pmatrix}$$

nach einem Gauß–Jordan-Schritt mit Pivotelement $a_{17}^{(0)}$. Das Basisvariablenfeld lautet $BVF_1 = ({}'z_0{}', {}'w_2{}', {}'w_3{}')$. Von jetzt an betrachten wir die erweiterten Tableaus. Als erstes erweitertes Tableau erhalten wir

BVF_1	w_1 w_2 w_3 z_1 z_2 z_3 z_0	$(q^{(1)} \vdots (B^{(1)})^{-1})$
${}'z_0{}'$	-1 0 0 1 2 0 1	1 $\vdots$ 1 0 0
${}'w_2{}'$	-1 1 0 $\boxed{1}$ 1 -2 0	0 $\vdots$ 0 1 0
${}'w_3{}'$	-1 0 1 -1 2 -1 0	0 $\vdots$ 0 0 1

${}'w_1{}'$ hat das Basisvariablenfeld verlassen. Daher ist $j_0 = 3 + 1 = 4$ der neue Pivotspaltenindex. Das lexikographische Minimum von

$$V := \left\{ \frac{1}{1}(1\,1\,0\,0), \frac{1}{1}(0\,0\,1\,0) \right\}$$

ist der zweite Zeilenvektor. Daher ist $i_0 = 2$. Nach einem Gauß–Jordan-Schritt mit Pivotelement $a_{24}^{(1)}$ erhält man

BVF_2	w_1 w_2 w_3 z_1 z_2 z_3 z_0	$(q^{(2)} \vdots (B^{(2)})^{-1})$
${}'z_0{}'$	0 -1 0 0 1 2 1	1 $\vdots$ 1 -1 0
${}'z_1{}'$	-1 1 0 1 1 -2 0	0 $\vdots$ 0 1 0
${}'w_3{}'$	-2 1 1 0 $\boxed{3}$ -3 0	0 $\vdots$ 0 1 1

$'w_2\,'$ hat das Basisvariablenfeld verlassen. Daher ist $j_0 = 3+2 = 5$ der neue Pivotspaltenindex. Das lexikographische Minimum von

$$V := \left\{ \frac{1}{1}\big(1\,1\text{-}1\,0\big),\ \frac{1}{1}\big(0\,0\,1\,0\big),\ \frac{1}{3}\big(0\,0\,1\,1\big) \right\}$$

ist der dritte Zeilenvektor. Daher ist $i_0 = 3$. Nach einem Gauß–Jordan-Schritt mit Pivotelement $a_{3\,5}^{(2)}$ erhält man[2]

BVF$_3$	w_1	w_2	w_3	z_1	z_2	z_3	z_0	$(q^{(3)} \vdots (B^{(3)})^{-1})$		
$'z_0'$	$\frac{2}{3}$	$-\frac{4}{3}$	$-\frac{1}{3}$	0	0	$\boxed{3}$	1	$1 \vdots 1$	$-\frac{4}{3}$	$-\frac{1}{3}$
$'z_1'$	$-\frac{1}{3}$	$\frac{2}{3}$	$-\frac{1}{3}$	1	0	-1	0	$0 \vdots 0$	$\frac{2}{3}$	$-\frac{1}{3}$
$'z_2'$	$-\frac{2}{3}$	$\frac{1}{3}$	$\frac{1}{3}$	0	1	-1	0	$0 \vdots 0$	$\frac{1}{3}$	$\frac{1}{3}$

$'w_3\,'$ hat das Basisvariablenfeld verlassen. Daher ist $j_0 = 3+3 = 6$ der neue Pivotspaltenindex. Da in der Pivotspalte lediglich $a_{1\,6}^{(3)} > 0$ gilt, ist $i_0 = 1$, und nach einem Gauß–Jordan-Schritt mit Pivotelement $a_{1\,6}^{(3)}$ erhält man

BVF$_4$	w_1	w_2	w_3	z_1	z_2	z_3	z_0	$(q^{(4)} \vdots (B^{(4)})^{-1})$		
$'z_3'$	$\frac{2}{9}$	$-\frac{4}{9}$	$-\frac{1}{9}$	0	0	1	$\frac{1}{3}$	$\frac{1}{3} \vdots \frac{3}{9}$	$-\frac{4}{9}$	$-\frac{1}{9}$
$'z_1'$	$-\frac{1}{9}$	$\frac{2}{9}$	$-\frac{4}{9}$	1	0	0	$\frac{1}{3}$	$\frac{1}{3} \vdots \frac{3}{9}$	$\frac{2}{9}$	$-\frac{4}{9}$
$'z_2'$	$-\frac{4}{9}$	$-\frac{1}{9}$	$\frac{2}{9}$	0	1	0	$\frac{1}{3}$	$\frac{1}{3} \vdots \frac{3}{9}$	$-\frac{1}{9}$	$\frac{2}{9}$

$'z_0\,'$ hat das Basisvariablenfeld verlassen und der Algorithmus ist zu Ende. Man erhält, dass die Vektoren

$$w = o \quad \text{und} \quad z = \frac{1}{3}\begin{pmatrix} 1 \\ 1 \\ 1 \end{pmatrix}$$

eine Lösung von $LCP(q, M)$ bilden. $\qquad\square$

Bemerkung 2.6.1 *Beim lexikographischen Lemke-Algorithmus kann der Fall $z_0 = q_t^{(k)} = 0$ nie eintreten.*

---

[2] Verfolgt man die Strategie, den kleinsten Index, der (2.12) erfüllt, als Pivotzeilenindex zu wählen, so ergibt sich $i_0 = 2$.

Beweis: Der lexikographische Lemke-Algorithmus wird nur begonnen, falls $q = q^{(0)} \not\geq o$ ist. Es ist $q_t^{(1)} = |q_t^{(0)}| > 0$ wegen $q_t^{(0)} = \min\limits_{1 \leq i \leq n} q_i^{(0)} < 0$. Gilt $z_0 = q_t^{(k+1)} = 0$, so war das Minimum in (2.12) im Gauß–Jordan-Schritt $k \rightsquigarrow k + 1$ nicht eindeutig bestimmt und insbesondere wird das Minimum in (2.12) angenommen für $i = t$. Der lexikographische Lemke-Algorithmus war aber gerade so definiert, dass in diesem Fall im Gauß–Jordan-Schritt $k \rightsquigarrow k+1$ als Pivotzeilenindex $i_0 = t$ gewählt wird. Dann endet der lexikographische Lemke-Algorithmus wegen $'z_0' \notin \mathrm{BVF}_{k+1}$. $\qquad\square$

Wir kommen zum abschließenden Ergebnis.

Satz 2.6.2 *Der lexikographische Lemke-Algorithmus endet spätestens nach $n \cdot 2^{n-1}$ Gauß–Jordan-Schritten durch Ray-Termination oder dadurch, dass $'z_0'$ das Basisvariablenfeld verlässt.*

Beweis: Der lexikographische Lemke-Algorithmus generiert eine Folge von erweiterten Tableaus

$$
\left.
\begin{aligned}
&\left(A^{(1)} | (q^{(1)} \,\vdots\, E) \right) \\
&\left(A^{(2)} | (q^{(2)} \,\vdots\, (B^{(2)})^{-1}) \right) \\
&\qquad\vdots \\
&\left(A^{(k)} | (q^{(k)} \,\vdots\, (B^{(k)})^{-1}) \right) \\
&\qquad\vdots
\end{aligned}
\right\}
\tag{2.19}
$$

mit $o \leq q^{(k)} = (B^{(k)})^{-1} \cdot q^{(1)}$, $k \geq 1$. Es sei $(B^{(k)})^{-1} = (\beta_{ij}^{(k)})$. Wir zeigen nun, dass für jedes $k \geq 1$ die Aussage

$$
\left(q_i^{(k)} \; \beta_{i1}^{(k)} \; \ldots \beta_{in}^{(k)} \right) \succ o \quad \text{für alle } i \in \{1, ..., n\}
\tag{2.20}
$$

gilt. Wegen $q^{(1)} \geq o$ und $(B^{(1)})^{-1} = E$ gilt (2.20) offensichtlich für $k = 1$.

Angenommen es gelte (2.20), und es sei $A_{\cdot j_0}^{(k)}$ die derzeitige Pivotspalte. Falls $A_{\cdot j_0}^{(k)} \leq o$ gilt, wird der lexikographische Lemke-Algorithmus durch Ray-Termination abgebrochen.

Andernfalls bestimmt der lexikographische Lemke-Algorithmus die Indexmenge J, die alle Indizes beinhaltet, für die in (2.12) das Minimum angenommen wird. Gilt $t \in J$, so wird $i_0 = t$ gewählt und der Algorithmus wird nach dem Schritt

$$
\left(A^{(k)} | (q^{(k)} \,\vdots\, (B^{(k)})^{-1}) \right) \rightsquigarrow \left(A^{(k+1)} | (q^{(k+1)} \,\vdots\, (B^{(k+1)})^{-1}) \right)
$$

enden, da dann $'z_0' \notin BVF_{k+1}$ gelten wird.

Gilt $t \notin J$, so bestimmt der lexikographische Lemke-Algorithmus das lexikographische Minimum von

$$V := \left\{ \frac{1}{a_{ij_0}^{(k)}} \left(q_i^{(k)} \ \beta_{i1}^{(k)} \ \dots \beta_{in}^{(k)} \right) : a_{ij_0}^{(k)} > 0 \right\}.$$

Ist

$$\frac{1}{a_{i_0 j_0}^{(k)}} \left(q_{i_0}^{(k)} \ \beta_{i_0 1}^{(k)} \ \beta_{i_0 2}^{(k)} \ \dots \beta_{i_0 n}^{(k)} \right)$$

dieses lexikographische Minimum, so gilt wegen $a_{i_0 j_0}^{(k)} > 0$

$$\left(q_{i_0}^{(k+1)} \ \beta_{i_0 1}^{(k+1)} \ \beta_{i_0 2}^{(k+1)} \ \dots \beta_{i_0 n}^{(k+1)} \right) = \frac{1}{a_{i_0 j_0}^{(k)}} \left(q_{i_0}^{(k)} \ \beta_{i_0 1}^{(k)} \ \beta_{i_0 2}^{(k)} \ \dots \beta_{i_0 n}^{(k)} \right) \succ o$$

und für alle $i \neq i_0$ mit $a_{ij_0}^{(k)} > 0$

$$\frac{1}{a_{ij_0}^{(k)}} \left(q_i^{(k)} \ \beta_{i1}^{(k)} \ \beta_{i2}^{(k)} \ \dots \beta_{in}^{(k)} \right) - \frac{1}{a_{i_0 j_0}^{(k)}} \left(q_{i_0}^{(k)} \ \beta_{i_0 1}^{(k)} \ \beta_{i_0 2}^{(k)} \ \dots \beta_{i_0 n}^{(k)} \right) \succ o.$$

Somit gilt für alle $i \neq i_0$ mit $a_{ij_0}^{(k)} > 0$

$$\left(q_i^{(k+1)} \ \beta_{i1}^{(k+1)} \ \beta_{i2}^{(k+1)} \ \dots \beta_{in}^{(k+1)} \right) =$$

$$\left(q_i^{(k)} - \frac{q_{i_0}^{(k)}}{a_{i_0 j_0}^{(k)}} \cdot a_{ij_0}^{(k)} \quad \beta_{i1}^{(k)} - \frac{\beta_{i_0 1}^{(k)}}{a_{i_0 j_0}^{(k)}} \cdot a_{ij_0}^{(k)} \quad \dots \quad \beta_{in}^{(k)} - \frac{\beta_{i_0 n}^{(k)}}{a_{i_0 j_0}^{(k)}} \cdot a_{ij_0}^{(k)} \right) \succ o. \tag{2.21}$$

Für $i \neq i_0$ mit $a_{ij_0}^{(k)} \leq 0$ gilt (2.21) wegen (2.20).

Nun definieren wir

$$q^{(1)}(\varepsilon) := q^{(1)} + \begin{pmatrix} \varepsilon \\ \varepsilon^2 \\ \vdots \\ \varepsilon^n \end{pmatrix}$$

und zwingen dem Tableau $\left(A^{(1)} | q^{(1)}(\varepsilon) \right)$ die Gauß–Jordan-Schritte von (2.19) auf. Dann erhalten wir eine Folge von Tableaus

$$\left. \begin{array}{c} \left(A^{(1)} | q^{(1)}(\varepsilon) \right) \\ \left(A^{(2)} | q^{(2)}(\varepsilon) \right) \\ \vdots \\ \left(A^{(k)} | q^{(k)}(\varepsilon) \right) \\ \vdots \end{array} \right\} \tag{2.22}$$

Die Folge der Basisvariablenfelder, die durch (2.19) erzeugt wird, ist somit identisch zur Folge der Basisvariablenfelder, die durch (2.22) erzeugt wird. Wegen (2.20) gilt nach Satz 2.6.1, dass für hinreichend kleines $\varepsilon > 0$

$$q^{(l)}(\varepsilon) > o, \quad l = 1, 2, 3, \ldots$$

gilt. Wegen Lemma 2.5.2 und Lemma 2.5.3 kommt dann kein Basisvariablenfeld in der Folge der Basisvariablenfelder, die durch (2.22) erzeugt wird, ein zweites Mal vor. Daher muss der lexikographische Lemke-Algorithmus nach endlich vielen Gauß–Jordan-Schritten abbrechen. Auf Grund von Satz 2.5.1 sind dies höchstens $n \cdot 2^{n-1}$ Schritte.   □

Aufgabe 2.6.1 *Führen Sie den lexikographischen Lemke-Algorithmus durch für*

$$M = \begin{pmatrix} 2 & 1 \\ 0 & 1 \end{pmatrix} \quad und \quad q = \begin{pmatrix} -1 \\ 0 \end{pmatrix}.$$

Aufgabe 2.6.2 *Führen Sie den lexikographischen Lemke-Algorithmus durch für*

$$M = \begin{pmatrix} 2 & 0 & 0 \\ -3 & 1 & 0 \\ -3 & -1 & 2 \end{pmatrix} \quad und \quad q = \begin{pmatrix} -1 \\ 1 \\ 1 \end{pmatrix}.$$

Aufgabe 2.6.3 *Lesen Sie an den Tableaus aus Beispiel 2.4.1 die Matrizen*

$$(B^{(1)})^{-1}, (B^{(2)})^{-1}, \ldots, (B^{(5)})^{-1}$$

ab, die entstehen, falls man den lexikographischen Lemke-Algorithmus auf M und q aus Beispiel 2.4.1 anwendet.

2.7 Bemerkung zur Ray-Termination

Gilt im Lemke-Algorithmus bzw. im lexikographischen Lemke-Algorithmus für eine Pivotspalte

$$\begin{pmatrix} a^{(k)}_{1j_0} \\ \vdots \\ a^{(k)}_{nj_0} \end{pmatrix} \leq o,$$

so endet der Lemke-Algorithmus bzw. der lexikographische Lemke-Algorithmus mit dem Hinweis, dass er keine Lösung finden kann. Dies wurde als Ray-Termination bezeichnet.

Beispiel 2.7.1 Nach k Gauß–Jordan-Schritten sei aus $(A^{(0)}|q^{(0)})$ das Tableau

w_1	w_2	w_3	z_1	z_2	z_3	z_0	$q^{(k)}$
-4	0	$*$	$*$	$*$	0	1	5
-3	1	$*$	$*$	$*$	0	0	7
-2	0	$*$	$*$	$*$	1	0	8

entstanden, und die erste Spalte sei nun die Pivotspalte. Kein Element dieser Spalte kann als Pivotelement gewählt $q^{(k+1)} \geq o$ garantieren. Daher wird der Algorithmus beendet. (Englisch: to terminate $\hat{=}$ beenden).

Des Weiteren erhält man die Halbgerade

$$
\begin{pmatrix} 0 \\ 7 \\ 0 \\ 0 \\ 0 \\ 8 \\ 5 \end{pmatrix} + \lambda \begin{pmatrix} 1 \\ 3 \\ 0 \\ 0 \\ 0 \\ 2 \\ 4 \end{pmatrix}, \quad \lambda \geq 0
$$

als Lösung von $A^{(k)}x = q^{(k)}$, $x \geq o$ und somit von $A^{(0)}x = q^{(0)}$, $x \geq o$. (Englisch: ray $\hat{=}$ Strahl, Halbgerade). $\qquad\square$

Wir werden später zeigen, dass man unter gewissen Voraussetzungen (an M) schließen kann, dass $LCP(q, M)$ keine Lösung besitzt, falls der lexikographische Lemke-Algorithmus durch Ray-Termination endet. Dazu benötigen wir den folgenden Satz.

Satz 2.7.1 *Endet der lexikographische Lemke-Algorithmus angewandt auf $M \in \mathbb{R}^{n \times n}$ und $q \in \mathbb{R}^n$ nach dem k-ten Schritt durch Ray-Termination, dann gelten folgende Aussagen:*

1. *Es existieren Vektoren $w^{(h)} \in \mathbb{R}^n$, $z^{(h)} \in \mathbb{R}^n$ und eine Zahl $z_0^{(h)} \geq 0$ mit*

$$
w^{(h)} - Mz^{(h)} - z_0^{(h)} \cdot e = o, \quad w^{(h)} \geq o, \, z^{(h)} \geq o, \, z^{(h)} \neq o, \, (w^{(h)})^T z^{(h)} = 0.
$$

2. *Es existieren Vektoren $w^{(k)} \in \mathbb{R}^n$, $z^{(k)} \in \mathbb{R}^n$ und eine Zahl $z_0^{(k)} > 0$ mit*

$$
w^{(k)} - Mz^{(k)} - z_0^{(k)} \cdot e = q, \quad w^{(k)} \geq o, \, z^{(k)} \geq o, \quad (w^{(k)})^T z^{(k)} = 0.
$$

3. *Es gilt $(w^{(k)})^T z^{(h)} = 0 = (w^{(h)})^T z^{(k)}$.*

Beweis: Es sei

$$
(A^{(k)} | (q^{(k)} \,\vdots\, (B^{(k)})^{-1}))
$$

p	z_0	$(q^{(k)} \,\vdots\, (B^{(k)})^{-1})$
$a_{1j_0}^{(k)}$		$q_1^{(k)} \,\vdots\, *****$
$\cdots \quad \vdots \quad \cdots E_{\cdot t}$		$\vdots$
$a_{nj_0}^{(k)}$		$q_n^{(k)} \,\vdots\, *****$

das erweiterte Tableau, bei dem der lexikographische Lemke-Algorithmus abbricht, weil für die Pivotspalte $A_{\cdot j_0}^{(k)} \leq o$ gilt.

Wegen $'z_0' \in \mathrm{BVF}_k$ existiert genau ein $s \in \{1, ..., n\}$ mit $'w_s' \notin \mathrm{BVF}_k$ und $'z_s' \notin \mathrm{BVF}_k$. Außerdem gilt $p \in \{w_s, z_s\}$.

Nun definieren wir

$$
\left.
\begin{aligned}
w_s^{(h)} &:= 1, \ z_s^{(h)} := 0, \quad \text{falls } p = w_s, \\
w_s^{(h)} &:= 0, \ z_s^{(h)} := 1, \quad \text{falls } p = z_s, \\
w_s^{(k)} &:= 0, \ z_s^{(k)} := 0.
\end{aligned}
\right\}
\tag{2.23}
$$

Weiter setzen wir

$$
z_0^{(h)} := -a_{tj_0}^{(k)}, \quad z_0^{(k)} := q_t^{(k)}.
$$

Ist $'w_i' \in \mathrm{BVF}_k$ und gilt $A_{\cdot i}^{(k)} = E_{\cdot \nu}$, so setzen wir

$$
w_i^{(h)} := -a_{\nu j_0}^{(k)}, \quad z_i^{(h)} := 0, \quad w_i^{(k)} := q_\nu^{(k)}, \quad z_i^{(k)} := 0. \tag{2.24}
$$

Ist andererseits $'z_i' \in \mathrm{BVF}_k$ und gilt $A_{\cdot n+i}^{(k)} = E_{\cdot \mu}$, so setzen wir

$$
w_i^{(h)} := 0, \quad z_i^{(h)} := -a_{\mu j_0}^{(k)}, \quad w_i^{(k)} := 0, \quad z_i^{(k)} := q_\mu^{(k)}. \tag{2.25}
$$

In Beispiel 2.7.1 ergeben sich $z_0^{(h)} := 4$, $z_0^{(k)} := 5$,

$$
w^{(h)} := \begin{pmatrix} 1 \\ 3 \\ 0 \end{pmatrix}, \quad
z^{(h)} := \begin{pmatrix} 0 \\ 0 \\ 2 \end{pmatrix}, \quad
w^{(k)} := \begin{pmatrix} 0 \\ 7 \\ 0 \end{pmatrix}, \quad
z^{(k)} := \begin{pmatrix} 0 \\ 0 \\ 8 \end{pmatrix}.
$$

Somit sind wegen $q^{(k)} \geq o$ und $A_{\cdot j_0}^{(k)} \leq o$ alle Aussagen bis auf $z_0^{(k)} > 0$ und $z^{(h)} \neq o$ gezeigt.

Angenommen es gelte $z^{(h)} = o$. Dann folgt aus

$$
o = w^{(h)} - M z^{(h)} - z_0^{(h)} \cdot e
$$

die Beziehung

$$
w^{(h)} = z_0^{(h)} \cdot e. \tag{2.26}
$$

1. Fall: Es ist $z_0^{(h)} = 0$. Aus (2.26) folgt dann $w^{(h)} = o$ und somit

$$
\begin{pmatrix} w^{(h)} \\ z^{(h)} \\ z_0^{(h)} \end{pmatrix} = o.
$$

Dies kann nicht sein, da entweder $w_s^{(h)} = 1$ oder $z_s^{(h)} = 1$ gesetzt wurde.

2. Fall: Es ist $z_0^{(h)} > 0$. Aus (2.26) folgt dann $w^{(h)} > o$. Wegen (2.23)-(2.25) kann $w^{(h)} > o$ nur gelten, wenn für kein $i \in \{1, ..., n\}$ $'z_i' \in \mathrm{BVF}_k$ ist. Somit ist $'z_0' \in \mathrm{BVF}_k$ und für genau $n-1$ Indizes $i \in \{1, ..., n\}$ gilt $'w_i' \in \mathrm{BVF}_k$. Wegen Lemma 2.5.3 ist $\mathrm{BVF}_k \neq \mathrm{BVF}_1$. Daher ist $B^{(k)} \neq E$. Ein Spaltenvektor von $B^{(k)}$ lautet $-e$, und die restlichen Spaltenvektoren von $B^{(k)}$ sind Standard-Basisvektoren.

Daher existiert ein $i \in \{1, ..., n\}$ mit

$$(\beta_{i1}^{(k)} \, ... \, \beta_{in}^{(k)}) := ((B^{(k)})^{-1})_{i\cdot} = -E_{\cdot i}^{\mathrm{T}} . \tag{2.27}$$

Mit $q^{(1)} \geq o$ folgt dann zunächst

$$q_i^{(k)} = \left((B^{(k)})^{-1} \cdot q^{(1)} \right)_i = -q_i^{(1)} \leq 0,$$

woraus dann zusammen mit (2.27)

$$(q_i^{(k)} \, \beta_{i1}^{(k)} \, ... \, \beta_{in}^{(k)}) \not> o$$

folgt. Dies ist ein Widerspruch zum lexikographischen Lemke-Algorithmus.

Somit ist $z^{(h)} \neq o$ gezeigt. Die Aussage $z_0^{(k)} > 0$ folgt unmittelbar aus Bemerkung 2.6.1. $\square$

3

Klassen von Matrizen

Im vorigen Kapitel wurde gezeigt, dass der lexikographische Lemke-Algorithmus nach endlich vielen Gauß–Jordan-Schritten entweder eine Lösung von $LCP(q, M)$ findet oder durch Ray-Termination endet. Endet der lexikographische Lemke-Algorithmus durch Ray-Termination, so kann man aber im Allgemeinen nicht schließen, dass $LCP(q, M)$ keine Lösung besitzt. Siehe Aufgabe 2.4.1. Diese Tatsache führt auf die Frage, unter welchen Bedingungen an die Eingangsdaten $q \in \mathbb{R}^n$ und $M \in \mathbb{R}^{n \times n}$ Ray-Termination die Nichtlösbarkeit von $LCP(q, M)$ impliziert.

Bei der Antwort auf diese Frage beschränken wir uns auf Voraussetzungen an die Matrix $M \in \mathbb{R}^{n \times n}$. Dies führt auf die Einführung von Klassen von Matrizen. Im Zusammenhang mit dem LCP kann man viele interessante Klassen von Matrizen definieren. Wir wollen uns in diesem einführenden Buch allerdings auf die Klassen von Matrizen beschränken, die auch wirklich in den Anwendungen vorkommen. Wir betrachten:

- P-Matrizen (in Abschnitt 3.1).
  Ist $M \in \mathbb{R}^{n \times n}$ eine P-Matrix, so hat $LCP(q, M)$ für jedes $q \in \mathbb{R}^n$ genau eine Lösung (siehe Satz 3.1.2). Das LCP mit einer P-Matrix tritt auf bei Intervallgleichungssystemen (siehe Abschnitt 4.3) und bei freien Randwertproblemen (siehe Abschnitt 4.4). Der lexikographische Lemke-Algorithmus findet die eindeutige Lösung von $LCP(q, M)$, falls M eine P-Matrix ist (siehe Satz 3.1.2).
- Positiv semidefinite Matrizen (in Abschnitt 3.2).
  Endet der lexikographische Lemke-Algorithmus angewandt auf $q \in \mathbb{R}^n$ und $M \in \mathbb{R}^{n \times n}$ durch Ray-Termination und ist M eine positiv semidefinite Matrix, so besitzt $LCP(q, M)$ keine Lösung (siehe Satz 3.2.1). Ein LCP mit einer positiv semidefiniten Matrix entsteht bei linearen und konvexen quadratischen Programmen (siehe Abschnitt 4.2).
- Z-Matrizen (in Abschnitt 3.3).
  Ein LCP mit einer Z-Matrix entsteht bei freien Randwertproblemen (siehe Abschnitt 4.4). Speziell für Z-Matrizen betrachten wir den Algorithmus

von Chandrasekaran, der ähnlich wie beim Lemke-Algorithmus auf Gauß–Jordan-Schritten basiert und nach spätestens n Schritten terminiert (siehe Satz 3.3.1). Dieser Algorithmus angewandt auf eine Z-Matrix findet entweder eine Lösung oder er erbringt den Nachweis, dass $LCP(q, M)$ keine Lösung besitzt (siehe Satz 3.3.1).

- Matrizen der Form

$$M = \begin{pmatrix} O & A \\ B^{\mathrm{T}} & O \end{pmatrix}, \quad A > O,\, B > O \quad \text{und} \quad q = \begin{pmatrix} -1 \\ \vdots \\ -1 \end{pmatrix}.$$

Das LCP definiert durch diese Daten entsteht bei Zwei-Personen-Spielen. Der lexikographische Lemke–Howson-Algorithmus findet immer eine Lösung von $LCP(q, M)$ (siehe Satz 4.1.3).

3.1 P-Matrizen

Die Klasse der P-Matrizen, die wir in diesem Abschnitt behandeln werden, spielt beim LCP eine zentrale Rolle. Denn $LCP(q, M)$ hat genau dann für jedes $q \in \mathbb{R}^n$ eine eindeutige Lösung, wenn M eine P-Matrix ist. Dies wird die Aussage von Satz 3.1.2 sein. Außerdem werden wir zeigen, dass der lexikographische Lemke-Algorithmus diese eindeutige Lösung von $LCP(q, M)$ findet, falls M eine P-Matrix ist.

Definition 3.1.1 *Eine Hauptuntermatrix einer Matrix $M \in \mathbb{R}^{n \times n}$ ist eine Matrix, die aus M hervorgeht, indem man sich eine Indexmenge $J \subset \{1, ..., n\}$ vorgibt und für alle $i \in J$ von M die i-te Zeile und die i-te Spalte streicht. Es ist auch $J = \emptyset$ zugelassen, womit M selbst auch als eine Hauptuntermatrix von M aufgefasst werden kann. Die zu J gehörende Hauptuntermatrix von M bezeichnen wir mit $M(J)$.*

Da eine n-elementige Menge genau 2^n Teilmengen besitzt, hat jede Matrix $M \in \mathbb{R}^{n \times n}$ genau $2^n - 1$ Hauptuntermatrizen.

Definition 3.1.2 *Eine Matrix $M \in \mathbb{R}^{n \times n}$ heißt P-Matrix, falls die Determinante jeder Hauptuntermatrix von M positiv ist.*

Die Determinante einer Hauptuntermatrix nennt man auch oft Hauptminor. P-Matrizen wurden zum ersten Mal 1962 von Miroslav Fiedler und Vlastimil Ptak definiert. Siehe [34]. Der Buchstabe P stammt aus dem Englischen: positiver Hauptminor $\hat{=}$ positiv principal minor.

Beispiel 3.1.1 Die Matrix

$$M = \begin{pmatrix} 1 & 0 & -2 \\ -3 & 4 & 0 \\ 5 & -1 & 6 \end{pmatrix}$$

ist eine P-Matrix, denn die Determinanten aller $2^3 - 1 = 7$ Hauptuntermatrizen sind positiv: $\det M(\{2,3\}) = 1$, $\det M(\{1,3\}) = 4$, $\det M(\{1,2\}) = 6$,
$\det M = 58$,

$$\det M(\{3\}) = \det \begin{pmatrix} 1 & 0 \\ -3 & 4 \end{pmatrix} = 4, \ \det M(\{2\}) = 16, \ \det M(\{1\}) = 24. \quad \square$$

Offensichtlich hat jede P-Matrix $M = (m_{ij})$ positive Diagonaleinträge, d.h.
$m_{ii} > 0$, $i = 1, ..., n$, und wegen $\det M > 0$ ist jede P-Matrix regulär. Es gilt
allerdings nicht die Umkehrung.

Beispiel 3.1.2 Die Matrix

$$M = (m_{ij}) = \begin{pmatrix} 1 & 0 & -2 \\ 0 & 1 & -1 \\ -2 & 4 & 1 \end{pmatrix}$$

erfüllt $\det M = 1$ und $m_{ii} > 0$, $i = 1, ..., 3$. Jedoch ist M keine P-Matrix
wegen $\det M(\{2\}) = -3$. $\quad \square$

In Satz 3.1.1 werden wir eine äquivalente Formulierung zur Definition einer P-
Matrix geben. Viele Sätze, die eine Aussage über P-Matrizen machen, werden
wir über diese äquivalente Formulierung beweisen. Das folgende Lemma dient
zur Vorbereitung von Satz 3.1.1.

Lemma 3.1.1 *Es sei $M \in \mathbb{R}^{n \times n}$ eine P-Matrix und $x \in \mathbb{R}^n$. Dann folgt aus*

$$M \cdot x \leq o, \quad x \geq o, \tag{3.1}$$

dass $x = o$ gelten muss.

Beweis: Wir führen den Beweis durch vollständige Induktion.

Induktionsanfang: $n = 1$. Dann ist $M = m \in \mathbb{R}$, $x \in \mathbb{R}$ und $m > 0$. Nach
Division durch m folgt aus (3.1) $x \leq 0$ und $x \geq 0$, d.h. $x = 0$.

Induktionsvoraussetzung: Ist $\bar{M} \in \mathbb{R}^{(n-1) \times (n-1)}$ eine P-Matrix mit $n > 1$ und
$x \in \mathbb{R}^{n-1}$, dann folgt aus

$$\bar{M} \cdot x \leq o, \quad x \geq o,$$

dass $x = o$ gelten muss.

Induktionsschluss: $n - 1 \rightsquigarrow n$. Da M eine P-Matrix ist, ist M regulär. Wir
definieren $M^{-1} = B = (b_{ij})$. Mit der Cramerschen Regel gilt

$$b_{ii} = \frac{\det M(\{i\})}{\det M} \quad \text{für } i = 1, ..., n.$$

Da M eine P-Matrix ist, folgt $b_{ii} > 0$ für $i = 1, ..., n$. Jede Spalte von B hat
also mindestens einen positiven Eintrag.

Wir betrachten die erste Spalte $B_{\cdot 1}$ von B und setzen

$$\theta := \min\left\{\frac{x_i}{b_{i1}} : b_{i1} > 0\right\}.$$

Wir nehmen an, dass dieses Minimum bei $i = s$ angenommen werde. Wegen $o \leq x$ ist $\theta \geq 0$ und es folgt dann

$$o \leq x - \theta \cdot B_{\cdot 1} =: \eta \quad \text{und} \quad \eta_s = 0.$$

Somit gilt $M\eta = M(x - \theta B_{\cdot 1}) = Mx - \theta MB_{\cdot 1} = Mx - \theta E_{\cdot 1} \leq o$. Wir definieren

$$\xi := \begin{pmatrix} \eta_1 \\ \vdots \\ \eta_{s-1} \\ \eta_{s+1} \\ \vdots \\ \eta_n \end{pmatrix} \in \mathbb{R}^{n-1}.$$

Dann ist wegen $\eta \geq o$ auch $\xi \geq o$ und wegen $M\eta \leq o$, $\eta_s = 0$ folgt $M(\{s\}) \cdot \xi \leq o$. Da $M(\{s\}) \in \mathbb{R}^{(n-1) \times (n-1)}$ nach Definition eine P-Matrix ist, gilt nach Induktionsvoraussetzung $\xi = o$. Zusammen mit $\eta_s = o$ ist dann auch $\eta = o$. Somit ist $M\eta = o$ bzw. $Mx = \theta E_{\cdot 1} \geq o$. Zusammen mit (3.1) erhält man $Mx = o$, was dann auf Grund der Regularität von M auf $x = o$ führt. $\qquad \square$

Satz 3.1.1 *Es sei $M \in \mathbb{R}^{n \times n}$. Dann gilt:*

$$M \text{ ist eine P-Matrix} \iff [x_i(M \cdot x)_i \leq 0 \text{ für alle } i = 1, ..., n \Rightarrow x = o].$$

In Worten: M ist eine P-Matrix, dann und nur dann, wenn M keinem Vektor außer dem Nullvektor das Vorzeichen umkehrt.

Beweis: "$\Rightarrow$":

Es seien M eine P-Matrix und $x \in \mathbb{R}^n$ mit $x_i(M \cdot x)_i \leq 0$ für $i = 1, ..., n$.

1. Fall: $x \geq o$. Dann definieren wir $J := \{i : x_i = 0\}$. Somit gilt

$$(M \cdot x)_i \leq 0 \quad \text{für alle } i \notin J. \tag{3.2}$$

Wir nehmen an, es sei $|J| < n$. Dann betrachten wir die Matrix $M(J)$, die aus M durch Streichen der i-ten Zeile und der i-ten Spalte für alle $i \in J$ hervorgeht. Weiter sei x_J der Vektor, den wir aus x erhalten, wenn wir die i-te Komponente aus x herausstreichen, falls $i \in J$ gilt, d.h. $x_J > o$.

Beispiel: Es seien

$$M = \begin{pmatrix} m_{11} & m_{12} & m_{13} & m_{14} & m_{15} \\ m_{21} & m_{22} & m_{23} & m_{24} & m_{25} \\ m_{31} & m_{32} & m_{33} & m_{34} & m_{35} \\ m_{41} & m_{42} & m_{43} & m_{44} & m_{45} \\ m_{51} & m_{52} & m_{53} & m_{54} & m_{55} \end{pmatrix}, \quad x = \begin{pmatrix} x_1 \\ x_2 \\ x_3 \\ x_4 \\ x_5 \end{pmatrix}.$$

Ist $J = \{1, 3, 4\}$, d.h. ist $x_1 = 0$, $x_2 > 0$, $x_3 = 0$, $x_4 = 0$, $x_5 > 0$, dann gilt

$$M(J) = \begin{pmatrix} m_{22} & m_{25} \\ m_{52} & m_{55} \end{pmatrix}, \quad x_J = \begin{pmatrix} x_2 \\ x_5 \end{pmatrix}.$$

Nun gilt:

Für jedes $k \in \{1, ..., n - |J|\}$ gibt es ein $i \notin J$ mit $(M(J) \cdot x_J)_k = (M \cdot x)_i$.

Mit (3.2) folgt dann $M(J) \cdot x_J \le o$. Da $M(J)$ nach Definition eine P-Matrix ist, folgt mit Lemma 3.1.1, dass $x_J = o$ gelten muss. Dies ist ein Widerspruch zu $x_J > o$. Daher ist die Annahme $|J| < n$ falsch und es folgt $x = o$.

2. Fall: $x \not\ge o$. Dann definieren wir eine Diagonalmatrix $D = diag(d_1, ..., d_n)$ durch

$$d_i = \begin{cases} 1 & \text{für } x_i \ge 0, \\ -1 & \text{für } x_i < 0. \end{cases}$$

Daraus folgt $Dx \ge o$. Andererseits setzen wir

$$M^* := D \cdot M \cdot D = \begin{pmatrix} d_1 \cdot d_1 \cdot m_{11} & \cdots & d_1 \cdot d_n \cdot m_{1n} \\ d_2 \cdot d_1 \cdot m_{21} & \cdots & d_2 \cdot d_n \cdot m_{2n} \\ \vdots & & \vdots \\ d_n \cdot d_1 \cdot m_{n1} & \cdots & d_n \cdot d_n \cdot m_{nn} \end{pmatrix}.$$

Es ist $M^*(J) = D(J) \cdot M(J) \cdot D(J)$ für jede Indexmenge $J \subset \{1, ..., n\}$. Daher ist mit dem Determinantenmultiplikationssatz

$$\det M^*(J) = \Big(\det D(J) \Big)^2 \det M(J) = \det M(J)$$

für jede Indexmenge $J \subset \{1, ..., n\}$. Somit ist mit M auch $M^* = D \cdot M \cdot D$ eine P-Matrix und wegen

$$(Dx)_i (M^* \cdot Dx)_i = d_i x_i (DMx)_i = d_i^2 x_i (M \cdot x)_i = x_i (M \cdot x)_i \le 0$$

kehrt M^* das Vorzeichen von Dx um, wobei $Dx \ge o$ gilt. Nach dem 1. Fall folgt dann, dass $Dx = o$ gelten muss, was dann auf Grund der Regularität von D auf $x = o$ führt.

"$\Leftarrow$":

Wir nehmen an, M sei keine P-Matrix. Dann besitzt M einen Hauptminor, der nicht positiv ist. Dies bedeutet, dass es eine Indexmenge $J \subset \{1, ..., n\}$ gibt mit $\det M(J) \le 0$. Es sei $M^* = M(J) \in \mathbb{R}^{r \times r}$, $r \le n$. Bezeichnen wir mit $\lambda_i \in \mathbb{C}$, $i = 1, ..., r$ die (nicht notwendigerweise paarweise verschiedenen) Eigenwerte von M^*, dann gilt

$$0 \ge \det M^* = \prod_{i=1}^{r} \lambda_i. \tag{3.3}$$

Mit $\lambda_i \in \mathbb{C}$ ist auch die zu λ_i konjugiert komplexe Zahl $\overline{\lambda}_i$ ein Eigenwert von M^* und es gilt $\lambda_i \cdot \overline{\lambda}_i = |\lambda_i|^2 \geq 0$. Mit (3.3) gibt es dann mindestens einen Eigenwert λ_s, der $\lambda_s \leq 0$ erfüllt. Dazu gibt es einen Eigenvektor $x \in \mathbb{R}^r$, $x \neq o$, d.h. $M^* x = \lambda_s x$. Mit diesem x definieren wir nun einen Vektor $y \in \mathbb{R}^n$. Zunächst setzen wir $y_i := 0$ für alle $i \in J$. Den restlichen $n - |J| = r$ Komponenten von $y \in \mathbb{R}^n$ werden dann der Reihe nach die Komponenten von x zugeordnet.

Beispiel: Es sei $M \in \mathbb{R}^{5 \times 5}$, $J = \{1, 3\}$. Somit ist $M(J) \in \mathbb{R}^{3 \times 3}$. Weiter sei

$$x = \begin{pmatrix} -4 \\ 7 \\ 17 \end{pmatrix} \in \mathbb{R}^3$$

ein Eigenvektor zum Eigenwert λ_s. Dann ist

$$y = \begin{pmatrix} 0 \\ -4 \\ 0 \\ 7 \\ 17 \end{pmatrix} \in \mathbb{R}^5.$$

Da $x \neq o$ gilt, ist auch

$$y \neq o. \tag{3.4}$$

Nun gilt für $i = 1, ..., n$

$$y_i (M \cdot y)_i = \begin{cases} 0, & \text{falls } i \in J, \\ x_k (M^* \cdot x)_k \text{ für ein } k \in \{1, ..., r\}, & \text{falls } i \notin J. \end{cases}$$

Für alle $k \in \{1, ..., r\}$ gilt $x_k (M^* \cdot x)_k = \lambda_s x_k^2 \leq 0$. Daher gilt für alle $i = 1, ..., n$ die Aussage $y_i (M \cdot y)_i \leq 0$. Nach Voraussetzung muss dann $y = o$ gelten. Dies ist ein Widerspruch zu (3.4). Daher ist die Annahme, dass $\det M(J) \leq 0$ gilt für ein $J \subset \{1, ..., n\}$, falsch und es folgt, dass M eine P-Matrix ist. $\qquad \square$

Wir kommen nun hinsichtlich des LCPs zu dem wichtigsten Satz über P-Matrizen.

Satz 3.1.2 *Eine Matrix $M \in \mathbb{R}^{n \times n}$ ist eine P-Matrix genau dann, wenn $LCP(q, M)$ für jedes $q \in \mathbb{R}^n$ genau eine Lösung hat. Ist $M \in \mathbb{R}^{n \times n}$ eine P-Matrix und ist $q \in \mathbb{R}^n$, so findet der lexikographische Lemke-Algorithmus die eindeutige Lösung von $LCP(q, M)$.*

Beweis: Der Beweis erfolgt in drei Schritten. Als Erstes werden wir zeigen, dass der lexikographische Lemke-Algorithmus eine Lösung von $LCP(q, M)$ findet, falls M eine P-Matrix ist. Dann werden wir zeigen, dass diese Lösung eindeutig ist. Im dritten Schritt werden wir dann zeigen, dass M notwendigerweise eine P-Matrix ist, falls $LCP(q, M)$ für jedes $q \in \mathbb{R}^n$ eine eindeutige Lösung besitzt.

1. Schritt: Es sei M eine P-Matrix und $q \in \mathbb{R}^n$ sei beliebig. Der lexikographische Lemke-Algorithmus angewandt auf M und q endet gemäß Satz 2.6.2 nach endlich vielen Schritten, indem er entweder eine Lösung findet oder indem er wegen Ray-Termination beendet wird. Im letzteren Fall existieren gemäß Satz 2.7.1 Vektoren $w^{(h)} \in \mathbb{R}^n$, $z^{(h)} \in \mathbb{R}^n$ und eine Zahl $z_0^{(h)} \geq 0$ mit

$$w^{(h)} = M z^{(h)} + z_0^{(h)} \cdot e, \quad w^{(h)} \geq o, \, z^{(h)} \geq o, \, z^{(h)} \neq o, \quad (w^{(h)})^{\mathrm{T}} z^{(h)} = 0.$$

Damit gilt

$$0 = w_i^{(h)} \cdot z_i^{(h)} = \left((M \cdot z^{(h)})_i + z_0^{(h)} \right) \cdot z_i^{(h)} \quad \text{für } i = 1, ..., n$$

bzw.

$$z_i^{(h)} \cdot (M \cdot z^{(h)})_i = -z_0^{(h)} z_i^{(h)} \leq 0 \quad \text{für } i = 1, ..., n. \tag{3.5}$$

Da M als P-Matrix vorausgesetzt ist, ist (3.5) wegen $z^{(h)} \neq o$ ein Widerspruch zu Satz 3.1.1. Daher endet der lexikographische Lemke-Algorithmus nicht durch Ray-Termination, sondern dadurch, dass er eine Lösung von $LCP(q, M)$ findet. Somit ist die Existenz einer Lösung bewiesen.

2. Schritt: Wir nehmen an, sowohl $w^{(1)} \in \mathbb{R}^n$ und $z^{(1)} \in \mathbb{R}^n$ als auch $w^{(2)} \in \mathbb{R}^n$ und $z^{(2)} \in \mathbb{R}^n$ bilden Lösungen von $LCP(q, M)$. Dann gilt

$$w^{(1)} - w^{(2)} = q + M z^{(1)} - q - M z^{(2)} = M(z^{(1)} - z^{(2)}) \tag{3.6}$$

sowie für $i = 1, ..., n$

$$z_i^{(1)} \cdot w_i^{(1)} = 0, \quad z_i^{(2)} \cdot w_i^{(2)} = 0, \quad z_i^{(1)} \cdot w_i^{(2)} \geq 0, \quad z_i^{(2)} \cdot w_i^{(1)} \geq 0.$$

Für $x := z^{(1)} - z^{(2)}$ gilt dann

$$x_i (M \cdot x)_i = (z_i^{(1)} - z_i^{(2)})(w_i^{(1)} - w_i^{(2)}) \leq 0 \quad \text{für } i = 1, ..., n.$$

Da M als P-Matrix vorausgesetzt ist, folgt aus Satz 3.1.1, dass $x = o$ gelten muss. Somit gilt $z^{(1)} = z^{(2)}$ und über (3.6) dann $w^{(1)} = w^{(2)}$. Die Lösung von $LCP(q, M)$ ist daher eindeutig.

3. Schritt: Wir nehmen an, M sei keine P-Matrix. Dann existiert nach Satz 3.1.1 ein Vektor $x \neq o$ mit $x_i (M \cdot x)_i \leq 0$, $i = 1, ..., n$. Setzt man $y := Mx$ und für einen beliebigen Vektor $v \in \mathbb{R}^n$

$$v^+ := (\max\{v_i, 0\}) \in \mathbb{R}^n, \quad v^- := (-\min\{v_i, 0\}) \in \mathbb{R}^n,$$

so gilt $y = y^+ - y^-$, $x = x^+ - x^-$ und

$$y^+ \geq o, \quad y^- \geq o, \quad x^+ \geq o, \quad x^- \geq o. \tag{3.7}$$

Für $i = 1, ..., n$ ist $0 \geq x_i \cdot y_i$.

Daraus folgt

$$\left.\begin{array}{l} x_i = 0 \\ \text{oder } y_i = 0 \\ \text{oder } x_i < 0,\, y_i > 0 \\ \text{oder } x_i > 0,\, y_i < 0 \end{array}\right\} \Rightarrow \left\{\begin{array}{l} x_i^+ = 0 = x_i^- \\ \text{oder } y_i^+ = 0 = y_i^- \\ \text{oder } x_i^+ = 0 = y_i^- \\ \text{oder } x_i^- = 0 = y_i^+; \end{array}\right.$$

d.h., für $i = 1, ..., n$ gilt $x_i^+ \cdot y_i^+ = 0$ und $x_i^- \cdot y_i^- = 0$ bzw.

$$(x^+)^{\mathrm{T}} y^+ = 0 \quad \text{und} \quad (x^-)^{\mathrm{T}} y^- = 0. \tag{3.8}$$

Des Weiteren gilt

$$y^+ - y^- = y = Mx = Mx^+ - Mx^- \Leftrightarrow y^+ - Mx^+ = y^- - Mx^-.$$

Setzt man

$$\hat{q} := y^+ - Mx^+ = y^- - Mx^-, \tag{3.9}$$

so bilden sowohl y^+ und x^+ als auch y^- und x^- Lösungen von $LCP(\hat{q}, M)$. Siehe (3.7)-(3.9). Wegen $o \neq x = x^+ - x^-$ sind diese beiden Lösungen allerdings verschieden. Dies ist ein Widerspruch zur Voraussetzung, dass $LCP(\hat{q}, M)$ eine eindeutige Lösung besitzt. Daher ist die Annahme falsch und M somit eine P-Matrix. □

Es kann durchaus vorkommen, dass $LCP(q, M)$ eine eindeutige Lösung besitzt, obwohl M keine P-Matrix ist. Siehe Beispiel 1.2.1. Dort ist das LCP eindeutig lösbar, jedoch gilt $\det M(\{3\}) = -3$. Satz 3.1.2 auf Beispiel 1.2.1 angewandt bedeutet, dass es mindestens ein $q \in \mathbb{R}^3$ geben muss, so dass $LCP(q, M)$ nicht (mehr) eindeutig lösbar ist.

Aufgabe 3.1.1 *Es sei $D = diag(d_1, ..., d_n)$ mit $d_i \in [0, 1]$, $i = 1, ..., n$. Zeigen Sie: Ist $M \in \mathbb{R}^{n \times n}$ eine P-Matrix, so ist auch $E - D + DM$ eine P-Matrix.*

3.1.1 Komplementäre Kegel

1958 haben H. Samelson, R. M. Thrall und O. Wesler ein Ergebnis veröffentlicht, welches zu Satz 3.1.2 äquivalent ist, aber formal mit dem LCP nichts zu tun hat. Siehe [98]. Wir werden jenes Ergebnis mit Satz 3.1.2 beweisen und in Abschnitt 3.1.2 dazu verwenden, das LCP geometrisch zu deuten.

Wir beginnen mit einigen Definitionen.

Definition 3.1.3 *Es seien $x^{(1)}, ..., x^{(r)} \in \mathbb{R}^n$. Dann bezeichnet man die Menge*

$$K(x^{(1)}, ..., x^{(r)}) := \{x \in \mathbb{R}^n : x = \alpha_1 x^{(1)} + ... + \alpha_r x^{(r)}, \alpha_1 \geq 0, ..., \alpha_r \geq 0\}$$

als Kegel.

Mit $K^\circ(x^{(1)}, ..., x^{(r)}) :=$

$$\left\{ x \in K(x^{(1)}, ..., x^{(r)}) : x = \sum_{j=1}^{r} \alpha_j x^{(j)} \Rightarrow \alpha_j > 0, \ j = 1, ..., r \right\}$$

bezeichnen wir das Innere des Kegels.

Beispiel 3.1.3 Für $n = 2$ ist $K(E_{\cdot 1}, E_{\cdot 2})$ der erste Quadrant. Des Weiteren gilt $K^\circ(E_{\cdot 1}, E_{\cdot 2}) = \{x \in \mathbb{R}^2 : x_1 > 0, \ x_2 > 0\}$. $\qquad\square$

Wir wollen betonen, dass das Innere eines Kegels nicht durch

$$\left\{ x \in K(x^{(1)}, ..., x^{(r)}) : x = \sum_{j=1}^{r} \alpha_j x^{(j)} \text{ mit } \alpha_j > 0, \ j = 1, ..., r \right\} \quad (3.10)$$

definiert ist. Das folgende Beispiel soll dies verdeutlichen.

Beispiel 3.1.4 Es seien

$$x^{(1)} = \begin{pmatrix} 1 \\ 1 \end{pmatrix} \quad \text{und} \quad x^{(2)} = \begin{pmatrix} 3 \\ 3 \end{pmatrix}.$$

Der Kegel $K(x^{(1)}, x^{(2)})$ ist eine Halbgerade, und zwar der Teil der ersten Winkelhalbierenden im ersten Quadranten. Als Teilmenge des $\mathbb{R}^2$ ist das Innere von $K(x^{(1)}, x^{(2)})$ daher leer. Die Menge (3.10) ist nichtleer. Sie beinhaltet beispielsweise den Vektor

$$\begin{pmatrix} 2 \\ 2 \end{pmatrix} = \frac{1}{2}x^{(1)} + \frac{1}{2}x^{(2)}.$$

Im Gegensatz dazu liegt dieser Vektor nicht in $K^\circ(x^{(1)}, x^{(2)})$, denn aus der Tatsache

$$\begin{pmatrix} 2 \\ 2 \end{pmatrix} = \alpha_1 x^{(1)} + \alpha_2 x^{(2)} \in K(x^{(1)}, x^{(2)})$$

folgt nicht $\alpha_1 > 0$, $\alpha_2 > 0$. Man kann auch

$$\begin{pmatrix} 2 \\ 2 \end{pmatrix} = 2 \cdot x^{(1)} + 0 \cdot x^{(2)}$$

wählen. $\qquad\square$

Der Kegel aus Beispiel 3.1.4 war deswegen leer, weil der Vektor $x^{(2)}$ mit Hilfe von Vektor $x^{(1)}$ ausgedrückt werden konnte und somit keinen eigentlichen Beitrag zum Kegel leistet. Dies lässt vermuten, dass das Innere eines Kegels genau dann nichtleer ist, wenn die den Kegel definierenden Vektoren linear unabhängig sind. Der folgende Satz besagt, dass diese Vermutung richtig ist.

Satz 3.1.3 *Die Vektoren* $x^{(1)}, ..., x^{(n)} \in \mathbb{R}^n$ *sind genau dann linear unabhängig, wenn das Innere des Kegels* $K(x^{(1)}, ..., x^{(n)})$ *nichtleer ist.*

Beweis: a) Wir nehmen an, die Vektoren $x^{(1)}, ..., x^{(n)} \in \mathbb{R}^n$ seien linear unabhängig, aber

$$K^\circ(x^{(1)}, ..., x^{(n)}) = \emptyset. \tag{3.11}$$

Gilt (3.11), so existiert für jedes $x = \sum_{j=1}^{n} \alpha_j x^{(j)}$, $\alpha_j \geq 0$, $j = 1, ..., n$ eine weitere Darstellung

$$x = \sum_{j=1}^{n} \beta_j x^{(j)}, \quad \beta_j \geq 0, \quad j = 1, ..., n,$$

wobei mindestens für ein $j_0 \in \{1, ..., n\}$ $\beta_{j_0} = 0$ gilt. Da aber die Vektoren $x^{(1)}, ..., x^{(n)} \in \mathbb{R}^n$ linear unabhängig sind, gibt es genau eine Möglichkeit, den Vektor x als eine Linearkombination der Vektoren $x^{(1)}, ..., x^{(n)}$ darzustellen. Somit ist $\alpha_j = \beta_j$, $j = 1, ..., n$. Wählt man beispielsweise $\alpha_j = 1$, $j = 1, ..., n$, d.h.

$$x = \sum_{j=1}^{n} 1 \cdot x^{(j)} \in K(x^{(1)}, ..., x^{(n)}),$$

so folgt

$$1 = \alpha_{j_0} = \beta_{j_0} = 0.$$

Dies ist ein Widerspruch. Somit muss $K^\circ(x^{(1)}, ..., x^{(n)}) \neq \emptyset$ gelten.

b) Es gelte $K^\circ(x^{(1)}, ..., x^{(n)}) \neq \emptyset$.
1. Fall: $n = 1$. Angenommen der Vektor $x^{(1)} \in \mathbb{R}$ sei linear abhängig. Dann folgt nach Definition

$$x^{(1)} = 0 \Rightarrow K(x^{(1)}) = \{0\} \Rightarrow K^\circ(x^{(1)}) = \emptyset$$

und somit ein Widerspruch.
2. Fall: $n \geq 2$. Angenommen die Vektoren $x^{(1)}, ..., x^{(n)} \in \mathbb{R}^n$ seien linear abhängig. Dann ist mindestens ein Vektor als Linearkombination aus den anderen Vektoren darstellbar. Ohne Einschränkung nehmen wir an, dies sei für $x^{(1)}$ möglich. Somit gilt

$$x^{(1)} = \sum_{j=2}^{n} \beta_j \cdot x^{(j)}, \quad \beta_j \in \mathbb{R}, \quad j = 2, ..., n. \tag{3.12}$$

Nun sei $x_0 \in K^\circ(x^{(1)}, ..., x^{(n)})$, d.h.

$$K(x^{(1)}, ..., x^{(n)}) \ni x_0 = \sum_{j=1}^{n} \alpha_j \cdot x^{(j)} \Rightarrow \alpha_j > 0, \quad j = 1, ..., n. \tag{3.13}$$

Dann ist mit (3.12)

$$K(x^{(1)}, ..., x^{(n)}) \ni x_0 = \alpha_1 x^{(1)} + \sum_{j=2}^{n} \alpha_j \cdot x^{(j)} = \sum_{j=2}^{n} (\alpha_1 \beta_j + \alpha_j) \cdot x^{(j)}$$

$$= \sum_{j=1}^{n} \tilde{\alpha}_j \cdot x^{(j)} \quad \text{mit} \quad \tilde{\alpha}_1 = 0.$$

Dies ist ein Widerspruch zu (3.13). Daher sind die Vektoren $x^{(1)}, ..., x^{(n)} \in \mathbb{R}^n$ linear unabhängig. □

Wir erweitern Definition 3.1.3.

Definition 3.1.4 *Sei $M \in \mathbb{R}^{n \times n}$.*

1. *Wählt man $C_{\cdot i} \in \{E_{\cdot i}, -M_{\cdot i}\}$, $i = 1, ..., n$, dann heißt $K(C_{\cdot 1}, ..., C_{\cdot n})$ ein von M erzeugter komplementärer Kegel.*
2. *Jeder komplementäre Kegel $K = K(C_{\cdot 1}, ..., C_{\cdot n})$ hat ein zugehöriges Basisvariablenfeld*

$$('y_1', ..., 'y_n')$$

über

$$y_i := \begin{cases} w_i & \text{falls} \quad C_{\cdot i} = E_{\cdot i}, \\ z_i & \text{falls} \quad C_{\cdot i} = -M_{\cdot i}. \end{cases}$$

Das zugehörige Basisvariablenfeld bezeichnen wir mit $('y_1', ..., 'y_n')_K$.

Wegen Lemma 1.2.1 erzeugt jedes $M \in \mathbb{R}^{n \times n}$ genau 2^n komplementäre Kegel.

Offensichtlich hängt eine Lösung eines LCPs mit einem komplementären Kegel zusammen. Wir wollen diesen Zusammenhang in einem Lemma festhalten.

Lemma 3.1.2 *Es sei $M \in \mathbb{R}^{n \times n}$, und $K = K(C_{\cdot 1}, ..., C_{\cdot n})$ sei ein von M erzeugter komplementärer Kegel. Dann gilt folgende Aussage:*

Es ist $x \in K$ genau dann, wenn $LCP(x, M)$ eine Lösung besitzt mit dem zu K gehörigen Basisvariablenfeld $('y_1', ..., 'y_n')_K$.

Sind zusätzlich die Vektoren $C_{\cdot 1}, ..., C_{\cdot n}$ linear unabhängig, so gilt folgende Aussage:

Es ist $x \in K^\circ$ genau dann, wenn $LCP(x, M)$ eine nichtentartete Lösung besitzt mit dem zu K gehörigen Basisvariablenfeld $('y_1', ..., 'y_n')_K$.

Jetzt können wir den Satz von Samelson, Thrall und Wesler formulieren, wobei damals der Begriff der P-Matrix noch nicht verwendet wurde. Siehe [98].

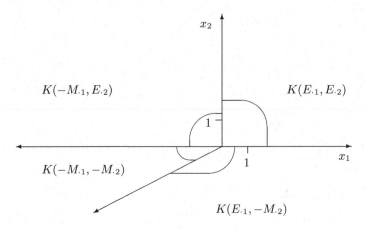

Abb. 3.1. Die vier komplementären Kegel, die von M erzeugt werden, bilden eine Partition von $\mathbb{R}^2$.

Satz 3.1.4 *Es sei $M \in \mathbb{R}^{n \times n}$ und es seien $K_1, ..., K_{2^n}$ die 2^n von M erzeugten komplementären Kegel. Dann sind die beiden folgenden Aussagen äquivalent:*

1. $K_i^\circ \neq \emptyset$, $K_i^\circ \cap K_j^\circ = \emptyset$ für $i, j = 1, ..., 2^n$, $i \neq j$, und $\mathbb{R}^n = \bigcup_{i=1}^{2^n} K_i$.
2. M ist eine P-Matrix.

In Worten: M ist genau dann eine P-Matrix, wenn die 2^n von M erzeugten komplementären Kegel eine Partition des $\mathbb{R}^n$ bilden.

Beweis: 1. Wir beweisen zunächst, dass aus der ersten Aussage die zweite Aussage folgt.

Ist $q \in \mathbb{R}^n$, so gilt $q \in K_i$ für mindestens ein i. Liegt q im Innern des Kegels K_i, so gilt nach Voraussetzung

$$q \notin K_j^\circ, \quad j = 1, ..., 2^n, \, j \neq i.$$

Nach Lemma 3.1.2 hat dann $LCP(q, M)$ genau eine Lösung. Liegt q auf dem Rand eines Kegels K_i, so kann q nicht im Innern eines anderen Kegels liegen. Auch in diesem Fall besitzt $LCP(q, M)$ genau eine Lösung. Nach Satz 3.1.2 muss dann M eine P-Matrix sein.

2. Nun zeigen wir, dass aus der zweiten Aussage die erste Aussage folgt.

Ist M eine P-Matrix, so besitzt nach Satz 3.1.2 $LCP(q, M)$ für jedes $q \in \mathbb{R}^n$ eine (eindeutige) Lösung. Daher gilt nach Lemma 3.1.2

$$q \in \bigcup_{i=1}^{2^n} K_i \quad \text{für jedes } q \in \mathbb{R}^n.$$

Somit ist $\mathbb{R}^n = \bigcup_{i=1}^{2^n} K_i$. Da die Lösung eindeutig ist, gilt $K_i^\circ \cap K_j^\circ = \emptyset$, $i \neq j$. Zuletzt gilt auf Grund der Definition einer P-Matrix

$$\det(C_{\cdot 1} \vdots \ldots \vdots C_{\cdot n}) \neq 0 \quad \text{für } C_{\cdot j} \in \{E_{\cdot j}, -M_{\cdot j}\},\ j = 1, \ldots, n.$$

Daher sind die Vektoren $C_{\cdot 1}, \ldots, C_{\cdot n}$ linear unabhängig für jede Wahl $C_{\cdot j} \in \{E_{\cdot j}, -M_{\cdot j}\}$. Somit ist $K_i^\circ \neq \emptyset$ für $i = 1, \ldots, 2^n$ nach Satz 3.1.3. $\qquad\square$

Beispiel 3.1.5 Wir betrachten

$$M = \begin{pmatrix} 1 & 2 \\ 0 & 1 \end{pmatrix}.$$

M ist eine P-Matrix, da alle Hauptminoren den Wert 1 haben. In Abb. 3.1 haben wir alle vier komplementären Kegel eingezeichnet. In Übereinstimmung mit Satz 3.1.4 erhalten wir eine Partition von $\mathbb{R}^2$. $\qquad\square$

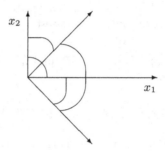

Abb. 3.2. Die vier komplementären Kegel, die von M erzeugt werden.

Beispiel 3.1.6 Wir betrachten

$$M = \begin{pmatrix} -1 & -1 \\ -1 & 1 \end{pmatrix}.$$

In Abb. 3.2 haben wir alle vier komplementären Kegel eingezeichnet. Der Übersicht wegen haben wir im Gegensatz zu Abb. 3.1 in Abb. 3.2 die Einheiten weggelassen und auch die jeweiligen Kegel lediglich mit einem Bogen gekennzeichnet.

Die vier Kegel haben zwar alle ein nichtleeres Inneres, aber sie überdecken nicht den $\mathbb{R}^2$, und manche Kegel schneiden sich bzw. sind ganz in einem anderen Kegel enthalten. Man erkennt: $LCP(q, M)$ kann unlösbar sein (z.B. für $q = \begin{pmatrix} -1 \\ -1 \end{pmatrix}$), genau zwei Lösungen haben (z.B. für $q = \begin{pmatrix} 1 \\ 2 \end{pmatrix}$) oder eindeutig lösbar sein. Im letzteren Fall muss die eindeutige Lösung entartet sein. Dies ist beispielsweise für $q = \begin{pmatrix} 1 \\ -1 \end{pmatrix}$ der Fall. $\qquad\square$

Aufgabe 3.1.2 *Skizzieren Sie die vier komplementären Kegel, die durch*

$$M = \begin{pmatrix} 2 & 7 \\ 6 & 5 \end{pmatrix}$$

erzeugt werden. Zeigen Sie damit, dass

1. *$LCP(q, M)$ für jedes $q \in \mathbb{R}^2$ lösbar ist;*
2. *$LCP(q, M)$ für $q = \begin{pmatrix} -4 \\ -5 \end{pmatrix}$ genau drei Lösungen besitzt.*

3.1.2 Geometrische Interpretation eines Pivotschrittes im Lemke-Algorithmus

In Satz 2.6.2 hat sich herausgestellt, dass der lexikographische Lemke-Algorithmus nach spätestens $n2^{n-1}$ Gauß–Jordan-Schritten endet. Die folgende geometrische Interpretation eines Pivotschrittes ist einerseits interessant an sich und hilfreich für das Verständnis. Andererseits werden wir durch diese Interpretation in Satz 3.1.5 zeigen, dass zur Lösung von $LCP(q, M)$ der lexikographische Lemke-Algorithmus nach spätestens 2^n Gauß–Jordan-Schritten endet, falls M eine P-Matrix ist.

Wir betrachten $LCP(q, M)$ mit $q \in \mathbb{R}^n$ und $M \in \mathbb{R}^{n \times n}$. Ausgehend von dem Tableau $(A^{(0)} | q^{(0)})$ mit

$$A^{(0)} = (E \vdots - M \vdots - e) \in \mathbb{R}^{n \times (2n+1)}, \quad q^{(0)} := q$$

erzeugt der Lemke-Algorithmus eine Folge von Tableaus $(A^{(k)} | q^{(k)})$ und eine Folge von Basisvariablenfeldern BVF_k. Ist

$$\text{BVF}_k = ('y_1', \dots, 'y_{r-1}', 'y_{r+1}', \dots, 'y_n', 'z_0'), \quad y_i \in \{w_i, z_i\},$$

so kann man mit Hilfe von $q^{(k)} \geq o$ eine Lösung von $A^{(0)}x = q^{(0)}$, $x \geq o$ angeben: Für $i = 1, \dots, r-1, r+1, \dots, n$ setzen wir

$$C_{\cdot i} := \begin{cases} E_{\cdot i} \text{ falls } 'y_i' = 'w_i', \\ -M_{\cdot i} \text{ falls } 'y_i' = 'z_i' \end{cases}$$

und

$$y_i := q_j^{(k)} \quad \text{falls } A_{\cdot i}^{(k)} = E_{\cdot j} \text{ bzw. } A_{\cdot n+i}^{(k)} = E_{\cdot j}.$$

Außerdem setzen wir $z_0 := q_t^{(k)}$, (t ist dabei der Pivotzeilenindex aus der Initialisierung des Lemke-Algorithmus). Dann gilt

$$q^{(0)} = y_1 C_{\cdot 1} + \dots + y_{r-1} C_{\cdot r-1} + y_{r+1} C_{\cdot r+1} + \dots + y_n C_{\cdot n} - z_0 e$$

bzw.

$$q + q_t^{(k)} \cdot e \in K(C_{\cdot 1}, \dots, C_{\cdot r-1}, C_{\cdot r+1}, \dots, C_{\cdot n}) =: \tilde{K}.$$

Ist der Schritt $k \rightsquigarrow k + 1$ durchführbar und gilt $'z_0' \in \mathrm{BVF}_{k+1}$, so wird $'y_r' \in \mathrm{BVF}_{k+1}$ gelten, während ein $'y_l', l \neq r$ das Basisvariablenfeld verlassen wird. Man erhält

$$q + q_t^{(k+1)} \cdot e \in K(C_{\cdot 1}, \ldots, C_{\cdot l-1}, C_{\cdot l+1}, \ldots, C_{\cdot n}) =: \hat{K},$$

wobei

$$C_{\cdot r} := \begin{cases} E_{\cdot r} \text{ falls } 'y_r' = 'w_r', \\ -M_{\cdot r} \text{ falls } 'y_r' = 'z_r'. \end{cases}$$

Wir betrachten zusätzlich den Kegel

$$K(C_{\cdot 1}, \ldots, C_{\cdot n}) =: K.$$

Sind die n Vektoren $C_{\cdot 1}, \ldots, C_{\cdot n}$ linear unabhängig, so ist K° nichtleer auf Grund von Satz 3.1.3. Sowohl $\tilde{K}$ als auch $\hat{K}$ bilden eine Randfläche von K. Der Schritt $k \rightsquigarrow k + 1$ im Lemke-Algorithmus beschreibt somit eine Gerade

$$g : \quad x = q + \lambda e, \ \lambda \in \mathbb{R},$$

die für $\lambda = q_t^{(k)}$ in den Kegel K eintritt und für $\lambda = q_t^{(k+1)}$ den Kegel K verlässt.

Man sagt, dass im Schritt $k \rightsquigarrow k + 1$ die Gerade g den Kegel K durchquert. Dies impliziert aber nicht $g \cap K^\circ \neq \emptyset$, da beispielsweise das Innere von K leer sein könnte. Doch selbst wenn M eine P-Matrix ist und somit jeder von M erzeugte Kegel K nach Satz 3.1.4 $K^\circ \neq \emptyset$ erfüllt, ist nicht $g \cap K^\circ \neq \emptyset$ gewährleistet. Dies zeigt das folgende Beispiel.

Beispiel 3.1.7 Wir betrachten $LCP(q, M)$ mit

$$M = \begin{pmatrix} 1 & 2 & 0 \\ 0 & 1 & 2 \\ 2 & 0 & 1 \end{pmatrix} \quad \text{und} \quad q = \begin{pmatrix} -1 \\ -1 \\ -1 \end{pmatrix}$$

aus Beispiel 2.6.1. Dort erzeugte der lexikographische Lemke-Algorithmus

$$\mathrm{BVF}_1 = ('z_0', 'w_2', 'w_3'),$$
$$\mathrm{BVF}_2 = ('z_0', 'z_1', 'w_3'),$$
$$\mathrm{BVF}_3 = ('z_0', 'z_1', 'z_2'),$$
$$\mathrm{BVF}_4 = ('z_3', 'z_1', 'z_2').$$

Somit liegt die Halbgerade

$$g : \quad x = q + \lambda \cdot e, \quad \lambda \geq 0$$

für große λ-Werte im Kegel $K_1 := K(E_{\cdot 1}, E_{\cdot 2}, E_{\cdot 3})$.

Sie durchquert die Kegel

$$K_2 := K(-M_{.1}, E_{.2}, E_{.3}), \quad \text{definiert durch BVF}_1, \text{BVF}_2,$$

sowie

$$K_3 := K(-M_{.1}, -M_{.2}, E_{.3}), \quad \text{definiert durch BVF}_2, \text{BVF}_3,$$

und endet im Kegel $K(-M_{.1}, -M_{.2}, -M_{.3})$. Es galt allerdings

$$q + q_1^{(1)} \cdot e = q + 1 \cdot e = o$$

und

$$q + q_1^{(2)} \cdot e = q + 1 \cdot e = o.$$

Daraus folgt $g \cap K_2 = \{o\}$ bzw. $g \cap K_2^\circ = \emptyset$. $\qquad\qquad\square$

Den in Beispiel 3.1.7 aufgetretenen Fall, dass $g \cap K^\circ = \emptyset$ gilt, obwohl M eine P-Matrix ist, kann man unter gewissen Zusatzvoraussetzungen ausschließen. Dies zeigt das folgende Lemma.

Lemma 3.1.3 *Es sei $M \in \mathbb{R}^{n \times n}$ eine P-Matrix und es sei $q \in \mathbb{R}^n$. Wird im lexikographischen Lemke-Algorithmus angewandt auf M und q der Schritt*

$$(A^{(k)} \vdots q^{(k)}) \rightsquigarrow (A^{(k+1)} \vdots q^{(k+1)})$$

durchgeführt und gilt $q^{(k)} > o$ sowie $q^{(k+1)} > o$, dann durchquert die Halbgerade

$$g: \quad x = q + \lambda \cdot e, \quad \lambda \geq 0$$

das Innere des komplementären Kegels, der durch den Schritt $k \rightsquigarrow k + 1$ definiert wird.

Beweis: Aus $q^{(k)} > o$ folgt

$$q + q_t^{(k)} \cdot e = \alpha_1 C_{.1} + \ldots + \alpha_{i-1} C_{.i-1} + \alpha_{i+1} C_{.i+1} + \ldots + \alpha_n C_{.n} \quad (3.14)$$

mit $\alpha_j > 0$ und $C_{.j} \in \{E_{.j}, -M_{.j}\}$, $j = 1, ..., n$, $j \neq i$, und aus $q^{(k+1)} > o$ folgt

$$q + q_t^{(k+1)} \cdot e = \tilde{\alpha}_1 C_{.1} + \ldots + \tilde{\alpha}_{r-1} C_{.r-1} + \tilde{\alpha}_{r+1} C_{.r+1} + \ldots + \tilde{\alpha}_n C_{.n} \quad (3.15)$$

mit $\tilde{\alpha}_j > 0$ und $C_{.j} \in \{E_{.j}, -M_{.j}\}$, $j = 1, ..., n$, $j \neq r$, $r \neq i$. Addiert man (3.14) zu (3.15) und dividiert anschließend das Ergebnis durch 2, so erhält man

$$q + \frac{1}{2}(q_t^{(k)} + q_t^{(k+1)}) \cdot e = \sum_{j=1, j \neq i, r}^n \frac{1}{2}(\tilde{\alpha}_j + \alpha_j) C_{.j} + \frac{1}{2}\tilde{\alpha}_i C_{.i} + \frac{1}{2}\alpha_r C_{.r}. \quad (3.16)$$

Da M eine P-Matrix ist, sind die Vektoren $C_{.1}, \ldots, C_{.n}$ linear unabhängig. Somit ist $q + \frac{1}{2}(q_t^{(k)} + q_t^{(k+1)}) \cdot e$ eindeutig als Linearkombination der Vektoren $C_{.1}, \ldots, C_{.n}$ darstellbar. Mit $\alpha_j > 0$, $j = 1, \ldots, n$, $j \neq i$ und $\tilde{\alpha}_j > 0$, $j = 1, \ldots, n$, $j \neq r$, $r \neq i$ folgt dann

$$q + \frac{1}{2}(q_t^{(k)} + q_t^{(k+1)}) \cdot e \in K^\circ(C_{.1}, \ldots, C_{.n}).$$

$\square$

Wir kommen nun zur angekündigten Anwendung der geometrischen Interpretation. Damit die Voraussetzungen von Lemma 3.1.3 erfüllt sind, wird ein Vektor (3.19) eingeführt.

Satz 3.1.5 *Es sei $M \in \mathbb{R}^{n \times n}$ eine P-Matrix und es sei $q \in \mathbb{R}^n$. Dann findet der lexikographische Lemke-Algorithmus die eindeutige Lösung von $LCP(q, M)$ nach spätestens 2^n Gauß–Jordan-Schritten.*

Beweis: Nach Satz 3.1.2 findet der lexikographische Lemke-Algorithmus die eindeutige Lösung von $LCP(q, M)$ nach endlich vielen Gauß–Jordan-Schritten. Er erzeugt eine Folge von Basisvariablenfeldern

$$\text{BVF}_1, \text{BVF}_2, \ldots, \text{BVF}_m. \tag{3.17}$$

Das Ziel ist,

$$m \leq 2^n \tag{3.18}$$

zu zeigen.

Nach Satz 2.6.1 wird dieselbe Folge von Basisvariablenfeldern erzeugt, wenn nach der Initialisierung im Lemke-Algorithmus $q^{(1)}$ ersetzt wird durch

$$q^{(1)}(\varepsilon) := q^{(1)} + \begin{pmatrix} \varepsilon \\ \varepsilon^2 \\ \vdots \\ \varepsilon^n \end{pmatrix} \tag{3.19}$$

für hinreichend kleines $\varepsilon > 0$. Außerdem gilt für hinreichend kleines $\varepsilon > 0$

$$q^{(l)}(\varepsilon) > o \quad \text{für } l = 1, \ldots, m. \tag{3.20}$$

Wir betrachten nun die Halbgerade

$$g_\varepsilon : \quad x = q^{(0)}(\varepsilon) + \lambda \cdot e, \quad \lambda \geq 0.$$

Dabei ist $q_t^{(0)}(\varepsilon) := q_t^{(0)} - \varepsilon^t$ (t ist der Pivotzeilenindex aus der Initialisierung) und für $i = 1, \ldots, n$, $i \neq t$ ist

$$q_i^{(0)}(\varepsilon) := q_i^{(0)} + \varepsilon^i - \varepsilon^t.$$

Dadurch wird gewährleistet, dass nach der Initialisierung mit Pivotzeilenindex t aus $q^{(0)}(\varepsilon)$ der Vektor $q^{(1)}(\varepsilon)$ in (3.19) wird.

Für große λ-Werte liegt g_ε im Kegel $K_1 = K(E_{.1}, ..., E_{.n})$. Für $k \geq 2$ definieren zwei aufeinanderfolgende Basisvariablenfelder BVF_k und BVF_{k+1} einen komplementären Kegel, den die Halbgerade g_ε im Schritt $k \rightsquigarrow k+1$ durchquert bzw. worin die Halbgerade g_ε endet. Dies bedeutet, dass (3.17) eine Folge von komplementären Kegeln definiert:

$$K_1, K_2, ..., K_m. \tag{3.21}$$

Wegen (3.20) folgt aus Lemma 3.1.3

$$g_\varepsilon \cap K_l^\circ \neq \emptyset, \quad l = 1, ..., m, \tag{3.22}$$

und auf Grund von Satz 3.1.4 gilt

$$K_i^\circ \cap K_j^\circ = \emptyset, \quad i, j = 1, ..., m, \; i \neq j. \tag{3.23}$$

Würde K_k in der Folge der komplementären Kegel (3.21) ein zweites Mal vorkommen, so kommt wegen (3.22) und (3.23) nur $K_{k+1} = K_k$ in Frage. Dies würde $\text{BVF}_{k+1} = \text{BVK}_{k-1}$ bedeuten, was auf Grund der komplementären Pivotspaltenwahl nicht sein kann.

Somit kommt jeder komplementäre Kegel in der Folge (3.21) höchstens einmal vor. Da M genau 2^n komplementäre Kegel erzeugt, gilt (3.18). □

Bemerkung 3.1.1 Wir wollen betonen, dass allein aus der Tatsache, dass in der Folge (3.17) die Basisvariablenfelder paarweise verschieden sind, nicht folgt, dass in der Folge (3.21) die komplementären Kegel paarweise verschieden sind. Z.B. erzeugt die Folge der Basisvariablenfelder

$$\text{BVF}_k = ('z_0','z_1','z_2','z_3'),$$
$$\text{BVF}_{k+1} = ('z_0','z_1','z_2','z_4'),$$
$$\text{BVF}_{k+2} = ('z_0','w_3','z_2','z_4'),$$
$$\text{BVF}_{k+3} = ('z_0','w_1','z_2','z_4'),$$
$$\text{BVF}_{k+4} = ('z_0','z_3','z_2','z_4'),$$
$$\text{BVF}_{k+5} = ('z_3','z_3','z_1','z_4')$$

die Folge der komplementären Kegel

$$K_{k+1} = K(-M_{.1}, -M_{.2}, -M_{.3}, -M_{.4}),$$
$$K_{k+2} = K(-M_{.1}, -M_{.2}, E_{.3}, -M_{.4}),$$
$$K_{k+3} = K(E_{.1}, -M_{.2}, E_{.3}, -M_{.4}),$$
$$K_{k+4} = K(E_{.1}, -M_{.2}, -M_{.3}, -M_{.4}),$$
$$K_{k+5} = K(-M_{.1}, -M_{.2}, -M_{.3}, -M_{.4}).$$

Wie man sieht, ist $K_{k+1} = K_{k+5}$, obwohl die Basisvariablenfelder alle verschieden sind. □

Wir werden im nächsten Abschnitt ein LCP mit einer P-Matrix $M \in \mathbb{R}^{n \times n}$ und einem Vektor $q \in \mathbb{R}^n$ betrachten, bei dem der lexikographische Lemke-Algorithmus tatsächlich 2^n Gauß–Jordan-Schritte tätigt bis er die eindeutige Lösung von $LCP(q, M)$ findet. Dazu werden wir das Ergebnis der folgenden Aufgabe benötigen.

Aufgabe 3.1.3 *Gegeben sind die Vektoren $q \in \mathbb{R}^n$ aus (3.25) und $p \in \mathbb{R}^n$ aus (3.26). Zeigen Sie, dass die Geraden*

$$g: \quad x = p - \lambda \cdot e, \lambda \in \mathbb{R} \quad und \quad h: \quad x = q + \mu \cdot e, \mu \in \mathbb{R}$$

identisch sind. Zeigen Sie dazu zunächst durch vollständige Induktion, dass für $i = 1, ..., n$

$$2^{n+1} - \sum_{j=i}^{n} 2^j = 2^i$$

gilt.

3.1.3 Das Beispiel von Murty

Die Definition des lexikographischen Lemke-Algorithmus erinnert sehr an das lexikographische Simplexverfahren, welches von G. B. Dantzig zur Lösung von linearen Programmen entwickelt wurde. Die Anzahl der Schritte, welche die lexikographische Simplexmethode bis zum Auffinden einer Lösung durchführen muss, ist durch $n!$ bechränkt.[1] Dieser Ausdruck wächst mindestens exponentiell in n. Für keine Pivotregel ist es bisher gelungen, zu zeigen, dass die Anzahl der Schritte der Simplexmethode durch einen Ausdruck beschränkt ist, der polynomial in n ist. Im Gegenteil, V. Klee und G. J. Minty haben 1972 in ihrer Arbeit [54] einfache Beispiele gefunden, für die die meisten Pivotstrategien eine exponentielle Anzahl von Schritten benötigen.

Ein solches Beispiel existiert auch für den lexikographischen Lemke-Algorithmus. Es stammt von K. G. Murty aus dem Jahre 1978, und wir werden es in diesem Abschnitt vorstellen. Dieses Beispiel ist allerdings sehr speziell konstruiert, und wir wollen betonen, dass (analog zum Simplexverfahren) das durchschnittliche Laufzeitverhalten des lexikographischen Lemke-Algorithmus durch einen Ausdruck beschränkt ist, der polynomial in n ist. Wir verweisen diesbezüglich auf die Arbeit [116] von M. J. Todd.

Für $n \geq 2$ betrachten wir $LCP(q(n), M(n))$ mit

$$M = M(n) = \begin{pmatrix} 1 & 2 & \dots & 2 \\ 0 & 1 & \ddots & \vdots \\ \vdots & \ddots & \ddots & 2 \\ 0 & \dots & 0 & 1 \end{pmatrix} \in \mathbb{R}^{n \times n} \qquad (3.24)$$

---

[1] Siehe beispielsweise [48].

und

$$q = q(n) = \begin{pmatrix} -2^n - 2^{n-1} - \ldots - 2^2 - 2 \\ -2^n - 2^{n-1} - \ldots - 2^2 \\ \vdots \\ -2^n - 2^{n-1} - 2^{n-2} \\ -2^n - 2^{n-1} \\ -2^n \end{pmatrix} = \begin{pmatrix} -\sum_{j=1}^{n} 2^j \\ \vdots \\ -\sum_{j=i}^{n} 2^j \\ \vdots \\ -\sum_{j=n}^{n} 2^j \end{pmatrix} \in \mathbb{R}^n. \quad (3.25)$$

Jeder Hauptminor von M hat den Wert 1. Somit ist M eine P-Matrix und $LCP(q, M)$ hat genau eine Lösung. Wir werden zeigen, dass der lexikographische Lemke-Algorithmus für dieses Beispiel genau 2^n Pivotschritte durchführt bis er die Lösung findet. Dazu werden wir zunächst im folgenden Satz eine Halbgerade betrachten, die das Innere aller 2^n durch M definierten komplementären Kegel durchquert.

Satz 3.1.6 *Es seien $n \geq 2$ und*

$$p = p(n) = \begin{pmatrix} 2 \\ 2^2 \\ \vdots \\ 2^n \end{pmatrix} \in \mathbb{R}^n. \quad (3.26)$$

Dann durchläuft die Halbgerade

$$g: \quad x = p - \lambda e, \ \lambda \geq 0$$

das Innere von allen 2^n komplementären Kegeln, die durch $M(n)$ aus (3.24) definiert werden.

Beweis: Zunächst wollen wir bemerken, dass das Innere von allen 2^n komplementären Kegeln, die durch $M(n)$ aus (3.24) definiert werden, gemäß Satz 3.1.3 nichtleer ist. Denn für jede Wahl von $C_{\cdot i} \in \{E_{\cdot i}, -M_{\cdot i}\}$ ist

$$\det(C_{\cdot 1} \vdots \ldots \vdots C_{\cdot n}) \neq 0,$$

und die Vektoren $C_{\cdot 1}, \ldots, C_{\cdot n}$ sind somit linear unabhängig. Der eigentliche Beweis erfolgt nun durch vollständige Induktion über n.

Induktionsanfang: $n = 2$. Für $n = 2$ lautet

$$M = \begin{pmatrix} 1 & 2 \\ 0 & 1 \end{pmatrix} \quad \text{und} \quad p = \begin{pmatrix} 2 \\ 4 \end{pmatrix}.$$

In Abb. 3.3 haben wir alle 2^2 durch M definierten komplementären Kegel eingezeichnet. Auch die Gerade g ist eingezeichnet. Vom Punkt $p = \begin{pmatrix} 2 \\ 4 \end{pmatrix}$ bis

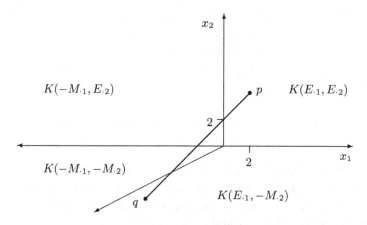

Abb. 3.3. Die Strecke $\overline{pq}$ schneidet das Innere von allen vier Kegeln.

zum Punkt $q = \begin{pmatrix} -6 \\ -4 \end{pmatrix}$ durchläuft sie das Innere von allen vier Kegeln. In der folgenden Tabelle ist aufgelistet, für welche Werte von λ sich die Gerade g im jeweiligen komplementären Kegel befindet.

Komplementärer Kegel	Werte von λ, für die $K^\circ \cap g = g$ gilt
$K = K(E_{\cdot 1}, E_{\cdot 2})$	$\lambda < 2$
$K = K(-M_{\cdot 1}, E_{\cdot 2})$	$2 < \lambda < 4$
$K = K(-M_{\cdot 1}, -M_{\cdot 2})$	$4 < \lambda < 6$
$K = K(E_{\cdot 1}, -M_{\cdot 2})$	$6 < \lambda$

Mit Lemma 3.1.2 lassen sich die jeweiligen Werte von λ auch anders deuten.

BVF	Werte von λ, für die $LCP(p - \lambda e, M)$ eine nichtentartete Lösung mit Basisvariablenfeld BVF besitzt
$({'w_1}',{'w_2}')$	$\lambda < 2$
$({'z_1}',{'w_2}')$	$2 < \lambda < 4$
$({'z_1}',{'z_2}')$	$4 < \lambda < 6$
$({'w_1}',{'z_2}')$	$6 < \lambda$

Induktionsvoraussetzung: Die Behauptung sei wahr für ein $n \geq 2$. Insbesondere gelte folgende Tabelle.

BVF	Werte von λ, für die $LCP(p(n) - \lambda e, M(n))$ eine nichtentartete Lösung mit Basisvariablenfeld BVF besitzt
$('y_1{}', \ldots, 'y_n{}')_{K_1}$	$\lambda < 2$
$\vdots$	$\vdots$
$('y_1{}', \ldots, 'y_n{}')_{K_i}$	$2(i-1) < \lambda < 2i, \quad i = 2, \ldots, 2^n - 1$
$\vdots$	$\vdots$
$('y_1{}', \ldots, 'y_n{}')_{K_{2^n}}$	$2^{n+1} - 2 < \lambda$

Dabei bezeichnen $K_1, \ldots, K_{2^n}$ die 2^n komplementären Kegel, die durch $M(n)$ definiert werden, und $('y_1{}', \ldots, 'y_n{}')_{K_i}$ bezeichnet jeweils das zum komplementären Kegel K_i gehörige Basisvariablenfeld für $i = 1, \ldots, 2^n$.

Induktionsschritt: $n \rightsquigarrow n + 1$. Wir betrachten $LCP(p(n+1) - \lambda e, M(n+1))$. Dann hat man folgendes Tableau:

$w_1 \cdots w_n$	w_{n+1}	$z_1 \cdots z_n$	z_{n+1}	$p(n+1) - \lambda e$
$1 \cdots 0$	0	$-1 \cdots -2$	-2	$2 - \lambda$
$0 \cdots \vdots$	$\vdots$	$0 \cdots \vdots$	$\vdots$	$\vdots$
$\vdots \quad 1$	0	$\vdots \cdots -1$	-2	$2^n - \lambda$
$0 \cdots 0$	1	$0 \cdots 0$	-1	$2^{n+1} - \lambda$

1. Fall: Ist $\lambda < 2^{n+1}$, so wählen wir $z_{n+1} := 0$ und $w_{n+1} := 2^{n+1} - \lambda > 0$. Das reduzierte Problem mit den Variablen $(w_1, \ldots, w_n), (z_1, \ldots, z_n)$ entspricht gerade dem LCP der Ordnung n. Somit können wir die Induktionsvoraussetzung benutzen und erhalten folgende Tabelle:

BVF	Werte von λ, für die $LCP(p(n+1) - \lambda e, M(n+1))$ eine nichtentartete Lösung mit Basisvariablenfeld BVF besitzt
$\left(('y_1{}', \ldots, 'y_n{}')_{K_1}, 'w_{n+1}{}' \right)$	$\lambda < 2$
$\vdots$	$\vdots$
$\left(('y_1{}', \ldots, 'y_n{}')_{K_i}, 'w_{n+1}{}' \right)$	$2(i-1) < \lambda < 2i, \quad i = 2, \ldots, 2^n - 1$
$\vdots$	$\vdots$
$\left(('y_1{}', \ldots, 'y_n{}')_{K_{2^n}}, 'w_{n+1}{}' \right)$	$2^{n+1} - 2 < \lambda < 2^{n+1}$

2. Fall: Ist $\lambda > 2^{n+1}$, so führen wir einen Gauß–Jordan-Schritt im Tableau durch, so dass die zu z_{n+1} gehörende Spalte ein Standard-Basisvektor wird.

BVF	Werte von λ, für die $LCP(p(n+1) - \lambda e, M(n+1))$ eine nichtentartete Lösung mit Basisvariablenfeld BVF besitzt
$\left(('y_1\,',\ldots,'y_n\,')_{K_1},'w_{n+1}\,' \right)$	$\lambda < 2$
$\vdots$	$\vdots$
$\left(('y_1\,',\ldots,'y_n\,')_{K_i},'w_{n+1}\,' \right)$	$2(i-1) < \lambda < 2i, \quad i = 2,\ldots,2^n - 1$
$\vdots$	$\vdots$
$\left(('y_1\,',\ldots,'y_n\,')_{K_{2^n}},'w_{n+1}\,' \right)$	$2^{n+1} - 2 < \lambda < 2^{n+1}$
$\left(('y_1\,',\ldots,'y_n\,')_{K_{2^n}},'z_{n+1}\,' \right)$	$2^{n+1} < \lambda < 2^{n+1} + 2$
$\vdots$	$\vdots$
$\left(('y_1\,',\ldots,'y_n\,')_{K_i},'z_{n+1}\,' \right)$	$2^{n+2} - 2i < \lambda < 2^{n+2} - 2i + 2, \; i = 2^n - 1,\ldots,2$
$\vdots$	$\vdots$
$\left(('y_1\,',\ldots,'y_n\,')_{K_1},'z_{n+1}\,' \right)$	$2^{n+2} - 2 < \lambda$

Abb. 3.4. Alle Basisvariablenfelder kommen vor.

Wir erhalten

$w_1 \cdots w_n$	w_{n+1}	$z_1 \cdots z_n$	z_{n+1}	
$1 \cdots 0$	-2	$-1 \cdots -2$	0	$2 + (-2^{n+2} + \lambda)$
$0 \cdots \; \vdots$	$\vdots$	$0 \cdots \; \vdots$	$\vdots$	$\vdots$
$\vdots \quad\;\; 1$	-2	$\vdots \cdots -1$	0	$2^n + (-2^{n+2} + \lambda)$
$0 \cdots 0$	-1	$0 \cdots 0$	1	$\lambda - 2^{n+1}$

Wir wählen $w_{n+1} := 0$ und $z_{n+1} := \lambda - 2^{n+1} > 0$. Das reduzierte Problem mit den Variablen $(w_1,\ldots,w_n),(z_1,\ldots,z_n)$ entspricht wieder gerade dem LCP der Ordnung n, wenn man $-\mu := -2^{n+2} + \lambda$ setzt, und man kann wiederum die Induktionsvoraussetzung anwenden. Nun gilt

$$\mu < 2 \Leftrightarrow 2^{n+2} - 2 < \lambda,$$
$$2^{n+1} - 2 < \mu \Leftrightarrow \lambda < 2^{n+1} + 2$$

und für $i = 2,\ldots,2^{n-1}$

$$2(i-1) < \mu < 2i \quad \Leftrightarrow \quad 2^{n+2} - 2i < \lambda < 2^{n+2} - 2i + 2.$$

Fasst man beide Fälle zusammen, so erhält man Abb. 3.4. Mit Lemma 3.1.2 folgt dann die Behauptung. $\qquad\square$

Mit Hilfe der geometrischen Interpretation eines Pivotschrittes im Lemke-Algorithmus erhalten wir nun das Resultat von Murty.

Satz 3.1.7 *Für $n \geq 2$ endet der lexikographische Lemke-Algorithmus angewandt auf M aus (3.24) und q aus (3.25) genau nach 2^n Pivotschritten mit der eindeutigen Lösung von $LCP(q, M)$.*

Beweis: Da M eine P-Matrix ist, wird der lexikographische Lemke-Algorithmus nach Satz 3.1.2 die eindeutige Lösung finden. Zu Beginn hat man folgendes Tableau:

w_1	w_2	...	w_n	z_1	z_2	...	z_n	z_0	$q^{(0)}$
1	0	...	0	–1	–2	...	–2	–1	$-2^n - 2^{n-1} - ... - 2^2 - 2$
0	1	...	0	0	–1	...	–2	–1	$-2^n - 2^{n-1} - ... - 2^2$
⋮	⋮		⋮	⋮	⋮		⋮	⋮	⋮
0	0	...	1	0	0	...	–1	–1	-2^n

Es ist $q_t := q_1 = \min\limits_{1 \leq i \leq n} q_i$. Daher wird ein Gauß–Jordan-Schritt mit Pivotelement $a^{(0)}_{1\,2n+1}$ durchgeführt. Mit der Interpretation von Abschnitt 3.1.2 gilt dann

$$q + q_t^{(1)} \cdot e \in K(E_{.2}, ..., E_{.n}) \subseteq K(-M_{.1}, E_{.2}, ..., E_{.n}) =: K_2$$

mit

$$q_t^{(1)} = |q_1^{(0)}| = 2^n + 2^{n-1} + ... + 2 = 2^{n+1} - 2.$$

Siehe Aufgabe 3.1.3. Nach einem weiteren Gauß–Jordan-Schritt ist dann

$$q + q_t^{(2)} \cdot e \in K(-M_{.1}, E_{.2}, ..., E_{.j-1}, E_{.j+1}, ..., E_{.n})$$
$$\subseteq K(-M_{.1}, E_{.2}, ..., E_{.n}) = K_2$$

für ein $j \in \{2, ..., n\}$. Mit der Interpretation von Abschnitt 3.1.2 heißt das, dass die Halbgerade

$$g : \quad x = q + \mu \cdot e, \quad \mu \geq 0$$

für $\mu = q_t^{(1)}$ in den Kegel K_2 eintritt und für $\mu = q_t^{(2)}$ den Kegel K_2 verlässt. Da der Algorithmus nicht abbricht, bekommen wir durch den Algorithmus eine Zahlenfolge

$$q_t^{(1)}, q_t^{(2)}, q_t^{(3)}, ..., q_t^{(m)}$$

bis $q_t^{(m)} = 0$. Wegen Aufgabe 3.1.3 und dem Beweis zu Satz 3.1.6 gilt

$$q_t^{(i)} - 2 = q_t^{(i+1)}, \quad i = 1, 2, ...$$

Daher gilt

$$0 = q_t^{(m)} = q_t^{(1)} - m \cdot 2.$$

Es folgt $m = 2^n - 1$. Mit dem Initialisierungsschritt hat man somit insgesamt 2^n Gauß–Jordan-Schritte durchgeführt. □

Aufgabe 3.1.4 *Bestimmen Sie die eindeutige Lösung von $LCP(q, M)$ mit M aus (3.24) und q aus (3.25), indem Sie aus dem Beweis zu Satz 3.1.6 das Basisvariablenfeld bestimmen, welches zur eindeutigen Lösung gehört.*

3.1.4 Positiv definite Matrizen

Aus der Linearen Algebra ist bekannt, dass für symmetrische Matrizen die folgenden drei Eigenschaften äquivalent sind:

1. $x^T A x > 0$ für alle $x \in \mathbb{R}^n$, $x \neq o$.
2. Für jeden Eigenwert λ von A gilt $\lambda > 0$.
3. Es gilt

$$\det \begin{pmatrix} a_{11} \cdots a_{1k} \\ \vdots \ddots \vdots \\ a_{k1} \cdots a_{kk} \end{pmatrix} > 0, \quad k = 1, ..., n. \tag{3.27}$$

Eine symmetrische Matrix A nennt man positiv definit, falls A eine (und somit alle) von diesen drei Eigenschaften erfüllt. Positive Definitheit lässt sich aber auch für nichtsymmetrische Matrizen definieren.

Definition 3.1.5 *Eine Matrix $A \in \mathbb{R}^{n \times n}$ heißt positiv definit, wenn*

$$x^T A x > 0 \quad \text{für alle } x \in \mathbb{R}^n, x \neq o$$

gilt.

Es wird sich in den folgenden Überlegungen herausstellen, dass die Klasse der positiv definiten Matrizen eine echte Unterklasse der Klasse der P-Matrizen bildet.

Satz 3.1.8 *Ist $A \in \mathbb{R}^{n \times n}$ positiv definit, dann ist A eine P-Matrix.*

Beweis: Wir nehmen an, A sei keine P-Matrix. Dann existiert nach Satz 3.1.1 ein $x \in \mathbb{R}^n$, $x \neq o$ mit

$$x_i (Ax)_i \leq 0 \quad \text{für alle } i = 1, ..., n.$$

Daraus folgt, dass auch $\sum_{i=1}^{n} x_i (Ax)_i \leq 0$ gilt, was $x^T A x \leq 0$ bedeutet. Wegen $x \neq o$ ist dies ein Widerspruch zur positiven Definitheit von A. Somit ist die Annahme falsch, und es folgt, dass A eine P-Matrix ist. $\square$

Jede positiv definite Marix ist also eine P-Matrix. Somit hat $LCP(q, M)$ eine eindeutige Lösung, falls M positiv definit ist. Allerdings ist nicht jede P-Matrix positiv definit

Beispiel 3.1.8 Wir betrachten

$$A = \begin{pmatrix} 1 & -3 \\ 0 & 1 \end{pmatrix} \in \mathbb{R}^{2 \times 2}.$$

Alle drei Hauptminoren von A haben den Wert 1. Daher ist A eine P-Matrix. Jedoch ist A wegen

$$(1\ 1) \begin{pmatrix} 1 & -3 \\ 0 & 1 \end{pmatrix} \begin{pmatrix} 1 \\ 1 \end{pmatrix} = -1 \not> 0$$

nicht positiv definit. $\square$

Wir wollen noch festhalten, dass unter den symmetrischen Matrizen jede P-Matrix positiv definit sein muss. Denn falls A eine symmetrische P-Matrix ist, so sind alle und somit insbesondere die führenden Hauptminoren[2] positiv, und auf Grund der Symmetrie von A ist dies dann äquivalent zu $x^{\mathrm{T}} A x > 0$ für alle $x \in \mathbb{R}^n$, $x \neq o$.

Aufgabe 3.1.5 *Zeigen Sie, dass*

$$A = \begin{pmatrix} 2 & 1 & 1 \\ 0 & 4 & 2 \\ 1 & 1 & 2 \end{pmatrix}$$

positiv definit ist.

Aufgabe 3.1.6 *Es sei $A \in \mathbb{R}^{n \times n}$ eine P-Matrix.*

1. Zeigen Sie: Ist $\lambda \in \mathbb{R}$ ein Eigenwert von A, so ist $\lambda > 0$.

2. Zeigen Sie anhand von

$$A = \begin{pmatrix} 1 & -1 & 0 \\ 1 & 1 & -17 \\ 4 & 0 & 1 \end{pmatrix},$$

dass der Realteil eines Eigenwertes einer P-Matrix nicht notwendigerweise positiv sein muss.
Hinweis: Ein Eigenwert von A lautet $\lambda = 5$.

3.1.5 Streng diagonaldominante Matrizen

In diesem Abschnitt werden wir eine weitere Unterklasse der Klasse der P-Matrizen vorstellen.

Definition 3.1.6 *Eine Matrix $A \in \mathbb{R}^{n \times n}$ heißt streng diagonaldominant, wenn*

$$|a_{ii}| > \sum_{j=1,\, j \neq i} |a_{ij}| \quad \text{für alle } i = 1, ..., n$$

gilt.

Nicht jede streng diagonaldominante Matrix ist eine P-Matix. Man betrachte beispielsweise die Matrix $A = -E$. Diese Matrix ist streng diagonaldominant, aber sie ist keine P-Matrix. Um eine Unterklasse zu erhalten, bedarf es einer weiteren Voraussetzung.

Satz 3.1.9 *Es sei $A \in \mathbb{R}^{n \times n}$ streng diagonaldominant mit positiven Diagonalelementen. Dann ist A eine P-Matrix.*

---

[2] Die Determinanten in (3.27) nennt man führende Hauptminoren von A.

Beweis: Wir nehmen an, A sei keine P-Matrix. Dann existiert nach Satz 3.1.1 ein $x \in \mathbb{R}^n$, $x \neq o$ mit

$$x_i(Ax)_i \leq 0 \quad \text{für alle } i = 1, ..., n. \tag{3.28}$$

Es sei $|x_s| := \max\{|x_i| : i = 1, ..., n\}$. Dann ist $|x_s| > 0$ wegen $x \neq o$ und es gilt $\frac{|x_j|}{|x_s|} \leq 1$ für alle $j = 1, ..., n$. Für $i = s$ erhält man aus (3.28)

$$0 \geq x_s(Ax)_s = x_s(\sum_{j=1}^n a_{sj}x_j) = a_{ss}x_s^2 + x_s \cdot \sum_{j=1, j\neq s}^n a_{sj}x_j$$

bzw. $a_{ss}x_s^2 \leq -x_s \cdot \sum_{j=1, j\neq s}^n a_{sj}x_j$. Wegen $a_{ss} > 0$ folgt

$$a_{ss}x_s^2 \leq \sum_{j=1, j\neq s}^n |a_{sj}||x_j||x_s|,$$

und nach Division durch $|x_s|^2$ erhält man

$$|a_{ss}| = a_{ss} \leq \sum_{j=1, j\neq s}^n |a_{sj}|.$$

Dies ist ein Widerspruch zur Voraussetzung, dass A streng diagonaldominant ist. Die Annahme ist daher falsch und A somit eine P-Matrix. □

Eine Verallgemeinerung von streng diagonaldominanten Matrizen sind die so genannten H-Matrizen.

Definition 3.1.7 *Es sei $A \in \mathbb{R}^{n \times n}$. Dann nennt man A eine H-Matrix, falls ein Vektor $u > o$ existiert mit*

$$|a_{ii}|u_i > \sum_{j=1, j\neq i}^n |a_{ij}|u_j \quad \text{für alle } i = 1, ..., n. \tag{3.29}$$

Wählt man $u = e$, so ist jede streng diagonaldominante Matrix eine H-Matrix. Aber nicht jede H-Matrix ist streng diagonaldominant.

Beispiel 3.1.9 Wir betrachten wieder

$$A = \begin{pmatrix} 1 & -3 \\ 0 & 1 \end{pmatrix} \in \mathbb{R}^{2 \times 2}.$$

Diese Matrix ist nicht streng diagonaldominant, aber es gilt (3.29) für

$$u = \begin{pmatrix} 5 \\ 1 \end{pmatrix}.$$

A ist somit eine H-Matrix. □

Für H-Matrizen gilt ein zu Satz 3.1.9 analoges Ergebnis.

Satz 3.1.10 *Es sei* $A \in \mathbb{R}^{n \times n}$ *eine H-Matrix mit positiven Diagonalelementen. Dann ist A eine P-Matrix.*

Beweis: Nach Definition und Voraussetzung existiert ein Vektor $u > o$ mit

$$a_{ii} u_i > \sum_{j=1, j \neq i}^{n} |a_{ij}| u_j \quad \text{für alle } i = 1, ..., n.$$

Setzt man $D := diag(u_1, ..., u_n)$, so ist die Matrix AD streng diagonaldominant und hat positive Diagonalelemente. Daher ist AD nach Satz 3.1.9 eine P-Matrix. Dadurch ist auch DA^{T} eine P-Matrix. Wir nehmen an, dass A keine P-Matrix sei. Dann ist auch A^{T} keine P-Matrix, und es existiert nach Satz 3.1.1 ein Vektor $x \in \mathbb{R}^n$, $x \neq o$ mit

$$0 \geq x_i (A^{\mathrm{T}} x)_i \quad \text{für alle } i = 1, ..., n.$$

Wegen $u > o$ folgt daraus

$$0 \geq u_i x_i (A^{\mathrm{T}} x)_i = x_i (DA^{\mathrm{T}} x)_i \quad \text{für alle } i = 1, ..., n.$$

Dies ist ein Widerspruch zur Tatsache, dass DA^{T} eine P-Matrix ist. Somit ist die Annahme falsch, und es folgt, dass A eine P-Matrix ist. $\qquad \square$

In Beispiel 5.3.1 werden wir sehen, dass es P-Matrizen gibt, die keine H-Matrizen sind. Somit ist die Klasse der H-Matrizen mit positiven Diagonalelementen und die Klasse der positiv definiten Matrizen jeweils eine echte Unterklasse der Klasse der P-Matrizen. Für weitere Unterklassen verweisen wir auf die Arbeiten [63] und [104].

Aufgabe 3.1.7 *Es sei* $A = (a_{ij}) \in \mathbb{R}^{n \times n}$ *eine (untere oder obere) Dreiecksmatrix, d.h. es gilt entweder* $a_{ij} = 0$ *für alle* $j > i$*, oder es gilt* $a_{ij} = 0$ *für alle* $i > j$*. Zeigen Sie: Gilt für alle* $i \in \{1, ..., n\}$ *die Bedingung* $a_{ii} \neq 0$*, so ist A eine H-Matrix.*

3.2 Positiv semidefinite Matrizen

In Abschnitt 3.1 haben wir P-Matrizen behandelt und in Unterabschnitten haben wir Unterklassen der Klasse der P-Matrizen betrachtet. Auf Grund von Satz 3.1.2 wissen wir, dass $LCP(q, M)$ eine eindeutige Lösung besitzt, falls M eine P-Matrix ist. Außerdem besagt Satz 3.1.2, dass der lexikographische Lemke-Algorithmus diese eindeutige Lösung berechnet.

In diesem Abschnitt beschäftigen wir uns mit positiv semidefiniten Matrizen.

Definition 3.2.1 *Eine Matrix* $M \in \mathbb{R}^{n \times n}$ *heißt positiv semidefinit, wenn* $x^T M x \geq 0$ *für jedes* $x \in \mathbb{R}^n$ *gilt.*

In Kapitel 4 werden wir sehen, dass ein LCP mit einer positiv semidefiniten Matrix im Zusammenhang mit linearen Programmen entsteht.

Die Nullmatrix ist positiv semidefinit. Daher ist eine positiv semidefinite Matrix im Allgemeinen keine P-Matrix und Satz 3.1.2 kann nicht angewandt werden. Ist M keine P-Matrix, so kann der lexikographische Lemke-Algorithmus durch Ray-Termination abbrechen. Sollte dies allerdings der Fall sein, wenn M eine positiv semidefinite Matrix ist, so kann man auf die Nichtlösbarkeit von $LCP(q, M)$ schließen. Siehe Satz 3.2.1. Um diesen Satz zu beweisen, benötigen wir das folgende Lemma.

Lemma 3.2.1 *Es sei $M \in \mathbb{R}^{n \times n}$ positiv semidefinit. Für ein $\hat{x} \in \mathbb{R}^n$ gelte $\hat{x}^T M \hat{x} = 0$. Dann folgt $\hat{x}^T(M + M^T) = o^T$.*

Beweis: Wir setzen $A := M + M^T$. Dann ist A symmetrisch und positiv semidefinit. Nach Voraussetzung ist

$$\hat{x}^T A \hat{x} = \hat{x}^T M \hat{x} + \hat{x}^T M^T \hat{x} = 0 + (M\hat{x})^T \hat{x} = \hat{x}^T M \hat{x} = 0. \quad (3.30)$$

Sei $x \in \mathbb{R}^n$ beliebig. Da A positiv semidefinit ist, gilt $(\hat{x} + \lambda x)^T A(\hat{x} + \lambda x) \geq 0$ für jedes $\lambda \in \mathbb{R}$. Wegen (3.30) und weil A symmetrisch ist, erhält man durch Ausmultiplizieren

$$2\hat{x}^T Ax \geq -\lambda x^T Ax \quad \text{für } \lambda > 0,$$
$$2\hat{x}^T Ax \leq -\lambda x^T Ax \quad \text{für } \lambda < 0.$$

Da diese Relationen für jedes betragsmäßig noch so kleine λ gelten, muss $\hat{x}^T Ax = 0$ sein. Da $x \in \mathbb{R}^n$ beliebig gewählt ist, folgt $\hat{x}^T A = o^T$. $\square$

Satz 3.2.1 *Es seien $M \in \mathbb{R}^{n \times n}$ eine positiv semidefinite Matrix und $q \in \mathbb{R}^n$. Endet der lexikographische Lemke-Algorithmus angewandt auf q und M durch Ray-Termination, so besitzt $LCP(q, M)$ keine Lösung.*

Beweis: Endet der lexikographische Lemke-Algorithmus angewandt auf q und M nach dem k-ten Schritt durch Ray-Termination, so existieren nach Satz 2.7.1 sowohl Vektoren $w^{(h)} \geq o$, $z^{(h)} \geq o$, $z^{(h)} \neq o$ und eine Zahl $z_0^{(h)} \geq 0$ mit

$$w^{(h)} - Mz^{(h)} - z_0^{(h)} \cdot e = o, \quad (w^{(h)})^T z^{(h)} = 0, \quad (3.31)$$

als auch Vektoren $w^{(k)} \geq o$, $z^{(k)} \geq o$ und eine Zahl $z_0^{(k)} > 0$ mit

$$w^{(k)} - Mz^{(k)} - z_0^{(k)} \cdot e = q, \quad (w^{(k)})^T z^{(k)} = 0. \quad (3.32)$$

Diese Vektoren erfüllen $(w^{(k)})^T z^{(h)} = 0 = (w^{(h)})^T z^{(k)}$ nach Satz 2.7.1. Dann gilt

$$w^{(h)} = Mz^{(h)} + z_0^{(h)} \cdot e \quad \text{und} \quad 0 = (z^{(h)})^T(Mz^h + z_0^{(h)} \cdot e).$$

Somit ist

$$(z^{(h)})^T Mz^{(h)} = -z_0^{(h)}(z^{(h)})^T e \leq 0.$$

Da M positiv semidefinit ist, muss nach Definition $(z^{(h)})^{\mathrm{T}} M z^{(h)} \geq 0$ gelten. Damit folgt

$$(z^{(h)})^{\mathrm{T}} M z^{(h)} = 0. \tag{3.33}$$

Mit Lemma 3.2.1 folgt nun einerseits

$$(z^{(h)})^{\mathrm{T}} (M + M^{\mathrm{T}}) = o^{\mathrm{T}}$$

und somit

$$(z^{(h)})^{\mathrm{T}} M = -(z^{(h)})^{\mathrm{T}} M^{\mathrm{T}}. \tag{3.34}$$

Andererseits gilt $-z_0^{(h)} \cdot (z^{(h)})^{\mathrm{T}} e = (z^{(h)})^{\mathrm{T}} M z^{(h)} = 0$. Wegen $z^{(h)} \geq o$, $z^{(h)} \neq o$ muss daher

$$z_0^{(h)} = 0 \tag{3.35}$$

gelten. Nun gilt wegen (3.32)

$$\begin{aligned}
0 = (w^{(k)})^{\mathrm{T}} z^{(h)} &= (z^{(h)})^{\mathrm{T}} w^{(k)} \\
&= (z^{(h)})^{\mathrm{T}} M z^{(k)} + (z^{(h)})^{\mathrm{T}} q + z_0^{(k)} \cdot (z^{(h)})^{\mathrm{T}} e.
\end{aligned}$$

Wegen (3.34) folgt weiter

$$\begin{aligned}
0 &= -(z^{(h)})^{\mathrm{T}} M^{\mathrm{T}} z^{(k)} + (z^{(h)})^{\mathrm{T}} q + z_0^{(k)} \cdot (z^{(h)})^{\mathrm{T}} e \\
&= -(z^{(k)})^{\mathrm{T}} M z^{(h)} + (z^{(h)})^{\mathrm{T}} q + z_0^{(k)} \cdot (z^{(h)})^{\mathrm{T}} e.
\end{aligned}$$

Mit (3.31) und (3.35) folgt dann

$$\begin{aligned}
0 &= -(z^{(k)})^{\mathrm{T}} w^{(h)} + (z^{(h)})^{\mathrm{T}} q + z_0^{(k)} \cdot (z^{(h)})^{\mathrm{T}} e \\
&= (z^{(h)})^{\mathrm{T}} q + z_0^{(k)} \cdot (z^{(h)})^{\mathrm{T}} e.
\end{aligned}$$

Also ist $(z^{(h)})^{\mathrm{T}} q = -z_0^{(k)} \cdot (z^{(h)})^{\mathrm{T}} e$. Da $z^{(h)} \geq o$, $z^{(h)} \neq o$ und $z_0^{(k)} > 0$ gelten, ist $z_0^{(k)} \cdot (z^{(h)})^{\mathrm{T}} e > 0$. Somit ist $(z^{(h)})^{\mathrm{T}} q < 0$. Außerdem gilt wegen (3.34), (3.35) und (3.31)

$$-(z^{(h)})^{\mathrm{T}} M = (z^{(h)})^{\mathrm{T}} M^{\mathrm{T}} = (w^{(h)})^{\mathrm{T}} \geq o^{\mathrm{T}}.$$

Daher gilt

$$(z^{(h)})^{\mathrm{T}} \left(E \vdots - M \right) \geq o^{\mathrm{T}}, \quad \text{aber} \quad (z^{(h)})^{\mathrm{T}} q < 0.$$

Nach dem Lemma von Farkas (siehe Satz A.2.3) folgt nun, dass das System

$$\left(E \vdots - M \right) \begin{pmatrix} w \\ z \end{pmatrix} = q, \quad \begin{pmatrix} w \\ z \end{pmatrix} \geq o$$

keine Lösung besitzt. Also besitzt auch $LCP(q, M)$ keine Lösung.   □

Wir betrachten zum Schluss dieses Abschnitts noch eine Unterklasse der Klasse der positiv semidefiniten Matrizen.

Beispiel 3.2.1 Wir betrachten eine Matrix $A \in \mathbb{R}^{n \times n}$, die die Bedingung $A^{\mathrm{T}} = -A$ erfüllt. Eine solche Matrix nennt man schiefsymmetrisch. Jede schiefsymmetrische Matrix erfüllt

$$x^{\mathrm{T}} A x = (Ax)^{\mathrm{T}} x = x^{\mathrm{T}} A^{\mathrm{T}} x = -x^{\mathrm{T}} A x$$

für alle $x \in \mathbb{R}^n$. Somit folgt $x^{\mathrm{T}} A x = 0$ für alle $x \in \mathbb{R}^n$. Eine schiefsymmetrische Matrix ist also insbesondere eine positiv semidefinite Matrix. $\qquad \square$

3.3 Z-Matrizen

In Kapitel 4 werden wir sehen, dass ein LCP mit einer Z-Matrix im Zusammenhang mit freien Randwertproblemen entsteht.

Definition 3.3.1 *Eine Matrix* $M = (m_{ij}) \in \mathbb{R}^{n \times n}$ *heißt Z-Matrix, falls* $m_{ij} \leq 0$ *gilt für alle* $i \neq j$.

R. Chandrasekaran hat einen Algorithmus entworfen, der $LCP(q, M)$ löst, falls M eine Z-Matrix ist, wobei der Algorithmus nach spätestens n Gauß–Jordan-Schritten endet. Siehe [16]. Der Algorithmus ist wie folgt definiert:

1. Schritt: Man setzt $k := 0$ und betrachtet das Tableau $(A^{(0)} \vdots q^{(0)})$ mit

$$A^{(0)} := (E \vdots - M) \in \mathbb{R}^{n \times 2n}, \quad q^{(0)} := q$$

und das Basisvariablenfeld

$$\mathrm{BVF}_0 := ({}'w_1{}', ..., {}'w_n{}').$$

2. Schritt: Ist $q^{(k)} \geq o$, dann bilden w und z definiert durch

$$\left. \begin{aligned} w_i := q_i^{(k)}, \ z_i := 0, \quad \text{falls } {}'w_i{}' \in \mathrm{BVF}_k, \\ w_i := 0, \quad z_i := q_i^{(k)}, \quad \text{falls } {}'z_i{}' \in \mathrm{BVF}_k, \end{aligned} \right\} \ i = 1, ..., n \qquad (3.36)$$

eine Lösung von $LCP(q, M)$, und der Algorithmus ist zu Ende..

Ist $q^{(k)} \not\geq o$, so wird die Menge $J := \{i : q_i^{(k)} < 0\}$ betrachtet. Existiert ein $i \in J$ mit $a_{i \, n+i}^{(k)} \geq 0$, dann bricht der Algorithmus ab mit der Meldung, dass $LCP(q, M)$ keine Lösung besitzt. Andernfalls wählt man ein beliebiges $i_0 \in J$ und führt einen Gauß–Jordan-Schritt aus mit Pivotelement $a_{i_0 \, n+i_0}^{(k)}$. Damit erhält man

$$(A^{(k)} \vdots q^{(k)}) \rightsquigarrow (A^{(k+1)} \vdots q^{(k+1)}).$$

BVF_{k+1} entsteht aus BVF_k, indem ${}'w_{i_0}{}'$ durch ${}'z_{i_0}{}'$ ersetzt wird.

3. Schritt: Man setzt $k := k + 1$ und geht zum 2. Schritt.

Bevor wir zeigen, dass der Algorithmus das Gewünschte liefert, betrachten wir zwei Beispiele.

Beispiel 3.3.1 Wir betrachten

$$M = \begin{pmatrix} 2 & -1 & 0 \\ -1 & 2 & -1 \\ 0 & -1 & 2 \end{pmatrix} \quad \text{und} \quad q = \begin{pmatrix} 1 \\ -1 \\ -2 \end{pmatrix}.$$

Der Algorithmus von Chandrasekaran beginnt mit dem Tableau

BVF$_0$	w_1	w_2	w_3	z_1	z_2	z_3	$q^{(0)}$
$'w_1'$	1	0	0	-2	1	0	1
$'w_2'$	0	1	0	1	-2	1	-1
$'w_3'$	0	0	1	0	1	-2	-2

Es ist $q^{(0)} \not\geq o$ und $J = \{2,3\}$. Wegen $a_{25}^{(0)} < 0$ und $a_{36}^{(0)} < 0$ bricht der Algorithmus nicht ab, und es kann entweder $a_{25}^{(0)}$ oder $a_{36}^{(0)}$ als Pivotelement gewählt werden. Wir wählen $a_{25}^{(0)}$ und erhalten für $(A^{(1)} \vdots q^{(1)})$ das Tableau

BVF$_1$	w_1	w_2	w_3	z_1	z_2	z_3	$q^{(1)}$
$'w_1'$	1	$\frac{1}{2}$	0	$-\frac{3}{2}$	0	$\frac{1}{2}$	$\frac{1}{2}$
$'z_2'$	0	$-\frac{1}{2}$	0	$-\frac{1}{2}$	1	$-\frac{1}{2}$	$\frac{1}{2}$
$'w_3'$	0	$\frac{1}{2}$	1	$\frac{1}{2}$	0	$-\frac{3}{2}$	$-\frac{5}{2}$

Es ist $q^{(1)} \not\geq o$ und $J = \{3\}$. Wegen $a_{36}^{(1)} < 0$ bricht der Algorithmus nicht ab, und es wird $a_{36}^{(1)}$ als Pivotelement gewählt. Man erhält für $(A^{(2)} \vdots q^{(2)})$ das Tableau

BVF$_2$	w_1	w_2	w_3	z_1	z_2	z_3	$q^{(2)}$
$'w_1'$	1	$\frac{2}{3}$	$\frac{1}{3}$	$-\frac{4}{3}$	0	0	$-\frac{1}{3}$
$'z_2'$	0	$-\frac{2}{3}$	$-\frac{1}{3}$	$-\frac{2}{3}$	1	0	$\frac{4}{3}$
$'z_3'$	0	$-\frac{1}{3}$	$-\frac{2}{3}$	$-\frac{1}{3}$	0	1	$\frac{5}{3}$

Es ist $q^{(2)} \not\geq o$ und $J = \{1\}$. Wegen $a_{14}^{(2)} < 0$ bricht der Algorithmus nicht ab, und es wird $a_{14}^{(2)}$ als Pivotelement gewählt.

Man erhält für $(A^{(3)} \vdots q^{(3)})$ das Tableau

BVF$_3$	w_1	w_2	w_3	z_1	z_2	z_3	$q^{(3)}$
$'z_1'$	$-\frac{3}{4}$	$-\frac{1}{2}$	$-\frac{1}{4}$	1	0	0	$\frac{1}{4}$
$'z_2'$	$-\frac{1}{2}$	-1	$-\frac{1}{2}$	0	1	0	$\frac{3}{2}$
$'z_3'$	$-\frac{1}{4}$	$-\frac{1}{2}$	$-\frac{3}{4}$	0	0	1	$\frac{7}{4}$

Es ist $q^{(3)} \geq o$. Somit bilden

$$w = o \quad \text{und} \quad z = \begin{pmatrix} \frac{1}{4} \\ \frac{3}{2} \\ \frac{7}{4} \end{pmatrix}$$

eine Lösung von $LCP(q, M)$. $\qquad\qquad\qquad\qquad\qquad\qquad\qquad\qquad\square$

In Beispiel 3.3.1 machen wir folgende Beobachtungen:

1. Alle Pivotelemente waren negativ.
2. Nachdem im ersten Schritt $a_{25}^{(0)}$ als Pivotelement ausgewählt war (also $i_0 = 2$), galt $q_2^{(1)} > 0$, $q_2^{(2)} > 0$, $q_2^{(3)} > 0$.
3. Nachdem im ersten Schritt $a_{25}^{(0)}$ als Pivotelement ausgewählt war, waren bis auf die Elemente $a_{25}^{(1)}, a_{25}^{(2)}, a_{25}^{(3)}$ alle Elemente in der zweiten Zeile von $A^{(1)}, A^{(2)}, A^{(3)}$ kleiner oder gleich null.
4. Analoge Beobachtungen zu 2. und 3. gelten auch ab dem zweiten Pivotschritt für $i_0 = 3$: Es ist $q_3^{(2)} > 0$, $q_3^{(3)} > 0$, und alle Elemente bis auf $a_{36}^{(2)}, a_{36}^{(3)}$ in der dritten Zeile von $A^{(2)}, A^{(3)}$ sind kleiner oder gleich null.
5. Solange $i_0 = 1$ nicht als Pivotzeilenindex gewählt war, waren bis auf $a_{14}^{(0)}$, $a_{14}^{(1)}, a_{14}^{(2)}$ alle Elemente in der ersten Zeile von $A^{(0)}, A^{(1)}, A^{(2)}$ größer oder gleich null.

Diese Beobachtungen lassen uns für den Algorithmus von Chandrasekaran angewandt auf $q \in \mathbb{R}^n$ und eine Z-Matrix $M \in \mathbb{R}^{n \times n}$ das Folgende vermuten:

War $i \in \{1, ..., n\}$ in den ersten $k - 1$ Pivotschritten als Pivotzeilenindex ausgewählt, so gilt nach dem k-ten Pivotschritt $q_i^{(k)} > 0$ und bis auf $a_{i\,n+i}^{(k)}$ sind alle Elemente in der i-ten Zeile von $A^{(k)}$ kleiner oder gleich null.

War $i \in \{1, ..., n\}$ in den ersten $k - 1$ Pivotschritten noch nicht als Pivotzeilenindex ausgewählt, so gilt nach dem k-ten Pivotschritt, dass bis auf $a_{i\,n+i}^{(k)}$ alle Elemente in der i-ten Zeile von $A^{(k)}$ größer oder gleich null sind.

Im Beweis zu Satz 3.3.1 werden wir zeigen, dass diese beiden Vermutungen richtig sind. Durch sie werden wir durch einen einzigen Induktionsbeweis zeigen, dass der Algorithmus von Chandrasekaran $LCP(q, M)$ löst, falls M eine Z-Matrix ist.

Zuvor wollen wir noch ein weiteres Beispiel betrachten, bei dem der Algorithmus damit endet, dass $LCP(q, M)$ keine Lösung besitzt.

Beispiel 3.3.2 Wir betrachten

$$M = \begin{pmatrix} 1 & -1 & -1 \\ -1 & 1 & -1 \\ -1 & -1 & 1 \end{pmatrix} \quad \text{und} \quad q = \begin{pmatrix} 1 \\ -1 \\ -2 \end{pmatrix}.$$

Wir beginnen den Algorithmus von Chandrasekaran mit dem Tableau

BVF$_0$	w_1	w_2	w_3	z_1	z_2	z_3	$q^{(0)}$
$'w_1'$	1	0	0	–1	1	1	1
$'w_2'$	0	1	0	1	–1	1	–1
$'w_3'$	0	0	1	1	1	–1	–2

Es ist $q^{(0)} \not\geq o$ und $J = \{2, 3\}$. Wegen $a_{25}^{(0)} < 0$ und $a_{36}^{(0)} < 0$ bricht der Algorithmus nicht ab, und es kann entweder $a_{25}^{(0)}$ oder $a_{36}^{(0)}$ als Pivotelement gewählt werden. Wir wählen $a_{25}^{(0)}$ und erhalten für $(A^{(1)} \vdots q^{(1)})$ das Tableau

BVF$_1$	w_1	w_2	w_3	z_1	z_2	z_3	$q^{(1)}$
$'w_1'$	1	1	0	0	0	2	0
$'z_2'$	0	–1	0	–1	1	–1	1
$'w_3'$	0	1	1	2	0	0	–3

Es ist $q^{(1)} \not\geq o$ und $J = \{3\}$. Allerdings gilt $a_{36}^{(1)} \geq 0$. Daher bricht der Algorithmus ab mit der Meldung, dass $LCP(q, M)$ keine Lösung besitzt. Diese Aussage kann man in diesem Beispiel sehr einfach nachprüfen. Jeder Vektor

$$x = \begin{pmatrix} w \\ z \end{pmatrix} \in \mathbb{R}^6,$$

der $A^{(1)}x = q^{(1)}$ erfüllt, erfüllt auch $A^{(0)}x = q^{(0)}$ und umgekehrt. Wie man allerdings in der dritten Zeile sieht, kann kein Vektor $x \geq o$ die Gleichung $A^{(1)}x = q^{(1)}$ erfüllen. Somit gibt es keine Vektoren $w \geq o$ und $z \geq o$ mit $w - Mz = q$. □

Im nächsten Satz werden wir beweisen, dass der Algorithmus von Chandrasekaran $LCP(q, M)$ löst, falls M eine Z-Matrix ist. Dabei beschreibt die Formel (3.37) mathematisch das, was wir nach Beispiel 3.3.1 in Worte gefasst haben.

Satz 3.3.1 *Es seien $M \in \mathbb{R}^{n \times n}$ und $q \in \mathbb{R}^n$. Ist M eine Z-Matrix, so endet der Algorithmus von Chandrasekaran nach spätestens n Gauß–Jordan-Schritten entweder mit einer Lösung von $LCP(q, M)$ oder mit dem Nachweis, dass $LCP(q, M)$ keine Lösung besitzt.*

Beweis: Der Algorithmus startet mit dem Basisvariablenfeld

$$\text{BVF}_0 := ('w_1{}', ..., 'w_n{}'),$$

und nach dem k-ten Pivotschritt entsteht aus dem Basisvariablenfeld BVF_k das Basisvariablenfeld BVF_{k+1}, indem ein $'w_{i_0}{}'$ durch $'z_{i_0}{}'$ ersetzt wird. Dies bedeutet, dass in jedem Basisvariablenfeld von jedem komplementären Variablenpaar (w_i, z_i) genau eine Variable ein Element des Basisvariablenfelds ist.

Gilt $q^{(k)} \geq o$, so haben wir auf Grund der Zuweisung (3.36) einen Vektor

$$x = \begin{pmatrix} w \\ z \end{pmatrix} \in \mathbb{R}^{2n} \quad \text{mit } x \geq o \quad \text{und} \quad w^{\mathrm{T}} z = 0.$$

Außerdem gilt $A^{(k)} x = q^{(k)}$ und jeder Vektor x, der $A^{(k)} x = q^{(k)}$ erfüllt, erfüllt auch $A^{(0)} x = q^{(0)}$. Somit bilden w und z eine Lösung von $LCP(q, M)$.

Wir wenden uns nun der Schleifeninvarianten des Algorithmus zu. Es seien k Schritte des Algorithmus durchgeführt. Dann definieren wir die Indexmengen

$$P_k := \{i : a_{i\,n+i}^{(l)} \text{ war Pivotelement für ein } l \in \{0, ..., k-1\}\}$$

und $P_k^c := \{1, ..., n\} - P_k$. Mit vollständiger Induktion zeigen wir nun:

$$\left.\begin{array}{l} i \in P_k \Rightarrow \left[q_i^{(k)} > 0 \text{ und } a_{ij}^{(k)} \leq 0 \text{ für } j = 1, ..., 2n,\, j \neq n+i\right] \\[2mm] i \in P_k^c \Rightarrow \left[a_{ij}^{(k)} \geq 0 \text{ für } j = 1, ..., 2n,\, j \neq n+i\right]. \end{array}\right\} \quad (3.37)$$

Induktionsanfang: $k = 0$. Dann ist $P_0 = \emptyset$ und $P_0^c = \{1, ..., n\}$. Wegen

$$A^{(0)} = (E \;\vdots\; -M) \in \mathbb{R}^{n \times 2n}$$

gilt $a_{ij}^{(0)} \geq 0$ für $i = 1, ..., n$, $j = 1, ..., 2n$, $j \neq n+i$, da M eine Z-Matrix ist.

Induktionsvoraussetzung: Es gelte (3.37) für ein $k \geq 0$.

Induktionsschluss: $k \rightsquigarrow k+1$. Wird der $(k+1)$-te Pivotschritt im Algorithmus durchgeführt, so gilt $q^{(k)} \not\geq o$, und für alle $i \in J = \{i : q_i^{(k)} < 0\}$ gilt $a_{i\,n+i}^{(k)} < 0$. Wird $i_0 \in J$ (beliebig) gewählt, so ist $a_{i_0\,n+i_0}^{(k)}$ das (k+1)-te Pivotelement.

Es gilt

$$q_{i_0}^{(k)} < 0 \tag{3.38}$$

sowie

$$a_{i_0\, n+i_0}^{(k)} < 0. \tag{3.39}$$

Der Gauß–Jordan-Schritt liefert für $j = 1, \ldots, 2n$

$$a_{i_0 j}^{(k+1)} := \frac{a_{i_0 j}^{(k)}}{a_{i_0\, n+i_0}^{(k)}}, \qquad q_{i_0}^{(k+1)} := \frac{q_{i_0}^{(k)}}{a_{i_0\, n+i_0}^{(k)}} > 0 \tag{3.40}$$

und für $i = 1, \ldots, n$, $i \neq i_0$, $j = 1, \ldots, 2n$

$$a_{ij}^{(k+1)} := a_{ij}^{(k)} - a_{i_0 j}^{(k+1)} \cdot a_{i\, n+i_0}^{(k)}, \qquad q_i^{(k+1)} := q_i^{(k)} - q_{i_0}^{(k+1)} \cdot a_{i\, n+i_0}^{(k)}. \tag{3.41}$$

Nach Definition gilt nun $P_{k+1} = P_k \cup \{i_0\}$. Auf Grund der Induktionsvoraussetzung (3.37) und (3.38) muss $i_0 \notin P_k$ gegolten haben. Daher ist nach Induktionsvoraussetzung (3.37) $a_{i_0 j}^{(k)} \geq 0$ für $j = 1, \ldots, 2n$, $j \neq n + i_0$. Somit gilt in (3.40) mit (3.39)

$$a_{i_0 j}^{(k+1)} \leq 0 \quad \text{für } j = 1, \ldots, 2n, \; j \neq n + i_0.$$

Als nächstes sei $i \in P_{k+1}$, aber $i \neq i_0$. Dann ist nach Induktionsvoraussetzung (3.37)

$$a_{ij}^{(k)} \leq 0 \quad \text{für } j = 1, \ldots, 2n, \; j \neq n + i.$$

Man erhält dann in (3.41)

$$a_{ij}^{(k+1)} = \underbrace{a_{ij}^{(k)}}_{\leq 0} - \underbrace{a_{i_0 j}^{(k+1)}}_{\leq 0} \cdot \underbrace{a_{i\, n+i_0}^{(k)}}_{\leq 0} \leq 0 \quad \text{für } j = 1, \ldots, 2n, \; j \neq n + i.$$

Außerdem gilt mit (3.37) und (3.40) in (3.41)

$$q_i^{(k+1)} = \underbrace{q_i^{(k)}}_{>0} - \underbrace{q_{i_0}^{(k+1)}}_{>0} \cdot \underbrace{a_{i\, n+i_0}^{(k)}}_{\leq 0} > 0.$$

Für $i \notin P_{k+1}$, d.h. für $i \notin P_k$ und $i \neq i_0$, gilt nach Induktionsvoraussetzung (3.37)

$$a_{ij}^{(k)} \geq 0 \quad \text{für } j = 1, \ldots, 2n, \; j \neq n + i.$$

Man erhält dann in (3.41)

$$a_{ij}^{(k+1)} = \underbrace{a_{ij}^{(k)}}_{\geq 0} - \underbrace{a_{i_0 j}^{(k+1)}}_{\leq 0} \cdot \underbrace{a_{i\, n+i_0}^{(k)}}_{\geq 0} \geq 0 \quad \text{für } j = 1, \ldots, 2n, \; j \neq n + i.$$

Somit ist die Behauptung (3.37) durch vollständige Induktion bewiesen. Außerdem haben wir gezeigt, dass $|P_{k+1}| = |P_k| + 1$ gilt. Mit $P_0 = \emptyset$ muss der

Algorithmus daher nach spätestens n Schritten zu Ende sein.

Wir müssen jetzt noch zeigen, dass $LCP(q, M)$ tatsächlich keine Lösung besitzt, falls der Algorithmus mit dieser Meldung terminiert. Dazu seien k Schritte des Algorithmus durchgeführt. Es gelte $q^{(k)} \not\geq o$, und es existiere ein $i_0 \in J = \{i : q_i^{(k)} < 0\}$ mit $a_{i_0\,n+i_0}^{(k)} \geq 0$. Es ist also

$$q_{i_0}^{(k)} < 0 \quad \text{und} \quad a_{i_0\,n+i_0}^{(k)} \geq 0. \tag{3.42}$$

In diesem Fall bricht der Algorithmus ab mit der Meldung, dass $LCP(q, M)$ keine Lösung besitzt. Diese Aussage ist aus folgendem Grund richtig: Zunächst folgt aus (3.42) und (3.37)

$$a_{i_0\,j}^{(k)} \geq 0 \quad \text{für alle } j = 1, ..., 2n. \tag{3.43}$$

Jeder Vektor

$$x = \begin{pmatrix} w \\ z \end{pmatrix} \in \mathbb{R}^{2n},$$

der $A^{(k)}x = q^{(k)}$ erfüllt, erfüllt auch $A^{(0)}x = q^{(0)}$ und umgekehrt. Allerdings kann wegen (3.43) und wegen $q_{i_0}^{(k)} < 0$ kein Vektor $x \geq o$ die Gleichung $A^{(k)}x = q^{(k)}$ erfüllen. Somit gibt es keine Vektoren $w \geq o$ und $z \geq o$ mit $w - Mz = q$. $\qquad\square$

Wendet man den Lemke-Algorithmus an auf $LCP(q, M)$, wobei M eine Z-Matrix ist, so findet der Lemke-Algorithmus eine Lösung oder er erbringt den Nachweis, dass $LCP(q, M)$ keine Lösung besitzt. Siehe Theorem 4.7.5 in [21].

Aufgabe 3.3.1 *Es sei M sowohl eine Z-Matrix als auch eine P-Matrix. Zeigen Sie, dass dann $M^{-1} \geq O$ gilt.*

3.4 M-Matrizen

M-Matrizen sind spezielle Z-Matrizen.

Definition 3.4.1 *Eine Z-Matrix A heißt M-Matrix, falls A^{-1} existiert mit $A^{-1} \geq O$.*

Ist A eine M-Matrix, so ist also einerseits $a_{ij} \leq 0$, $i \neq j$ und andererseits $A^{-1} \geq O$. Wegen $AA^{-1} = E \geq O$ muss dann notwendigerweise

$$a_{ii} > 0, \quad i = 1, ..., n \tag{3.44}$$

gelten. Mit Hilfe des folgenden Lemmas können wir schließen, dass M-Matrizen spezielle H-Matrizen sind. Zusammen mit (3.44) ist dann jede M-Matrix eine H-Matrix mit positiven Diagonalelementen. Auf Grund von Satz 3.1.10 ist dann jede M-Matrix eine P-Matrix.

Lemma 3.4.1 *Es sei $A \in \mathbb{R}^{n \times n}$ eine Z-Matrix. Dann gilt:*

$$A^{-1} \text{ existiert mit } A^{-1} \geq O \quad \Leftrightarrow \quad \text{es existiert ein } u > o \text{ mit } Au > o.$$

Beweis: "$\Rightarrow$":

Da A regulär ist, kann A^{-1} keine Zeile enthalten, die aus lauter Nullen besteht. Setzt man dann $u := A^{-1}e$, so gilt $u > o$ und $Au = AA^{-1}e = e > o$.

"$\Leftarrow$":

Es sei $u > o$ und $Au > o$. Daher ist für jedes $i = 1, ..., n$

$$a_{ii}u_i > - \sum_{j=1, j \neq i}^{n} a_{ij}u_j = \sum_{j=1, j \neq i}^{n} |a_{ij}|u_j \geq 0.$$

Es folgen $a_{ii} > 0$, $i = 1, ..., n$ und

$$1 > \sum_{j=1, j \neq i}^{n} \frac{|a_{ij}|u_j}{|a_{ii}|u_i}. \tag{3.45}$$

Wir betrachten nun $A = D - B = D(E - D^{-1}B)$ mit $D = diag(a_{11}, ..., a_{nn})$. Mit den Lemmata A.1.2 und A.1.4 sowie mit (3.45) ist

$$\rho(D^{-1}B) \leq \|D^{-1}B\|_u = \left\| \begin{pmatrix} 0 & -\dfrac{a_{12}}{a_{11}} & \cdots & -\dfrac{a_{1n}}{a_{11}} \\ -\dfrac{a_{21}}{a_{22}} & 0 & \ddots & \vdots \\ \vdots & \ddots & \ddots & -\dfrac{a_{n-1\,n}}{a_{n-1\,n-1}} \\ -\dfrac{a_{n1}}{a_{nn}} & \cdots & -\dfrac{a_{n\,n-1}}{a_{nn}} & 0 \end{pmatrix} \right\|_u < 1,$$

was dann mit Lemma A.1.8 auf

$$(E - D^{-1}B)^{-1} = \sum_{j=0}^{\infty} (D^{-1}B)^j$$

führt. Wegen $(D^{-1}B)^j \geq O$, $j = 0, 1, 2, ...$ gilt dann $A^{-1} \geq O$. $\qquad \square$

Umgekehrt kann man zeigen, dass jede Z-Matrix, die eine P-Matrix ist, auch eine M-Matrix ist. Siehe Aufgabe 3.3.1. Unter den Z-Matrizen sind also genau die M-Matrizen die P-Matrizen.

Bemerkung 3.4.1 In manchen Lehrbüchern ist es üblich, H-Matrizen über M-Matrizen zu definieren; und zwar mit Hilfe der Vergleichsmatrix: Ist $A \in \mathbb{R}^{n \times n}$, so nennt man die Matrix $\langle A \rangle = (c_{ij})$ mit

$$c_{ij} := \begin{cases} |a_{ij}| & \text{falls } i = j, \\ -|a_{ij}| & \text{falls } i \neq j \end{cases}$$

die Vergleichsmatrix zu A. Die Definition einer H-Matrix ist dann wie folgt. Ist $\langle A \rangle$ eine M-Matrix, so ist A eine H-Matrix. Auf Grund von Lemma 3.4.1 ist diese Definition konsistent zu Definition 3.1.7.   □

Bemerkung 3.4.2 In den Büchern [21] und [73] werden M-Matrizen als K-Matrizen bezeichnet. Siehe auch Notes and References 3.13.24 in [21].   □

Bemerkung 3.4.3 Man kann auch singuläre M-Matrizen definieren; und zwar wie folgt: Ist $A \in \mathbb{R}^{n \times n}$ eine Z-Matrix, dann sind die beiden folgenden Aussagen äquivalent.

1. A^{-1} existiert mit $A^{-1} \geq O$;
2. Es existiert eine Matrix $B \in \mathbb{R}^{n \times n}$, $B \geq O$ und eine Zahl $s \in \mathbb{R}$, $s > \rho(B)$ mit
$$A = s \cdot E - B.$$

Für einen Beweis der Gütigkeit dieser Äquivalenz verweisen wir auf Satz B.2.2 in [38]. Man kann dann A als eine M-Matrix definieren, falls A darstellbar ist durch
$$A = s \cdot E - B \quad \text{mit} \quad s > 0, \, B \geq O, \quad s \geq \rho(B).$$

Eine solche Definition lässt zu, dass eine M-Matrix auch singulär sein kann. Siehe Definition 6.1.2 in [13].   □

Bemerkung 3.4.4 M-Matrizen und H-Matrizen treten verstärkt bei den iterativen Lösungsverfahren auf.   □

Aufgabe 3.4.1 *Es seien $A, B \in \mathbb{R}^{n \times n}$ Z-Matrizen mit $A \leq B$. Zeigen Sie: Ist A eine M-Matrix, so ist auch B eine M-Matrix.*

Aufgabe 3.4.2 *Es sei A eine H-Matrix. Zeigen Sie: $|A^{-1}| \leq \langle A \rangle^{-1}$.*

Aufgabe 3.4.3 *Es seien $\underline{M}, \overline{M} \in \mathbb{R}^{n \times n}$ M-Matrizen mit $\underline{M} \leq \overline{M}$. Weiter seien $\underline{q}, \overline{q} \in \mathbb{R}^n$ mit $\underline{q} \leq \overline{q}$. Zeigen Sie: Ist u die Lösung von $LCP(\overline{q}, \overline{M})$ und v die Lösung von $LCP(\underline{q}, \underline{M})$, so ist $u \leq v$.*

4

Anwendungen

4.1 Zwei-Personen-Spiele

Unter einem Zwei-Personen-Spiel verstehen wir ein Spiel, in dem zwei Personen (und zwar Spieler 1 und Spieler 2) *gegeneinander* spielen. Beide Spieler haben die Möglichkeit, Spielzüge auszuwählen bzw. auf Ereignisse zu setzen. Wir setzen voraus, Spieler 1 könne auf m verschiedene Ereignisse setzen, während Spieler 2 auf n (im Allgemeinen andere) verschiedene Ereignisse setzen könne. Ein Zwei-Personen-Spiel ist dann gegeben durch zwei $m \times n$ Matrizen

$$
A = \begin{pmatrix} a_{11} & a_{12} & \cdots & a_{1n} \\ a_{21} & a_{22} & \ddots & \vdots \\ \vdots & \ddots & \ddots & a_{m-1\,n} \\ a_{m1} & a_{m2} & \cdots & a_{mn} \end{pmatrix}, \quad B = \begin{pmatrix} b_{11} & b_{12} & \cdots & b_{1n} \\ b_{21} & b_{22} & \ddots & \vdots \\ \vdots & \ddots & \ddots & b_{m-1\,n} \\ b_{m1} & b_{m2} & \cdots & b_{mn} \end{pmatrix}
$$

mit folgender Bedeutung: Setzt Spieler 1 seinen Einsatz ausschließlich auf das i-te Ereignis und setzt Spieler 2 seinen Einsatz ausschließlich auf das j-te Ereignis, so ist der Verlust von Spieler 1 definiert durch

$$
a_{ij} = E_{.i}^{\mathrm{T}} A E_{.j},
$$

während der Verlust von Spieler 2 durch

$$
b_{ij} = E_{.i}^{\mathrm{T}} B E_{.j}
$$

bestimmt ist. Daher nennt man die Matrizen A und B auch Verlustmatrizen oder Kostenmatrizen.

Oft ist beiden Spielern erlaubt, ihren Einsatz auf die jeweiligen verschiedenen Ereignisse zu verteilen. Beispielsweise könnte Spieler 1 jeweils die Hälfte seines Einsatzes auf die ersten beiden Ereignisse setzen, und Spieler 2 könnte ein Viertel seines Einsatzes auf das erste Ereignis setzen und den Rest seines

Einsatzes auf das n-te. Dann würde der Verlust von Spieler 1 beschrieben werden durch

$$(\frac{1}{2}\ \frac{1}{2}\ 0\cdots 0)A\begin{pmatrix}\frac{1}{4}\\0\\\vdots\\0\\\frac{3}{4}\end{pmatrix},$$

und der Verlust von Spieler 2 würde durch

$$(\frac{1}{2}\ \frac{1}{2}\ 0\cdots 0)B\begin{pmatrix}\frac{1}{4}\\0\\\vdots\\0\\\frac{3}{4}\end{pmatrix}$$

beschrieben werden. Dies führt uns auf den Begriff der gemischten Strategie.

Definition 4.1.1 *Für $m, n \in \mathbb{N}$ setzen wir*

$$S^m := \{x = (x_i) \in \mathbb{R}^m : x \geq o,\ \sum_{i=1}^{m} x_i = 1\},$$

$$S^n := \{y = (y_j) \in \mathbb{R}^n : y \geq o,\ \sum_{j=1}^{n} y_j = 1\}.$$

Ein $x \in S^m$ nennt man eine gemischte Strategie für Spieler 1, und ein $y \in S^n$ nennt man eine gemischte Strategie für Spieler 2. Ist speziell $x \in S^m$ mit $x_i = 1$ für ein i, so heißt x eine reine Strategie für Spieler 1. Analog ist eine reine Strategie für Spieler 2 definiert.

Gilt $x \in S^m$ und $y \in S^n$, so beschreibt $x^{\mathrm{T}} A y$ die Kosten von Spieler 1 und $x^{\mathrm{T}} B y$ die Kosten von Spieler 2. Einer reinen Strategie entspricht also das Setzen des gesamten Einsatzes auf ein Ereignis, während eine gemischte Strategie dem Streuen des Einsatzes entspricht.

Beispiel 4.1.1 Eine Softwarefirma namens A mit Sitz in Argentinien möge mit einer Softwarefirma namens B mit Sitz in Brasilien zusammenarbeiten. Ein Teil der Zusammenarbeit möge darin bestehen, Daten zu übermitteln. In Argentinien möge es m Netzbetreiber geben, während es in Brasilien deren n gebe. Man habe sich darauf geeinigt, dass die Softwarefirma A die Kosten in Argentinien übernehme, während die Softwarefirma B die Kosten in Brasilien übernehme.

Da die Preise der Netzbetreiber gegeben sind, existieren zwei Kostenmatrizen $A, B \in \mathbb{R}^{m \times n}$ mit folgender Eigenschaft: Nutzt die Softwarefirma A zur Übermittlung der Daten den i-ten Netzbetreiber in Argentinien, während die Softwarefirma B zur Übermittlung der Daten den j-ten Netzbetreiber in Brasilien wählt, so entstehen in Argentinien für die Softwarefirma A die Kosten a_{ij} und in Brasilien für die Softwarefirma B die Kosten b_{ij}.

Es stellt sich die Frage, wie die Daten jeweils auf die Netzbetreiber verteilt werden sollen, damit die jeweiligen Kosten gering bleiben.   □

Eine gemischte Strategie kann man auch anders deuten: Beschreibt x_i die Wahrscheinlichkeit, dass Spieler 1 das i-te Ereignis wählt und beschreibt y_j die Wahrscheinlichkeit, dass Spieler 2 das j-te Ereignis wählt, so ist $x^T A y$ der zu erwartende Verlust von Spieler 1 und $x^T B y$ der zu erwartende Verlust von Spieler 2.

4.1.1 Das Nash-Gleichgewicht

Bei einem Zwei-Personen-Spiel stellt sich zwangsläufig die Frage, ob es ein Paar von gemischten Strategien gibt, welches für beide Spieler die Kosten minimiert. Man fragt sich also, ob $\hat{x} \in S^m$ und $\hat{y} \in S^n$ existieren mit

$$\hat{x}^T A \hat{y} \leq x^T A y \quad \text{für alle } x \in S^m,\, y \in S^n, \tag{4.1}$$

und

$$\hat{x}^T B \hat{y} \leq x^T B y \quad \text{für alle } x \in S^m,\, y \in S^n. \tag{4.2}$$

Das folgende Beispiel zeigt, dass im Allgemeinen ein solches Paar von gemischten Strategien nicht existiert.

Beispiel 4.1.2 Es seien

$$A = \begin{pmatrix} 5 & 0 \\ 10 & 1 \end{pmatrix} \quad \text{und} \quad B = \begin{pmatrix} 5 & 10 \\ 0 & 1 \end{pmatrix}.$$

Angenommen es gebe $\hat{x} \in S^2$ und $\hat{y} \in S^2$ mit

$$\hat{x}^T A \hat{y} \leq x^T A y \quad \text{für alle } x \in S^2,\, y \in S^2 \tag{4.3}$$

und

$$\hat{x}^T B \hat{y} \leq x^T B y \quad \text{für alle } x \in S^2,\, y \in S^2. \tag{4.4}$$

Wir werden zeigen, dass aus (4.3) folgt, dass notwendigerweise

$$\hat{x} = \begin{pmatrix} 1 \\ 0 \end{pmatrix}, \quad \hat{y} = \begin{pmatrix} 0 \\ 1 \end{pmatrix} \tag{4.5}$$

gelten muss. Zunächst ist offensichtlich, dass für jedes $x \in S^2$ und jedes $y \in S^2$ wegen $A \geq O$ die Beziehung $x^T A y \geq 0$ gilt. Da (4.5) $\hat{x}^T A \hat{y} = 0$ erfüllt, ist lediglich noch

$$\hat{x}^T A \hat{y} = 0 \quad \Rightarrow \quad \hat{x} = \begin{pmatrix} 1 \\ 0 \end{pmatrix}, \quad \hat{y} = \begin{pmatrix} 0 \\ 1 \end{pmatrix}$$

zu zeigen. Sei also $\hat{x}^T A \hat{y} = 0$. Dann folgen aus

$$0 = \hat{x}^T A \hat{y} = 5\hat{x}_1 \hat{y}_1 + 10\hat{x}_2 \hat{y}_1 + \hat{x}_2 \hat{y}_2$$

die drei Bedingungen

$$5\hat{x}_1 \hat{y}_1 = 0, \quad 10\hat{x}_2 \hat{y}_1 = 0, \quad \hat{x}_2 \hat{y}_2 = 0. \tag{4.6}$$

Insbesondere folgt $\hat{x}_2 \hat{y}_1 = 0$. Wegen $\hat{x}, \hat{y} \in S^2$ und (4.6) erhält man

$$\hat{y}_1 = 0 \Rightarrow \hat{y}_2 = 1 \Rightarrow \hat{x}_2 = 0$$

und

$$\hat{x}_2 = 0 \Rightarrow \hat{x}_1 = 1 \Rightarrow \hat{y}_1 = 0.$$

Somit ist $\hat{y}_1 = 0$ und $\hat{x}_2 = 0$, und es folgt (4.5). Setzt man (4.5) in (4.4) ein, so erhält man einen Widerspruch, denn es ist

$$\hat{x}^T B \hat{y} = 10 > 0 = (0\ 1)B \begin{pmatrix} 1 \\ 0 \end{pmatrix}.$$

$\square$

Beispiel 4.1.2 hat uns gezeigt, dass es bei einem Zwei-Personen-Spiel im Allgemeinen keine Vorgehensweise gibt, die für beide Spieler die Kosten minimiert. Somit ergibt sich auch kein Vorteil, wenn es den Spielern erlaubt sein sollte, sich gegenseitig abzusprechen.

Man kann ein Zwei-Personen-Spiel, in dem Absprachen erlaubt sind, auch als Verhandlungsspiel deuten, und Beispiel 4.1.2 zeigt sehr deutlich, warum man sich nicht wundern darf, dass Verhandlungen oft abgebrochen werden, weil sich die Verhandlungspartner nicht einigen können. Einer dritten Person, die die möglicherweise zerstrittenen Parteien zu einer Einigung bringen soll, hilft das Nash-Gleichgewicht.

Definition 4.1.2 *In einem Zwei-Personen-Spiel gegeben durch die Matrizen $A, B \in \mathbb{R}^{m \times n}$ nennt man das gemischte Strategiepaar $(\hat{x}, \hat{y})$, $\hat{x} \in S^m$, $\hat{y} \in S^n$ ein Nash-Gleichgewicht, falls*

$$\hat{x}^T A \hat{y} \leq x^T A \hat{y} \text{ für alle } x \in S^m,$$
$$\hat{x}^T B \hat{y} \leq \hat{x}^T B y \text{ für alle } y \in S^n$$

gilt.

Durch die Kenntnis eines Nash-Gleichgewichts $(\hat{x}, \hat{y})$ kann eine dritte Person (nennen wir diese Person Schlichter) in einem Zwei-Personen-Spiel, in dem keine Absprachen erlaubt sind, bzw. in einem Verhandlungsspiel, in dem die beiden Verhandlungspartner miteinander zerstritten sind (und daher nicht miteinander reden), folgendermaßen eine Einigung erreichen.

Der Schlichter geht zu Spieler 1 und sagt:

> „Ich weiß, dass Spieler 2 die Strategie $\hat{y}$ wählen wird. Unter dieser Voraussetzung gibt es für Sie nachweislich keine bessere Option als die Strategie $\hat{x}$ zu wählen."

Danach geht der Schlichter zu Spieler 2 und sagt:

> „Ich weiß, dass Spieler 1 die Strategie $\hat{x}$ wählen wird. Unter dieser Voraussetzung gibt es für Sie nachweislich keine bessere Option als die Strategie $\hat{y}$ zu wählen."

Da Spieler 1 und Spieler 2 nicht miteinander reden dürfen bzw. wollen, weiß kein Spieler, ob er als Erster oder als Zweiter vom Schlichter aufgesucht wird, und eine Einigung wird erreicht.

Wir wollen betonen, dass durchaus ein Strategiepaar $(\overline{x}, \overline{y})$ existieren kann mit

$$\overline{x}^{\mathrm{T}} A \overline{y} < \hat{x}^{\mathrm{T}} A \hat{y} \quad \text{und} \quad \overline{x}^{\mathrm{T}} B \overline{y} < \hat{x}^{\mathrm{T}} B \hat{y}.$$

Den Hauptnutzen aus der Kenntnis eines Nash-Gleichgewichts $(\hat{x}, \hat{y})$ ziehen also nicht unbedingt die Spieler, sondern der Schlichter!

Beispiel 4.1.3 (Das Gefangenen-Dilemma) Nach einem Raubmord werden zwei verdächtige Personen verhaftet und dem Haftrichter vorgeführt. Der Haftrichter, der die Verdächtigen zum Gestehen bringen will, sieht aber, dass das Beweismaterial sehr dürftig ist, und versucht nun die beiden Verdächtigen gegeneinander auszuspielen:

> Falls die Verdächtigen beide gestehen, werden beide mit 5 Jahren Gefängnis bestraft. Gesteht ausschließlich ein Verdächtiger, so wird der Verdächtige, der gestanden hat, frei gelassen und der andere Verdächtige bekommt 10 Jahre Gefängnis (Kronzeugenregelung). Bestreiten die Verdächtigen beide die Tat, so müssen beide 1 Jahr ins Gefängnis auf Grund von Verkehrsdelikten, denn vor der Festnahme war es zu einer wilden Verfolgungsjagd gekommen.

Der Haftrichter lässt die Verdächtigen getrennt in Zellen bringen, so dass sie ihre Entscheidung unabhängig voneinander, d.h. ohne Absprache miteinander, treffen müssen. So sehen sich die Verdächtigen mit einem Zwei-Personen-Spiel konfrontiert, und jeder muss sich für eine Strategie entscheiden.

In diesem Beispiel besteht ein Nash-Gleichgewicht darin, dass die Verdächtigen beide gestehen. Der Haftrichter nützt die Kenntnis dieses Nash-Gleichgewichts geschickt aus: Er sucht nacheinander die beiden Verdächtigen auf und sagt:

> „An deiner Stelle würde ich gestehen, denn der andere hat bereits gestanden."

Dabei weiß kein Verdächtiger, ob er als Erster oder als Zweiter aufgesucht wird. Das Dilemma für die Gefangenen besteht darin, dass der Haftrichter von der Kenntnis des Nash-Gleichgewichts profitiert und nicht die Verdächtigen. Würden die Verdächtigen beide die Tat abstreiten, wäre die Haftstrafe für beide geringer.   □

Im folgenden Satz werden wir beweisen, dass jedes Zwei-Personen-Spiel mindestens ein Nash-Gleichgewicht besitzt. Der Beweis geht zurück auf John Forbes Nash Jr., der in diesem Zusammenhang 1994 den Nobelpreis für Wirtschaftswissenschaften erhielt. Siehe auch [77] und [83].

Satz 4.1.1 *Ein Zwei-Personen-Spiel gegeben durch die Matrizen A, $B \in \mathbb{R}^{m \times n}$ besitzt mindestens ein Nash-Gleichgewicht.*

Beweis: Wir definieren für $(x, y) \in S^m \times S^n$

$$c_i(x, y) := \max\{x^\mathrm{T} A y - A_i . y, 0\}, \qquad i = 1, ..., m,$$

$$d_j(x, y) := \max\{x^\mathrm{T} B y - x^\mathrm{T} B_{\cdot j}, 0\}, \qquad j = 1, ..., n,$$

und damit die stetige Abbildung $T : S^m \times S^n \to \mathbb{R}^m \times \mathbb{R}^n$ durch $T(x, y) := (x', y')$ mit

$$x_i' := \frac{x_i + c_i(x, y)}{1 + \sum\limits_{k=1}^{m} c_k(x, y)}, \quad i = 1, ..., m, \quad y_j' := \frac{y_j + d_j(x, y)}{1 + \sum\limits_{k=1}^{n} d_k(x, y)}, \quad j = 1, ..., n.$$

Für $i = 1, ..., m$ ist $c_i(x, y) \geq 0$ und daher auch $\sum\limits_{k=1}^{m} c_k(x, y) \geq 0$. Aus $x \in S^m$ folgt dann $x' \geq o$ und $\sum\limits_{i=1}^{m} x_i' = 1$, d.h. es ist $x' \in S^m$. Analog zeigt man $y' \in S^n$. Somit ist

$$T(x, y) \in S^m \times S^n, \quad \text{falls } (x, y) \in S^m \times S^n. \tag{4.7}$$

Wir zeigen nun:

$$T(x, y) = (x, y) \quad \Leftrightarrow \quad (x, y) \text{ ist ein Nash-Gleichgewicht.} \tag{4.8}$$

"$\Leftarrow$": Es sei $(\hat{x}, \hat{y})$ ein Nash-Gleichgewicht. Dann gilt für alle $i = 1, ..., m$:

$$\hat{x}^\mathrm{T} A \hat{y} \leq E_{\cdot i}^\mathrm{T} A \hat{y} = A_i . \hat{y}.$$

Damit ist dann aber $c_i(\hat{x}, \hat{y}) = 0$, $i = 1, ..., m$. Ebenso gilt $d_j(\hat{x}, \hat{y}) = 0$, $j = 1, ..., n$. Daraus folgt dann $T(\hat{x}, \hat{y}) = (\hat{x}, \hat{y})$.

"$\Rightarrow$": Wir nehmen an, es gelte $T(\hat{x}, \hat{y}) = (\hat{x}, \hat{y})$, aber $(\hat{x}, \hat{y})$ sei kein Nash-Gleichgewicht. Dann existiert entweder ein $\overline{x} \in S^m$ mit $\overline{x}^\mathrm{T} A \hat{y} < \hat{x}^\mathrm{T} A \hat{y}$, oder es existiert ein $\overline{y} \in S^n$ mit $\hat{x}^\mathrm{T} B \overline{y} < \hat{x}^\mathrm{T} B \hat{y}$. Da der Beweis in beiden Fällen gleich ist, nehmen wir ohne Einschränkung an, für ein $\overline{x} \in S^m$ gelte

$$\overline{x}^\mathrm{T} A \hat{y} < \hat{x}^\mathrm{T} A \hat{y}. \tag{4.9}$$

Wir behaupten, dass dann

$$A_{i.}\hat{y} < \hat{x}^{\mathrm{T}}A\hat{y} \quad \text{für mindestens ein } i \in \{1, ..., m\} \qquad (4.10)$$

gilt. Angenommen (4.10) würde nicht gelten. Dann ist $\min\limits_{1 \le i \le m} A_{i.}\hat{y} \ge \hat{x}^{\mathrm{T}}A\hat{y}$.
Damit erhält man über

$$\bar{x}^{\mathrm{T}}A\hat{y} = \sum_{i=1}^{m} \bar{x}_i A_{i.}\hat{y} \ge \left(\min_{1 \le i \le m} A_{i.}\hat{y} \right) \sum_{i=1}^{m} \bar{x}_i = \min_{1 \le i \le m} A_{i.}\hat{y} \ge \hat{x}^{\mathrm{T}}A\hat{y}$$

einen Widerspruch zu (4.9). Somit ist (4.10) gezeigt, und es folgt $c_i(\hat{x}, \hat{y}) > 0$
für mindestens ein $i \in \{1, ..., m\}$. Daher ist

$$\sum_{k=1}^{m} c_k(\hat{x}, \hat{y}) > 0. \qquad (4.11)$$

Als Nächstes zeigen wir:

Es existiert ein $i \in \{1, ..., m\}$ mit $\hat{x}_i > 0$ und $c_i(\hat{x}, \hat{y}) = 0$. $\qquad (4.12)$

Angenommen (4.12) wäre falsch. Dann gilt für jedes $i \in \{1, ..., m\}$

$$\hat{x}_i = 0 \text{ oder } A_{i.}\hat{y} < \hat{x}^{\mathrm{T}}A\hat{y}. \qquad (4.13)$$

Hieraus folgt wegen

$$\hat{x}^{\mathrm{T}}A\hat{y} = \sum_{i=1}^{m} \hat{x}_i A_{i.}\hat{y} < \sum_{i=1}^{m} \hat{x}_i(\hat{x}^{\mathrm{T}}A\hat{y}) = \hat{x}^{\mathrm{T}}A\hat{y}$$

ein Widerspruch. Somit gilt (4.12). Für den Index i aus (4.12) gilt dann zusammen mit (4.11)

$$x_i' = \frac{\hat{x}_i}{1 + \sum\limits_{k=1}^{m} c_k(\hat{x}, \hat{y})} < \hat{x}_i.^1$$

Daher erhalten wir $T(\hat{x}, \hat{y}) \ne (\hat{x}, \hat{y})$, und (4.8) ist gezeigt.

Der Nachweis der Existenz eines Nash-Gleichgewichts ist also äquivalent zum Nachweis eines Fixpunktes von T. Um Letzteren zu erbringen, benutzen wir den Fixpunktsatz von Brouwer. Siehe Satz A.2.1. Die Menge $S^m \times S^n$ ist nichtleer, abgeschlossen, beschränkt sowie konvex, und die Abbildung $T(x, y)$, $(x, y) \in S^m \times S^n$, ist stetig und wegen (4.7) eine Selbstabbildung. Der Fixpunktsatz von Brouwer ist somit anwendbar und garantiert die Existenz eines Fixpunktes von T, der dann wegen (4.8) ein Nash-Gleichgewicht ist. $\qquad \square$

Satz 4.1.1 ist ein reiner Existenzbeweis. Er liefert keinen Algorithmus zur Berechnung eines Nash-Gleichgewichts. Die Berechnung eines Nash-Gleichgewichts ist Inhalt des folgenden Abschnitts. Dafür wird das LCP benutzt.

---

[1] Die Annahme, es gäbe ein $\bar{y} \in S^n$ mit $\hat{x}^{\mathrm{T}}B\bar{y} < \hat{x}^{\mathrm{T}}B\hat{y}$ würde auf einen Index j mit $y_j' < \hat{y}_j$ führen.

Aufgabe 4.1.1 *Berechnen Sie alle Nash-Gleichgewichte des Zwei-Personen-Spiels, welches gegeben ist durch*

$$A = \begin{pmatrix} 5 & 0 \\ 10 & 1 \end{pmatrix} \quad und \quad B = \begin{pmatrix} 5 & 10 \\ 0 & 1 \end{pmatrix}.$$

Aufgabe 4.1.2 *In einem so genannten Zwei-Personen-Nullsummen-Spiel ist lediglich eine Matrix $A \in \mathbb{R}^{m \times n}$ gegeben, denn für die Matrix B gilt $B = -A$. Zeigen Sie: Besitzt die Matrix A ein Element $a_{i_0 j_0}$ mit der Eigenschaft, dass $a_{i_0 j_0}$ sowohl das größte Element in der i_0-ten Zeile als auch das kleinste Element in der j_0-ten Spalte ist, so ist*

$$(\hat{x}, \hat{y}) \quad mit \quad \hat{x} = E_{\cdot i_0} \quad und \quad \hat{y} = E_{\cdot j_0}$$

ein Nash-Gleichgewicht des Zwei-Personen-Nullsummen-Spiels.

4.1.2 Das Nash-Gleichgewicht und das LCP

In diesem Abschnitt werden wir in Satz 4.1.2 den Zusammenhang zwischen dem Nash-Gleichgewicht und dem LCP herstellen. Dabei werden wir mit e_d den d-dimensionalen Vektor bezeichnen, der in jeder Komponente den Wert 1 besitzt.[2] Zunächst beweisen wir ein Hilfslemma.

Lemma 4.1.1 *Gegeben sei das Zwei-Personen-Spiel mit A, $B \in \mathbb{R}^{m \times n}$. Für $\hat{x} \in S^m$, $\hat{y} \in S^n$ gilt:*

$$(\hat{x}, \hat{y}) \quad ist \ ein \ Nash\text{-}Gleichgewicht \quad \Leftrightarrow \quad \begin{cases} (\hat{x}^T A \hat{y}) e_m \leq A \hat{y}, \\ (\hat{x}^T B \hat{y}) e_n \leq B^T \hat{x}. \end{cases}$$

Beweis: "$\Rightarrow$": Es sei $(\hat{x}, \hat{y})$ ein Nash-Gleichgewicht. Dann gilt

$$\hat{x}^T A \hat{y} \leq E_{\cdot i}^T A \hat{y} = A_{i \cdot} \hat{y} \quad \text{für alle } i = 1, ..., m$$

und

$$\hat{x}^T B \hat{y} \leq \hat{x}^T B E_{\cdot j} = \hat{x}^T B_{\cdot j} = (B_{\cdot j})^T \hat{x} \quad \text{für alle } j = 1, ..., n.$$

In Vektorschreibweise bedeutet das

$$(\hat{x}^T A \hat{y}) e_m \leq A \hat{y} \quad \text{sowie} \quad (\hat{x}^T B \hat{y}) e_n \leq B^T \hat{x}.$$

"$\Leftarrow$": Es seien $x \in S^m$ und $y \in S^n$ beliebig. Dann gilt

$$x^T e_m = \sum_{i=1}^{m} x_i = 1 \quad \text{sowie} \quad y^T e_n = \sum_{j=1}^{n} y_j = 1,$$

---

[2] Dies ist der Grund, warum wir in diesem Buch den i-ten Standard-Basisvektor nicht mit e_i sondern mit $E_{\cdot i}$ bezeichnen.

und es folgt wegen $x \geq o$, $y \geq o$

$$\hat{x}^\mathrm{T} A \hat{y} = (\hat{x}^\mathrm{T} A \hat{y}) x^\mathrm{T} e_m \leq x^\mathrm{T} A \hat{y}$$

und

$$\hat{x}^\mathrm{T} B \hat{y} = (\hat{x}^\mathrm{T} B \hat{y}) y^\mathrm{T} e_n \leq y^\mathrm{T} B^\mathrm{T} \hat{x} = \hat{x}^\mathrm{T} B y.$$

$\square$

Satz 4.1.2 *Gegeben sei ein Zwei-Personen-Spiel mit A, $B \in \mathbb{R}^{m \times n}$. Es gelte $A > O$ sowie $B > O$, und es sei*

$$q = - \begin{pmatrix} e_m \\ e_n \end{pmatrix} \in \mathbb{R}^{m+n} \quad sowie \quad M = \begin{pmatrix} O & A \\ B^T & O \end{pmatrix} \in \mathbb{R}^{(m+n) \times (m+n)}. \quad (4.14)$$

Dann gilt:

1. *Ist $z = \begin{pmatrix} \overline{x} \\ \overline{y} \end{pmatrix} \in \mathbb{R}^{m+n}$, $\overline{x} \in \mathbb{R}^m$, $\overline{y} \in \mathbb{R}^n$ eine Lösung von $LCP(q, M)$, so ist*

$$(\hat{x}, \hat{y}) := \left(\frac{1}{\overline{x}^T e_m} \overline{x}, \frac{1}{\overline{y}^T e_n} \overline{y} \right)$$

   ein Nash-Gleichgewicht des Zwei-Personen-Spiels.
2. *Ist $(\hat{x}, \hat{y})$ ein Nash-Gleichgewicht des Zwei-Personen-Spiels, so löst*

$$z = \begin{pmatrix} \dfrac{1}{\hat{x}^T B \hat{y}} \hat{x} \\ \dfrac{1}{\hat{x}^T A \hat{y}} \hat{y} \end{pmatrix} \in \mathbb{R}^{m+n}$$

   $LCP(q, M)$.

Beweis: 1. Es sei $z = \begin{pmatrix} \overline{x} \\ \overline{y} \end{pmatrix} \in \mathbb{R}^{m+n}$, $\overline{x} \in \mathbb{R}^m$, $\overline{y} \in \mathbb{R}^n$ eine Lösung von $LCP(q, M)$. Dann gelten folgende Bedingungen:

$$-e_m + A\overline{y} \geq o, \quad \overline{x}^\mathrm{T}(-e_m + A\overline{y}) = 0, \quad \overline{x} \geq o, \quad (4.15)$$
$$-e_n + B^\mathrm{T}\overline{x} \geq o, \quad \overline{y}^\mathrm{T}(-e_n + B^\mathrm{T}\overline{x}) = 0, \quad \overline{y} \geq o. \quad (4.16)$$

Wegen $-e_m \ngeq o$, $-e_n \ngeq o$ folgt aus (4.15) sowie (4.16), dass $\overline{x} \neq o$ und $\overline{y} \neq o$ gelten müssen. Damit ist insbesondere $\overline{x}^\mathrm{T} e_m > 0$ und $\overline{y}^\mathrm{T} e_n > 0$. Hieraus folgt zusammen mit (4.15) einerseits $\hat{x} \in S^m$ sowie $\hat{y} \in S^n$, andererseits

$$\frac{\overline{x}^\mathrm{T} A \overline{y}}{\overline{x}^\mathrm{T} e_m} e_m = \frac{\overline{x}^\mathrm{T} e_m}{\overline{x}^\mathrm{T} e_m} e_m = e_m \leq A\overline{y}.$$

Somit gilt

$$(\hat{x}^\mathrm{T} A \overline{y}) e_m \leq A\overline{y} \quad \text{und damit} \quad \frac{\hat{x}^\mathrm{T} A \overline{y}}{\overline{y}^\mathrm{T} e_n} e_m \leq \frac{1}{\overline{y}^\mathrm{T} e_n} A\overline{y} \quad \text{bzw.} \quad (\hat{x}^\mathrm{T} A \hat{y}) e_m \leq A\hat{y}.$$

Analog zeigt man mit (4.16) die Gültigkeit von $(\hat{x}^{\mathrm{T}}B\hat{y})e_n \leq B^{\mathrm{T}}\hat{x}$. Es folgt dann mit Lemma 4.1.1, dass $(\hat{x}, \hat{y})$ ein Nash-Gleichgewicht ist.

2. Es sei $(\hat{x}, \hat{y})$ ein Nash-Gleichgewicht des Zwei-Personen-Spiels. Wegen $A > O$, $B > O$ ist $\hat{x}^{\mathrm{T}}A\hat{y} > 0$ sowie $\hat{x}^{\mathrm{T}}B\hat{y} > 0$, und somit gilt $z \geq o$. Des Weiteren folgt aus Lemma 4.1.1

$$(\hat{x}^{\mathrm{T}}A\hat{y})e_m \leq A\hat{y} \quad \text{bzw.} \quad -e_m + \frac{1}{\hat{x}^{\mathrm{T}}A\hat{y}}A\hat{y} \geq o.$$

Außerdem gilt

$$\frac{1}{\hat{x}^{\mathrm{T}}B\hat{y}}\hat{x}^{\mathrm{T}}\left(-e_m + \frac{1}{\hat{x}^{\mathrm{T}}A\hat{y}}A\hat{y}\right) = \frac{1}{\hat{x}^{\mathrm{T}}B\hat{y}}\left(-\hat{x}^{\mathrm{T}}e_m + \frac{\hat{x}^{\mathrm{T}}A\hat{y}}{\hat{x}^{\mathrm{T}}A\hat{y}}\right) = 0,$$

da $\hat{x}^{\mathrm{T}}e_m = 1$. Analog zeigt man

$$-e_n + \frac{1}{\hat{x}^{\mathrm{T}}B\hat{y}}B^{\mathrm{T}}\hat{x} \geq o \quad \text{und} \quad \frac{1}{\hat{x}^{\mathrm{T}}B\hat{y}}\hat{y}^{\mathrm{T}}\left(-e_n + \frac{1}{\hat{x}^{\mathrm{T}}B\hat{y}}B^{\mathrm{T}}\hat{x}\right) = 0.$$

Somit ist z eine Lösung von $LCP(q, M)$. □

Wir wollen betonen, dass für den Beweis der ersten Aussage von Satz 4.1.2 die Voraussetzung $A > O$, $B > O$ nicht benötigt wurde. Lediglich die zweite Aussage benötigt die Voraussetzung $A > O$, $B > O$. Unter dieser Voraussetzung folgt auch, dass $LCP(q, M)$ mit q und M aus (4.14) mindestens eine Lösung besitzen muss. Denn wäre dieses LCP unlösbar, so besäße das Zwei-Personen-Spiel auf Grund der zweiten Aussage von Satz 4.1.2 kein Nash-Gleichgewicht, was ein Widerspruch zu Satz 4.1.1 wäre.

Ist die Bedingung $A > O$, $B > O$ nicht erfüllt, so kann das $LCP(q, M)$ mit q und M aus (4.14) unlösbar sein. Dies zeigt das folgende triviale Beispiel.

Beispiel 4.1.4 Es seien

$$A = 1 \quad \text{und} \quad B = -1.$$

Wir betrachten also das einfachste Zwei-Personen-Nullsummen-Spiel, was man sich vorstellen kann. Es ist $m = n = 1$, d.h. beide Spieler haben genau ein Ereignis, auf das sie setzen können, und ein ausgewiesener Spieler erhält immer den gesamten Einsatz seines Gegenspielers.

Wegen $S^1 = \{1\}$ hat jeder Spieler genau eine Strategie zur Auswahl. Daher lautet das einzig mögliche Strategiepaar

$$(x, y) = (1, 1).$$

Wenn es nur ein Strategiepaar gibt, so ist dies auch ein Nash-Gleichgewicht.[3]

---

[3] Dieses Nash-Gleichgewicht erhält man auch durch Anwendung von Aufgabe 4.1.2.

Allerdings hat $LCP(q, M)$ mit

$$q = \begin{pmatrix} -1 \\ -1 \end{pmatrix} \quad \text{und} \quad M = \begin{pmatrix} 0 & 1 \\ -1 & 0 \end{pmatrix}$$

keine Lösung, da die Bedingungen

$$z_1 \geq 0 \quad \text{und} \quad -1 - z_1 \geq 0$$

nicht erfüllt werden können. $\qquad \square$

Mit dem folgenden Lemma wird sich zeigen, dass die Voraussetzung $A > O$, $B > O$ keine echte Einschränkung ist.

Lemma 4.1.2 *Gegeben seien das Zwei-Personen-Spiel durch A, $B \in \mathbb{R}^{m \times n}$ und für $\alpha \in \mathbb{R}$ das Zwei-Personen-Spiel durch*

$$\tilde{A} := A + \alpha \begin{pmatrix} 1 & \cdots & 1 \\ \vdots & \ddots & \vdots \\ 1 & \cdots & 1 \end{pmatrix}, \quad \tilde{B} := B + \alpha \begin{pmatrix} 1 & \cdots & 1 \\ \vdots & \ddots & \vdots \\ 1 & \cdots & 1 \end{pmatrix}.$$

Dann besitzt das Zwei-Personen-Spiel definiert durch $\tilde{A}$, $\tilde{B}$ dieselben Nash-Gleichgewichte wie das Zwei-Personen-Spiel definiert durch A, B.

Beweis: Es seien $x \in S^m$ und $y \in S^n$ beliebig. Dann gilt

$$x^{\mathrm{T}} \tilde{A} y = \sum_{i=1}^{m} \sum_{j=1}^{n} x_i (a_{ij} + \alpha) y_j = x^{\mathrm{T}} A y + \alpha \sum_{i=1}^{m} x_i \sum_{j=1}^{n} y_j = x^{\mathrm{T}} A y + \alpha.$$

Ebenso gilt $x^{\mathrm{T}} \tilde{B} y = x^{\mathrm{T}} B y + \alpha$. Somit ist für $\hat{x} \in S^m$, $\hat{y} \in S^n$

$$\hat{x}^{\mathrm{T}} A \hat{y} \leq x^{\mathrm{T}} A \hat{y} \quad \Leftrightarrow \quad \hat{x}^{\mathrm{T}} A \hat{y} + \alpha \leq x^{\mathrm{T}} A \hat{y} + \alpha \quad \Leftrightarrow \quad \hat{x}^{\mathrm{T}} \tilde{A} \hat{y} \leq x^{\mathrm{T}} \tilde{A} \hat{y}$$

sowie

$$\hat{x}^{\mathrm{T}} B \hat{y} \leq \hat{x}^{\mathrm{T}} B y \quad \Leftrightarrow \quad \hat{x}^{\mathrm{T}} B \hat{y} + \alpha \leq \hat{x}^{\mathrm{T}} B y + \alpha \quad \Leftrightarrow \quad \hat{x}^{\mathrm{T}} \tilde{B} \hat{y} \leq \hat{x}^{\mathrm{T}} \tilde{B} y$$

für alle $x \in S^m$, $y \in S^n$. $\qquad \square$

Mit Hilfe von Lemma 4.1.2 und Satz 4.1.2 lassen sich also alle Nash-Gleichgewichte eines Zwei-Personen-Spiels bestimmen, indem man alle Lösungen eines bestimmten LCP berechnet. Diese Strategie wird beispielsweise in dem Buch [15] von M. J. Canty verfolgt. Es wird dort allerdings angemerkt, dass dieses Vorgehen nur für kleine Dimensionen praktikabel ist.

Da die Kenntnis eines einzigen Nash-Gleichgewichts genügt, um zwischen zwei zerstrittenen Parteien zu schlichten, wollen wir uns auf die Berechnung eines einzigen Nash-Gleichgewichts beschränken. Leider bricht der lexikographische Lemke-Algorithmus angewandt auf q und M aus (4.14) unter der Voraussetzung $A > O$, $B > O$ durch Ray-Termination ab. Siehe Aufgabe 2.4.4. Daher muss der lexikographische Lemke-Algorithmus etwas modifiziert werden. Dies geschieht im nächsten Abschnitt.

4.1.3 Der lexikographische Lemke-Howson-Algorithmus

Der Lemke-Howson-Algorithmus ist entwickelt worden, um eine Lösung des LCP mit q und M aus (4.14) zu berechnen. Im Unterschied zum Lemke-Algorithmus wird keine zusätzliche Variable $'z_0'$ eingeführt. Auch die Initialisierung wird im Unterschied zum Lemke-Algorithmus nicht durch einen einzigen Gauß–Jordan-Schritt vollzogen, sondern durch zwei. Danach verläuft der Lemke–Howson-Algorithmus aber analog wie der Lemke-Algorithmus. Bevor wir den Algorithmus angeben und vor allem bevor wir zeigen, dass er angewandt auf (4.14) zum Ziel führt, führen wir der Klarheit wegen einige zusätzliche Bezeichnungen ein.

Gegeben sind die Matrizen A, $B \in \mathbb{R}^{m \times n}$. Wegen Lemma 4.1.2 können wir ohne Einschränkung annehmen, dass $A > O$ sowie $B > O$ gilt. Wir setzen

$$N := m + n, \tag{4.17}$$

$\overline{w} \in \mathbb{R}^m$, $\overline{\overline{w}} \in \mathbb{R}^n$, $\overline{z} \in \mathbb{R}^m$, $\overline{\overline{z}} \in \mathbb{R}^n$ und damit

$$w := \begin{pmatrix} \overline{w} \\ \overline{\overline{w}} \end{pmatrix} \in \mathbb{R}^N, \quad z := \begin{pmatrix} \overline{z} \\ \overline{\overline{z}} \end{pmatrix} \in \mathbb{R}^N. \tag{4.18}$$

Die $m \times m$ Einheitsmatrix laute $\overline{E}$ und die $n \times n$ Einheitsmatrix sei mit $\overline{\overline{E}}$ bezeichnet. Dann lautet das zu (4.14) gehörige Tableau

$\overline{w}$ $\overline{\overline{w}}$	$\overline{z}$	$\overline{\overline{z}}$	$q^{(0)}$
$\overline{E}$ O	O	$-A$	$-e_m$
O $\overline{\overline{E}}$	$-B^{\mathrm{T}}$	O	$-e_n$

Initialisierung: Die Rolle, die bei der Initialisierung des Lemke-Algorithmus die künstlich eingeführte Variable $'z_0'$ hatte, übernehmen beim Lemke-Howson-Algorithmus die Variablen $'w_1'$ und $'z_1'$. Nach der Initialisierung wird neben $'w_1'$ auch $'z_1'$ Basisvariable sein, und es wird $q^{(1)} \geq o$ gelten. Auf Grund der Gestalt von M wird dies durch *zwei* Gauß–Jordan-Schritte bewältigt, um nicht die beiden Null-Blockmatrizen in M zu zerstören.

Es wird also $N + 1$ als Pivotspaltenindex gewählt. Dann betrachten wir[4]

$$K = \left\{ i : \frac{1}{b_{1i}} = \max \left\{ \frac{1}{b_{11}}, ..., \frac{1}{b_{1n}} \right\} \right\}. \tag{4.19}$$

Ist t ein beliebiger Index aus K, so wird ein Gauß–Jordan-Schritt mit Pivotelement $(-B^{\mathrm{T}})_{t1}$ durchgeführt.

---

[4] Beachte: Es ist $B > O$.

Man erhält

$$
\begin{array}{|cccc|c|}
\hline
\overline{w} & \overline{\overline{w}} & \overline{z} & \overline{\overline{z}} & \\
\hline
\overline{E} & O & O & -A & -e_m \\
O & * & * & O & \overline{\overline{q}}^{(\frac{1}{2})} \\
\hline
\end{array}
$$

Dabei gilt für $j \in \{1, ..., n\}$

$$
\overline{\overline{q}}_j^{(\frac{1}{2})} =
\begin{cases}
-1 + b_{1j}\dfrac{1}{b_{1t}} & \text{für } j \neq t, \\[2mm]
\dfrac{1}{b_{1t}} & \text{für } j = t.
\end{cases}
\tag{4.20}
$$

Wegen (4.19) und $B > O$ kann man $\overline{\overline{q}}^{(\frac{1}{2})} \geq o$ schließen. Man erhält das Basisvariablenfeld

$$
\text{BVF}_{\frac{1}{2}} = ('\overline{w}_1\,', ..., '\overline{w}_m\,', '\overline{\overline{w}}_1\,', ..., '\overline{\overline{w}}_{t-1}\,', '\overline{z}_1\,', '\overline{\overline{w}}_{t+1}\,', ..., '\overline{\overline{w}}_n\,').
$$

Da nun $'\overline{\overline{w}}_t\,'$ keine Basisvariable mehr ist, wird $N + m + t$ als nächster Pivotspaltenindex gewählt, damit im nächsten Schritt $'\overline{z}_t\,'$ Basisvariable wird. Dann betrachten wir[5]

$$
L = \left\{ i : \frac{1}{a_{it}} = \max\left\{ \frac{1}{a_{1t}}, ..., \frac{1}{a_{nt}} \right\} \right\}.
\tag{4.21}
$$

Ist v ein beliebiger Index aus L, so wird ein Gauß–Jordan-Schritt mit Pivotelement a_{vt} durchgeführt und man erhält

$$
\begin{array}{|cccc|c|}
\hline
\overline{w} & \overline{\overline{w}} & \overline{z} & \overline{\overline{z}} & q^{(1)} \\
\hline
* & O & O & * & \overline{q}^{(1)} \\
O & * & * & O & \overline{\overline{q}}^{(1)} \\
\hline
\end{array}
$$

Dabei gilt

$$
\overline{\overline{q}}^{(1)} = \overline{\overline{q}}^{(\frac{1}{2})}
\tag{4.22}
$$

und für $j \in \{1, ..., m\}$

$$
\overline{q}_j^{(1)} =
\begin{cases}
-1 + a_{jt}\dfrac{1}{a_{vt}} & \text{für } j \neq v, \\[2mm]
\dfrac{1}{a_{vt}} & \text{für } j = v.
\end{cases}
$$

---

[5] Beachte: Es ist $A > O$.

Wegen (4.21) und $A > O$ ist dann $\overline{q}^{(1)} \geq o$. Insgesamt erhält man also

$$q^{(1)} = \begin{pmatrix} \overline{q}^{(1)} \\ \overline{\overline{q}}^{(1)} \end{pmatrix} \geq o$$

und das Basisvariablenfeld $\mathrm{BVF}_1 =$

$$('\overline{w}_1{}', ...,'\overline{w}_{v-1}{}','\overline{z}_t{}','\overline{w}_{v+1}{}', ...,'\overline{w}_m{}','\overline{\overline{w}}_1{}', ...,'\overline{\overline{w}}_{t-1}{}','\overline{\overline{z}}_1{}','\overline{\overline{w}}_{t+1}{}', ...,'\overline{\overline{w}}_n{}').$$

Beispiel 4.1.5 Wir betrachten das Zwei-Personen-Spiel definiert durch

$$A = \begin{pmatrix} 2 & 2 & 1 \\ 1 & 2 & 2 \end{pmatrix} \quad \text{und} \quad B = \begin{pmatrix} 1 & 3 & 2 \\ 2 & 1 & 3 \end{pmatrix}.$$

Dies führt auf das Anfangstableau

$\overline{w}_1$	$\overline{w}_2$	$\overline{\overline{w}}_1$	$\overline{\overline{w}}_2$	$\overline{\overline{w}}_3$	z_1	z_2	$\overline{z}_1$	$\overline{z}_2$	$\overline{z}_3$	$q^{(0)}$
1	0	O			O		-2	-2	-1	-1
0	1						-1	-2	-2	-1
		1	0	0	-1	-2				-1
O		0	1	0	-3	-1	O			-1
		0	0	1	-2	-3				-1

und das Basisvariablenfeld

$$\mathrm{BVF}_0 = ('\overline{w}_1{}','\overline{w}_2{}','\overline{\overline{w}}_1{}','\overline{\overline{w}}_2{}','\overline{\overline{w}}_3{}').$$

Es ist

$$K = \left\{ i : \frac{1}{b_{1i}} = 1 = \max\left\{ \frac{1}{1}, \frac{1}{3}, \frac{1}{2} \right\} \right\} = \{1\}.$$

Dies bedeutet $t = 1$ und es wird ein Gauß–Jordan-Schritt mit Pivotelement b_{11} durchgeführt. Man erhält

$\overline{w}_1$	$\overline{w}_2$	$\overline{\overline{w}}_1$	$\overline{\overline{w}}_2$	$\overline{\overline{w}}_3$	z_1	z_2	$\overline{z}_1$	$\overline{z}_2$	$\overline{z}_3$	
1	0	O			O		-2	-2	-1	-1
0	1						-1	-2	-2	-1
		-1	0	0	1	2				1
O		-3	1	0	0	5	O			2
		-2	0	1	0	1				1

und das Basisvariablenfeld

$$\mathrm{BVF}_{\frac{1}{2}} = ('\overline{w}_1{}','\overline{w}_2{}','\overline{z}_1{}','\overline{\overline{w}}_2{}','\overline{\overline{w}}_3{}').$$

Es hat $'\overline{\overline{w}}_1{}'$ das Basisvariablenfeld verlassen. Daher wird die erste Spalte von $-A$ die nächste Pivotspalte.

Es ist

$$L = \left\{ i : \frac{1}{a_{i1}} = 1 = \max\left\{ \frac{1}{2}, \frac{1}{1} \right\} \right\} = \{2\}.$$

Somit ist $v = 2$ und es wird ein Gauß–Jordan-Schritt mit Pivotelement a_{21} durchgeführt. Man erhält

$\overline{w}_1$	$\overline{w}_2$	$\overline{\overline{w}}_1$	$\overline{\overline{w}}_2$	$\overline{\overline{w}}_3$	$\overline{z}_1$	$\overline{z}_2$	$\overline{\overline{z}}_1$	$\overline{\overline{z}}_2$	$\overline{\overline{z}}_3$	$q^{(1)}$
1	-2						0	2	3	1
0	-1	O		O			1	2	2	1
		-1	0	0	1	2				1
O	-3	1	0	0	5		O			2
	-2	0	1	0	1					1

und das Basisvariablenfeld $\mathrm{BVF}_1 = ('\overline{w}_1','\overline{\overline{z}}_1','\overline{z}_1','\overline{w}_2','\overline{\overline{w}}_3')$. □

Allgemeiner Schritt: Nach der Initialisierung betrachtet man wie beim lexikographischen Lemke-Algorithmus die erweiterten Tableaus:

$$\left(A^{(k)} \mid (q^{(k)} \vdots (B^{(k)})^{-1}) \right) =$$

$\overline{w}$	$\overline{\overline{w}}$	z	$\overline{z}$	$(q^{(k)} \vdots \qquad (B^{(k)})^{-1})$		
$C^{(k)}$	O	O	$G^{(k)}$	$\overline{q}^{(k)} \vdots$	$(\overline{B}^{(k)})^{-1}$	O
O	$D^{(k)}$	$F^{(k)}$	O	$\overline{\overline{q}}^{(k)} \vdots$	O	$(\overline{\overline{B}}^{(k)})^{-1}$

mit $\overline{B}^{(1)} = \overline{E} \in \mathbb{R}^{m \times m}$, $\overline{\overline{B}}^{(1)} = \overline{\overline{E}} \in \mathbb{R}^{m \times m}$, $A^{(k)} \in \mathbb{R}^{N \times 2N}$, $C^{(k)} \in \mathbb{R}^{m \times m}$, $G^{(k)} \in \mathbb{R}^{m \times n}$, $D^{(k)} \in \mathbb{R}^{n \times n}$, $F^{(k)} \in \mathbb{R}^{n \times m}$. Zur Bestimmung des Pivotspaltenindex wird wieder eine komplementäre Strategie verwendet:

- Hat $'\overline{z}_j'$ das Basisvariablenfeld BVF_k verlassen, so wird $j_0 := j$ die $(k+1)$-te Pivotspalte.
- Hat $'\overline{\overline{z}}_j'$ das Basisvariablenfeld BVF_k verlassen, so wird $j_0 := m + j$ die $(k + 1)$-te Pivotspalte.
- Hat $'\overline{w}_j'$ das Basisvariablenfeld BVF_k verlassen, so wird $j_0 := N + j$ die $(k + 1)$-te Pivotspalte.
- Hat $'\overline{\overline{w}}_j'$ das Basisvariablenfeld BVF_k verlassen, so wird $j_0 := N + m + j$ die $(k + 1)$-te Pivotspalte.

Auch die Bestimmung des Pivotzeilenindex erfolgt analog zum lexikographischen Lemke-Algorithmus: Ist

$$r := \begin{pmatrix} a_{1j_0}^{(k)} \\ \vdots \\ a_{Nj_0}^{(k)} \end{pmatrix}$$

die $(k+1)$-te Pivotspalte, so führt man die folgenden Schritte durch:

1. Ist $r \leq o$, so endet der Algorithmus mit der Meldung, dass er keine Lösung finden kann. Ansonsten wird Schritt 2. durchgeführt.

2. Es sei

$$J = \left\{ v : \frac{q_v^{(k)}}{a_{v j_0}^{(k)}} = \min \left\{ \frac{q_i^{(k)}}{a_{i j_0}^{(k)}} : a_{i j_0}^{(k)} > 0, \, i = 1, ..., N \right\} \right\}.$$

Gilt $1 \in J$ oder $N+1 \in J$, so wähle als Pivotzeilenindex $i_0 := 1$ bzw. $i_0 := N+1$. Dann wird im nächsten Schritt $'\overline{w}_1\,'$ bzw. $'\overline{z}_1\,'$ das Basisvariablenfeld verlassen, und der Algorithmus wird im nächsten Schritt mit einer Lösung terminieren. Ansonsten wird Schritt 3. durchgeführt.

3. Bestimme das lexikographische Minimum der Menge

$$V := \left\{ \frac{1}{a_{i j_0}^{(k)}} \left(q_i^{(k)} \, \beta_{i1}^{(k)} \, ... \, \beta_{iN}^{(k)} \right) : a_{i j_0}^{(k)} > 0 \right\},$$

wobei $(\beta_{ij}) = (B^{(k)})^{-1}$ bezeichne. Ist

$$\frac{1}{a_{i_0 j_0}^{(k)}} \left(q_{i_0}^{(k)} \, \beta_{i_0 1}^{(k)} \, \beta_{i_0 2}^{(k)} \, ... \, \beta_{i_0 N}^{(k)} \right)$$

das lexikographische Minimum von V, so wird i_0 als Pivotzeilenindex gewählt.

Abbruchkriterium: Der lexikographische Lemke–Howson-Algorithmus endet, wenn entweder $'\overline{w}_1\,'$ oder $'\overline{z}_1\,'$ das Basisvariablenfeld verlassen hat.

Beispiel 4.1.6 Wir betrachten nochmals Beispiel 4.1.5. Nach der Initialisierung betrachten wir das erweiterte Tableau

$\overline{w}_1$	$\overline{w}_2$	$\overline{\overline{w}}_1$	$\overline{\overline{w}}_2$	$\overline{\overline{w}}_3$	$\overline{z}_1$	$\overline{z}_2$	$\overline{\overline{z}}_1$	$\overline{\overline{z}}_2$	$\overline{\overline{z}}_3$	$\left(q^{(1)} \vdots E\right)$
1	−2						0	2	3	1: 1 0
0	−1	O		O			1	2	2	1: 0 1 O
			−1	0	0	1	2			1: 1 0 0
O	−3	1	0	0	[5]		O			2: O 0 1 0
	−2	0	1	0	1					1: 0 0 1

und das Basisvariablenfeld BVF$_1 = ('\overline{w}_1\,', '\overline{\overline{z}}_1\,', '\overline{z}_1\,', '\overline{w}_2\,', '\overline{\overline{w}}_3\,')$. Es hat $'\overline{w}_2\,'$ das Basisvariablenfeld verlassen. Also wird $j_0 = N + 2 = 5 + 2 = 7$ der neue Pivotspaltenindex. Wegen

$$\min \left\{ \frac{1}{2}, \frac{2}{5}, \frac{1}{1} \right\} = \frac{2}{5}$$

ergibt sich über $J = \{4\}$ der Pivotzeilenindex $i_0 = 4$. Nach dem Gauß–Jordan-Schritt erhält man

$\overline{w}_1$ $\overline{w}_2$ $\overline{\overline{w}}_1$ $\overline{\overline{w}}_2$ $\overline{\overline{w}}_3$ $\overline{z}_1$ $\overline{z}_2$ $\overline{\overline{z}}_1$ $\overline{\overline{z}}_2$ $\overline{\overline{z}}_3$	$\left(q^{(2)} : (B^{(2)})^{-1}\right)$
$1 \ -2 \qquad\qquad\qquad 0 \ \boxed{2} \ 3$	$1 \vdots \ 1 \ 0$
$0 \ -1 \qquad O \qquad O \qquad 1 \ 2 \ 2$	$1 \vdots \ 0 \ 1 \qquad O$
$\qquad\qquad \frac{1}{5} \ -\frac{2}{5} \ 0 \ 1 \ 0$	$\frac{1}{5} \vdots \qquad 1 \ -\frac{2}{5} \ 0$
$O \qquad -\frac{3}{5} \ \frac{1}{5} \ 0 \ 0 \ 1 \qquad O$	$\frac{2}{5} \vdots \ O \ 0 \ \frac{1}{5} \ 0$
$\qquad -\frac{7}{5} \ -\frac{1}{5} \ 1 \ 0 \ 0$	$\frac{3}{5} \vdots \qquad 0 \ -\frac{1}{5} \ 1$

und das Basisvariablenfeld $\mathrm{BVF}_2 = ('\overline{w}_1\,','\overline{\overline{z}}_1\,','\overline{z}_1\,','\overline{z}_2\,','\overline{\overline{w}}_3\,')$. Es hat $'\overline{w}_2\,'$ das Basisvariablenfeld verlassen. Daher wird $j_0 = N + m + 2 = 5 + 2 + 2 = 9$ der neue Pivotspaltenindex. Es ist $J = \{1,2\}$. Wegen $1 \in J$ wird dann als Pivotzeilenindex $i_0 = 1$ gewählt. Der Gauß–Jordan-Schritt führt dann auf

$\overline{w}_1$ $\overline{w}_2$ $\overline{\overline{w}}_1$ $\overline{\overline{w}}_2$ $\overline{\overline{w}}_3$ $\overline{z}_1$ $\overline{z}_2$ $\overline{\overline{z}}_1$ $\overline{\overline{z}}_2$ $\overline{\overline{z}}_3$	$q^{(3)}$
$\frac{1}{2} \ -1 \qquad\qquad\qquad 0 \ 1 \ \frac{3}{2}$	$\frac{1}{2}$
$-1 \ 1 \qquad O \qquad O \qquad 1 \ 0 \ -1$	0
$\qquad\qquad \frac{1}{5} \ -\frac{2}{5} \ 0 \ 1 \ 0$	$\frac{1}{5}$
$O \qquad -\frac{3}{5} \ \frac{1}{5} \ 0 \ 0 \ 1 \qquad O$	$\frac{2}{5}$
$\qquad -\frac{7}{5} \ -\frac{1}{5} \ 1 \ 0 \ 0$	$\frac{3}{5}$

und das Basisvariablenfeld $\mathrm{BVF}_3 = ('\overline{\overline{z}}_2\,','\overline{\overline{z}}_1\,','\overline{z}_1\,','\overline{z}_2\,','\overline{\overline{w}}_3\,')$. Es hat $'\overline{w}_1\,'$ das Basisvariablenfeld verlassen. Somit erhält man als Lösung des LCP

$$
w = \begin{pmatrix} \overline{w}_1 \\ \overline{w}_2 \\ \overline{\overline{w}}_1 \\ \overline{\overline{w}}_2 \\ \overline{\overline{w}}_3 \end{pmatrix} = \begin{pmatrix} 0 \\ 0 \\ 0 \\ 0 \\ \frac{3}{5} \end{pmatrix}, \quad z = \begin{pmatrix} \overline{z}_1 \\ \overline{z}_2 \\ \overline{\overline{z}}_1 \\ \overline{\overline{z}}_2 \\ \overline{\overline{z}}_3 \end{pmatrix} = \begin{pmatrix} \frac{1}{5} \\ \frac{2}{5} \\ 0 \\ \frac{1}{2} \\ 0 \end{pmatrix}.
$$

Mit Satz 4.1.2 ist dann

$$
(\hat{x}, \hat{y}) = \left(\frac{\overline{z}}{e_2^{\mathrm{T}} \overline{z}}, \frac{\overline{\overline{z}}}{e_3^{\mathrm{T}} \overline{\overline{z}}} \right) = \left(\begin{pmatrix} \frac{1}{3} \\ \frac{2}{3} \end{pmatrix}, \begin{pmatrix} 0 \\ 1 \\ 0 \end{pmatrix} \right)
$$

ein Nash-Gleichgewicht des Zwei-Personen-Spiels aus Beispiel 4.1.5.   □

Der folgende Satz liefert einen konstruktiven Beweis von Satz 4.1.1. Denn die Tatsache, dass der lexikographische Lemke–Howson-Algorithmus nach endlich vielen Schritten eine Lösung von $LCP(q, M)$ mit q und M aus (4.14) berechnet, liefert über Lemma 4.1.2 und Satz 4.1.2 konkret ein Nash-Gleichgewicht und somit dessen Existenz.

Satz 4.1.3 *Gegeben seien $A, B \in \mathbb{R}^{m \times n}$ mit $A > O$ und $B > O$. Dann liefert der lexikographische Lemke–Howson-Algorithmus nach endlich vielen Schritten eine Lösung von $LCP(q, M)$ mit*

$$q = -\begin{pmatrix} e_m \\ e_n \end{pmatrix} \in \mathbb{R}^{m+n}, \quad M = \begin{pmatrix} O & A \\ B^T & O \end{pmatrix} \in \mathbb{R}^{(m+n) \times (m+n)}.$$

Beweis: Da der lexikographische Lemke–Howson-Algorithmus nach der Initialisierung die erweiterten Tableaus betrachtet, können wir wie in Abschnitt 2.5 folgern, dass keine Zyklen auftreten. Daher endet der Algorithmus nach einer endlichen Anzahl von Gauß–Jordan-Schritten entweder mit einer Lösung oder mit der Meldung, dass er keine Lösung finden kann, weil eine Pivotspalte r die Bedingung $r \leq o$ erfüllt. Wir verwenden wieder die Bezeichnungen (4.17) und (4.18).

Angenommen nach dem k-ten Schritt erfülle die $(k + 1)$-te Pivotspalte

$$r = \begin{pmatrix} a_{1j_0}^{(k)} \\ \vdots \\ a_{Nj_0}^{(k)} \end{pmatrix}$$

die Bedingung $r \leq o$. Wegen

$$'w_1' \in \mathrm{BVF}_k \quad \text{und} \quad 'z_1' \in \mathrm{BVF}_k \tag{4.23}$$

existiert genau ein $s \in \{1, ..., N\}$ mit $'w_s' \notin \mathrm{BVF}_k$ und $'z_s' \notin \mathrm{BVF}_k$. Mit $p \in \{w_s, z_s\}$ gilt entweder $\left(A^{(k)} | (q^{(k)} \vdots (B^{(k)})^{-1}) \right) =$

w_1	p	z_1	$(q^{(k)} \vdots$	$(B^{(k)})^{-1})$	
	$a_{1j_0}^{(k)}$		$\overline{q}^{(k)} \vdots (\overline{B}^{(k)})^{-1}$		O
$E_{\cdot v} \cdots$	$\vdots$	$E_{\cdot N+t} \cdots$			
	$a_{Nj_0}^{(k)}$		$\overline{\overline{q}}^{(k)} \vdots$	O	$(\overline{\overline{B}}^{(k)})^{-1}$

oder $\left(A^{(k)} | (q^{(k)} \vdots (B^{(k)})^{-1}) \right) =$

w_1	z_1	p	$(q^{(k)} \vdots$	$(B^{(k)})^{-1})$	
		$a_{1j_0}^{(k)}$	$\overline{q}^{(k)} \vdots (\overline{B}^{(k)})^{-1}$		O
$E_{\cdot v} \cdots E_{\cdot N+t}$		$\vdots \cdots$			
		$a_{Nj_0}^{(k)}$	$\overline{\overline{q}}^{(k)} \vdots$	O	$(\overline{\overline{B}}^{(k)})^{-1}$

je nachdem ob $p = w_s$ oder $p = z_s$ gilt. Nun definieren wir

$$\left. \begin{aligned} w_s^{(h)} &:= 1, \; z_s^{(h)} := 0, \;\; \text{falls } p = w_s, \\ w_s^{(h)} &:= 0, \; z_s^{(h)} := 1, \;\; \text{falls } p = z_s, \\ w_s^{(k)} &:= 0, \; z_s^{(k)} := 0. \end{aligned} \right\} \tag{4.24}$$

Weiter setzen wir

$$w_1^{(h)} := -a_{v j_0}^{(k)}, \quad z_1^{(h)} := -a_{t j_0}^{(k)}, \quad w_1^{(k)} := q_v^{(k)} = \overline{q}_v^{(k)}, \quad z_1^{(k)} := \overline{\overline{q}}_t^{(k)}.$$

Für $i = 2, ..., N$, $i \neq s$ gehen wir dann wie folgt vor: Ist $'w_i'\in \mathrm{BVF}_k$ und gilt $A_{\cdot i}^{(k)} = E_{\cdot \nu}$, so setzen wir

$$w_i^{(h)} := -a_{v j_0}^{(k)}, \quad z_i^{(h)} := 0, \quad w_i^{(k)} := q_v^{(k)}, \quad z_i^{(k)} := 0. \tag{4.25}$$

Ist andererseits $'z_i'\in \mathrm{BVF}_k$ und gilt $A_{\cdot N+i}^{(k)} = E_{\cdot \mu}$, so setzen wir

$$w_i^{(h)} := 0, \quad z_i^{(h)} := -a_{\mu j_0}^{(k)}, \quad w_i^{(k)} := 0, \quad z_i^{(k)} := q_\mu^{(k)}. \tag{4.26}$$

Somit gelten wegen $q^{(k)} \geq o$ und $A_{\cdot j_0}^{(k)} \leq o$ folgende Aussagen:

1. Es existieren Vektoren $w^{(h)} \in \mathbb{R}^N$ und $z^{(h)} \in \mathbb{R}^N$ mit

$$w^{(h)} - M z^{(h)} = o, \quad w^{(h)} \geq o, \, z^{(h)} \geq o, \; (\overline{w}^{(h)})^{\mathrm{T}} \overline{z}^{(h)} = 0. \tag{4.27}$$

2. Es existieren Vektoren $w^{(k)} \in \mathbb{R}^N$ und $z^{(k)} \in \mathbb{R}^N$ mit

$$w^{(k)} - M z^{(k)} = q, \quad w^{(k)} \geq o, \, z^{(k)} \geq o, \; (\overline{w}^{(k)})^{\mathrm{T}} \overline{z}^{(k)} = 0. \tag{4.28}$$

3. Es gilt

$$(\overline{w}^{(k)})^{\mathrm{T}} \overline{z}^{(h)} = 0 = (\overline{w}^{(h)})^{\mathrm{T}} \overline{z}^{(k)}. \tag{4.29}$$

4. Es gilt

$$\overline{w}_i^{(k)} \cdot \overline{z}_i^{(k)} = 0 = \overline{w}_i^{(h)} \cdot \overline{z}_i^{(h)} \quad \text{und} \quad \overline{w}_i^{(k)} \cdot \overline{z}_i^{(h)} = 0 = \overline{w}_i^{(h)} \cdot \overline{z}_i^{(k)} \tag{4.30}$$

für $i = 2, ..., m$.

Auf Grund der Gestalt von M folgt aus (4.27)

$$\begin{pmatrix} \overline{w}^{(h)} \\ \overline{\overline{w}}^{(h)} \end{pmatrix} - \begin{pmatrix} O & A \\ B^{\mathrm{T}} & O \end{pmatrix} \begin{pmatrix} \overline{z}^{(h)} \\ \overline{\overline{z}}^{(h)} \end{pmatrix} = o$$

bzw.

$$\left. \begin{aligned} \overline{w}^{(h)} &= A \overline{\overline{z}}^{(h)}, \\ \overline{\overline{w}}^{(h)} &= B^{\mathrm{T}} \overline{z}^{(h)}. \end{aligned} \right\} \tag{4.31}$$

Es ist $(\overline{w}^{(h)}, \overline{\overline{w}}^{(h)}, \overline{z}^{(h)}, \overline{\overline{z}}^{(h)})^{\mathrm{T}} \neq o$, da wegen (4.24) mindestens eine Komponente den Wert 1 hat. Daher folgt aus (4.31), dass $(\overline{z}^{(h)}, \overline{\overline{z}}^{(h)})^{\mathrm{T}} \neq o$ gelten muss.

Wir werden nun zeigen, dass

$$\overline{z}^{(h)} = o \qquad (4.32)$$

gilt. Wegen $B^{\mathrm{T}} > O$, (4.31), (4.29) und (4.28) hat man

$$\overline{z}^{(h)} \neq o \quad \Rightarrow \quad \overline{\overline{w}}^{(h)} > o \quad \Rightarrow \quad \overline{\overline{z}}^{(k)} = o \quad \Rightarrow \quad \overline{w}^{(k)} = -e_m < o.$$

$\overline{w}^{(k)} < o$ ist ein Widerspruch zu (4.28). Daher gilt (4.32) und es folgt $\overline{\overline{z}}^{(h)} \geq o$, $\overline{\overline{z}}^{(h)} \neq o$. Mit $A > O$ folgt dann aus (4.31)

$$\overline{w}^{(h)} > o. \qquad (4.33)$$

Hieraus folgt einerseits wegen (4.25)-(4.26) zusammen mit $'z_s' \notin \mathrm{BVF}_k$

$$'z_i' \notin \mathrm{BVF}_k, \quad i = 2, ..., m. \qquad (4.34)$$

Andererseits folgt aus (4.33) wegen (4.30)

$$\overline{z}_i^{(k)} = 0, \quad i = 2, ..., m.$$

Damit folgt aus (4.28)

$$\overline{\overline{w}}^{(k)} = -e_n + \overline{z}_1^{(k)} \cdot (B^{\mathrm{T}})_{\cdot 1} \quad \text{bzw.} \quad D^{(k)}\overline{\overline{w}}^{(k)} + \overline{z}_1^{(k)} \cdot F_{\cdot 1}^{(k)} = \overline{\overline{q}}^{(k)}.$$

Wegen $\overline{\overline{q}}^{(k)} = (\overline{\overline{B}}^{(k)})^{-1}\overline{\overline{q}}^{(1)}$ sind dann $n-1$ Spalten der Matrix $D^{(k)}$ und $n-1$ Spalten der Matrix $\overline{\overline{B}}^{(k)}$ n-dimensionale Standard-Basisvektoren und

$$\text{für } n-1 \text{ Indizes } i \in \{1, ..., n\} \text{ gilt } \quad '\overline{\overline{w}}_i' \in \mathrm{BVF}_k. \qquad (4.35)$$

Somit gilt für mindestens $n-1$ Indizes $i \in \{1, ..., n\}$ $'\overline{\overline{z}}_i' \notin \mathrm{BVF}_k$. Es sind sogar genau $n-1$ Indizes, da n Indizes wegen

$$\overline{\overline{z}}^{(k)} = o \quad \Rightarrow \quad \overline{w}^{(k)} = -e_m < o$$

einen Widerspruch erzeugen. Somit existiert genau ein Index $l \in \{1, ..., n\}$ mit $'\overline{\overline{z}}_l' \in \mathrm{BVF}_k$. Zusammen mit (4.35), (4.23), (4.34) und $'w_s' \notin \mathrm{BVF}_k$ erhält man $\mathrm{BVF}_k =$

$$('\overline{\overline{z}}_l', '\overline{\overline{w}}_1', .., '\overline{\overline{w}}_{l-1}', '\overline{\overline{w}}_{l+1}', .., '\overline{\overline{w}}_n', '\overline{w}_1', '\overline{z}_1', '\overline{w}_2', .., '\overline{w}_{s-1}', '\overline{w}'_{s+1}, .., '\overline{w}_m').$$

Wie in Bemerkung 2.4.1 identifizieren wir auch hier Basisvariablenfelder miteinander, die sich lediglich durch eine Permutation unterscheiden.

Da beim lexikographischen Lemke–Howson-Algorithmus keine Zyklen auftreten, muss $\mathrm{BVF}_k \neq \mathrm{BVF}_1$ gelten.

Wegen $BVF_1 =$

$$(\,'\overline{w}_1\,',...,'\overline{w}_{v-1}\,','\overline{\overline{z}}_t\,','\overline{w}_{v+1}\,',...,'\overline{w}_m\,','\overline{\overline{w}}_1\,',...,'\overline{\overline{w}}_{t-1}\,','\overline{\overline{z}}_1\,','\overline{\overline{w}}_{t+1}\,',...,'\overline{\overline{w}}_n\,')$$

muss also

$$v \neq s \quad \text{oder} \quad t \neq l \qquad (4.36)$$

gelten. Wegen $\overline{q}^{(k)} = (\overline{B}^{(k)})^{-1}\overline{q}^{(1)}$ und $\overline{\overline{q}}^{(k)} = (\overline{\overline{B}}^{(k)})^{-1}\overline{\overline{q}}^{(1)}$ folgt aus (4.36)

$$\overline{B}^{(k)} \neq \overline{E} \quad \text{oder} \quad \overline{\overline{B}}^{(k)} \neq \overline{\overline{E}}.$$

1. Fall: $\overline{B}^{(k)} \neq \overline{E}$. Auf Grund der Beschaffenheit von BVF_k besteht dann $\overline{B}^{(k)} \in \mathbb{R}^{m \times m}$ aus $m - 1$ Standard-Basisvektoren und einer weiteren Spalte $c \in \mathbb{R}^m$. Daher existiert ein $i \in \{1,...,m\}$ mit

$$(\overline{\beta}_{i1}^{(k)} \,...\, \overline{\beta}_{im}^{(k)}) := ((\overline{B}^{(k)})^{-1})_i. = \frac{1}{c_i} \cdot \overline{E}_{\cdot i}^{\mathrm{T}}. \qquad (4.37)$$

Wegen $\overline{B}^{(k)} \neq \overline{E}$ ist der Vektor c aus dem Standard-Basisvektor $\overline{E}_{\cdot v}$ hervorgegangen, nachdem in der Pivotspalte $-A_{\cdot t}$ ein Gauß–Jordan-Schritt durchgeführt wurde. Es ist

$$c_i = \begin{cases} \dfrac{1}{-a_{vt}} & \text{falls } i = v, \\[2ex] 0 - \dfrac{-a_{it}}{-a_{vt}} & \text{falls } i \neq v. \end{cases}$$

Wegen $A > O$ ist dann $c < o$. Mit $\overline{q}^{(1)} \geq o$ folgt dann aus (4.37)

$$\overline{q}_i^{(k)} = \left((\overline{B}^{(k)})^{-1} \cdot \overline{q}^{(1)}\right)_i = \frac{\overline{q}_i^{(1)}}{c_i} \leq 0$$

und

$$(\overline{q}_i^{(k)} \,\overline{\beta}_{i1}^{(k)} \,...\, \overline{\beta}_{im}^{(k)}) \not\succ o.$$

Dies ist ein Widerspruch zum lexikographischen Lemke–Howson-Algorithmus.

2. Fall: $\overline{\overline{B}}^{(k)} \neq \overline{\overline{E}}$. Auf Grund der Beschaffenheit von BVF_k besteht dann $\overline{\overline{B}}^{(k)} \in \mathbb{R}^{n \times n}$ aus $n - 1$ Standard-Basisvektoren und einer weiteren Spalte $d \in \mathbb{R}^n$. Daher existiert ein $i \in \{1,...,n\}$ mit

$$(\overline{\overline{\beta}}_{i1}^{(k)} \,...\, \overline{\overline{\beta}}_{in}^{(k)}) := ((\overline{\overline{B}}^{(k)})^{-1})_i. = \frac{1}{d_i} \cdot \overline{\overline{E}}_{\cdot i}^{\mathrm{T}}. \qquad (4.38)$$

Wegen $\overline{\overline{B}}^{(k)} \neq \overline{\overline{E}}$ ist der Vektor d aus dem Standard-Basisvektor $\overline{\overline{E}}_{\cdot t}$ hervorgegangen, nachdem in der Pivotspalte $(-B^{\mathrm{T}})_{\cdot 1}$ ein Gauß–Jordan-Schritt durchgeführt wurde.

Es ist

$$
d_i = \begin{cases} \dfrac{1}{-b_{1t}} & \text{falls } i = t, \\[2ex] 0 - \dfrac{-b_{1i}}{-b_{1t}} & \text{falls } i \neq t. \end{cases}
$$

Wegen $B > O$ ist dann $d < o$. Mit $\overline{\overline{q}}^{(1)} \geq o$ folgt dann aus (4.38)

$$
\overline{\overline{q}}_i^{(k)} = \left((\overline{\overline{B}}^{(k)})^{-1} \cdot \overline{\overline{q}}^{(1)} \right)_i = \frac{\overline{\overline{q}}_i^{(1)}}{d_i} \leq 0
$$

und

$$
(\overline{\overline{q}}_i^{(k)} \; \overline{\overline{B}}_{i1}^{(k)} \; \ldots \; \overline{\overline{B}}_{in}^{(k)}) \not\succ o.
$$

Dies ist ein Widerspruch zum lexikographischen Lemke–Howson-Algorithmus.

Beide Fälle führen auf einen Widerspruch. Daher ist die Annahme, der lexikographische Lemke–Howson-Algorithmus könnte enden, ohne eine Lösung zu finden, falsch. $\qquad\square$

Zum Abschluss dieses Abschnitts möge der Leser sein Ergebnis von Aufgabe 4.1.1 mit dem lexikographischen Lemke–Howson-Algorithmus bestätigen. Siehe Aufgabe 4.1.3. Für weitere Beispiele von Zwei-Personen-Spielen verweisen wir auf das Buch [15] von M. J. Canty und auf das Buch [107] von W. Schlee.

Aufgabe 4.1.3 *Berechnen Sie mit dem lexikographischen Lemke–Howson-Algorithmus ein Nash-Gleichgewicht des Zwei-Personen-Spiels, welches gegeben ist durch*

$$
A = \begin{pmatrix} 5 & 0 \\ 10 & 1 \end{pmatrix} \quad \text{und} \quad B = \begin{pmatrix} 5 & 10 \\ 0 & 1 \end{pmatrix}.
$$

Aufgabe 4.1.4 *Berechnen Sie zwei verschiedene Nash-Gleichgewichte für das Zwei-Personen-Spiel, welches gegeben ist durch*

$$
A = \begin{pmatrix} 1 & 2 & 3 & 4 & 3 \\ 8 & 7 & 8 & 4 & 2 \\ 8 & 16 & 9 & 4 & 6 \\ 3 & 7 & 9 & 21 & 2 \end{pmatrix} \quad \text{und} \quad B = \begin{pmatrix} 12 & 7 & 5 & 9 & 2 \\ 3 & 7 & 9 & 11 & 7 \\ 3 & 1 & 7 & 1 & 2 \\ 7 & 8 & 3 & 6 & 9 \end{pmatrix}.
$$

Vor welchem Problem steht ein Schlichter durch Kenntnis beider Nash-Gleichgewichte?

4.2 Lineare Programme

Bereits in Abschnitt 3.1.3 haben wir lineare Programme angesprochen. Es wird sich in diesem Abschnitt zeigen, dass ein lineares Programm in ein LCP umgeschrieben werden kann. Die Matrix M, die dabei entsteht, ist schief-symmetrisch und somit insbesondere positiv semidefinit. Siehe Beispiel 3.2.1. $LCP(q, M)$ kann daher auf Grund von Satz 3.2.1 mit dem lexikographischen Lemke-Algorithmus gelöst werden.

4.2.1 Grundlagen

Ein lineares Programm ist ein Spezialfall eines so genannten mathematischen Programms. Die mathematische Programmierung - auch mathematische Optimierung genannt - befasst sich mit dem Problem der Extremwertermittlung einer Funktion über einem zulässigen Bereich.

Gegeben sind also ein Teilbereich B des $\mathbb{R}^n$ sowie eine mindestens auf B definierte reellwertige Funktion $F(x)$, und gesucht ist das Minimum bzw. das Maximum von $F(x)$ auf B sowie eine zugehörige Minimalstelle bzw. Maximalstelle. Falls man das Minimum sucht, so ist also ein Punkt $\hat{x} \in B$ zu bestimmen, derart, dass für alle $x \in B$

$$F(\hat{x}) \leq F(x) \tag{4.39}$$

gilt. Wir schreiben für diese Aufgabe auch kurz

$$\min\{F(x) : x \in B\}. \tag{4.40}$$

Entsprechend hat man beim Maximumproblem, das wir mit

$$\max\{F(x) : x \in B\}$$

abkürzen, ein $\hat{x} \in B$ zu bestimmen, derart, dass für alle $x \in B$

$$\hat{x} \in B, \quad F(\hat{x}) \geq F(x)$$

gilt. Da offensichtlich $\min\{F(x) : x \in R\}$ mit $\max\{-F(x) : x \in R\}$ gleichwertig ist, kann man sich im Allgemeinen auf eine der beiden Problemstellungen beschränken.

Die Aufgabe (4.40) ist die Grundform eines mathematischen Programms. Man nennt $F(x)$ die Zielfunktion des Programms, B den zulässigen Bereich. Jeder Punkt $\hat{x} \in B$, der (4.39) genügt, heißt Lösung des Programms. Wenn $\hat{x}$ eine Lösung ist, so heißt die Größe $\hat{F} = F(\hat{x})$ Optimalwert des Programms. Man sagt auch, $F(x)$ nimmt in $\hat{x}$ das Minimum über B an.

Ein mathematisches Programm heißt lineares Programm, wenn die Zielfunktion linear ist und auch B durch lineare Ausdrücke beschrieben wird. Es seien

$f \in \mathbb{R}$, $c \in \mathbb{R}^n$, A_1, $A_2 \in \mathbb{R}^{m \times n}$ und $b_1 \in \mathbb{R}^m$, $b_2 \in \mathbb{R}^m$. Dann hat ein lineares Programm im Falle eines Minimumproblems die folgende Form

$$\min\{c^{\mathrm{T}}x + f : A_1 x \geq b_1, A_2 x = b_2\}.$$

Die Klammerschreibweise $\min\{\ldots\}$ verliert bei linearen Programmen rasch an Übersichtlichkeit, weshalb wir eine tableaumäßige Darstellung vorziehen:

$$\min c^{\mathrm{T}}x + f$$
$$\text{bez. } A_1 x \geq b_1,$$
$$A_2 x = b_2. \tag{4.41}$$

Ist $\hat{x} \in B$ eine Lösung von $\min\{c^{\mathrm{T}}x + f : x \in B\}$, so ist $\hat{x}$ auch eine Lösung von $\min\{c^{\mathrm{T}}x : x \in B\}$. Daher können wir ohne Einschränkung $f = 0$ annehmen.

Es ist für theoretische Überlegungen nicht nötig, immer die allgemeine Form (4.41) heranzuziehen. Man kann sich auf die folgenden Standardprogramme beschränken, die wir mit I, II, III bezeichnen.

$$I : \min c^{\mathrm{T}}x$$
$$\text{bez. } Ax \geq b.$$

$$II : \min c^{\mathrm{T}}x$$
$$\text{bez. } Ax \geq b,$$
$$x \geq o.$$

$$III : \min c^{\mathrm{T}}x$$
$$\text{bez. } Ax = b,$$
$$x \geq o.$$

Dabei sind $c \in \mathbb{R}^n$, $A \in \mathbb{R}^{m \times n}$ und $b \in \mathbb{R}^m$. Man kann zeigen, dass sich die Programme I, II, III ineinander überführen lassen. Siehe beispielsweise [14]. Dies hat zur Folge, dass sich alle linearen Programme lösen lassen, sobald man weiß, wie man eins der drei Programme I, II, III lösen kann. Es wird sich in Bezug auf das LCP als geschickt erweisen, sich auf das Programm II zu spezialisieren.

Unter einem linearen Programm verstehen wir also im Folgenden

$$\min c^{\mathrm{T}}x$$
$$\text{bez. } Ax \geq b,$$
$$x \geq o. \tag{4.42}$$

Dabei sind $c \in \mathbb{R}^n$, $A \in \mathbb{R}^{m \times n}$ und $b \in \mathbb{R}^m$.

4.2.2 Dualitätstheorie

Die Dualitätstheorie der mathematischen Programmierung beschäftigt sich mit Paaren von Programmen. Jedem so genannten primalen Programm I, II, III wird jeweils ein so genanntes duales Programm zugeordnet. Das zum primalen Programm (4.42) definierte duale Programm lautet

$$\max b^{\mathrm{T}} u$$
$$\text{bez. } A^{\mathrm{T}} u \leq c, \qquad\qquad (4.43)$$
$$u \geq o.$$

Das folgende Lemma wird die Programme (4.42) und (4.43) miteinander in Verbindung bringen.

Lemma 4.2.1 *Gegeben sei das primale Programm (4.42) und das dazugehörende duale Programm (4.43). Ist x zulässig für (4.42) und u zulässig für (4.43), so gilt $c^T x \geq b^T u$.*

Beweis: Ist x zulässig für (4.42), so gilt

$$A x \geq b \quad \text{und} \quad x \geq o.$$

Analog folgt

$$c \geq A^{\mathrm{T}} u \quad \text{und} \quad u \geq o$$

da u zulässig für (4.43) ist. Daher erhält man wegen

$$c^{\mathrm{T}} x = x^{\mathrm{T}} c \geq x^{\mathrm{T}} A^{\mathrm{T}} u = u^{\mathrm{T}} A x \geq u^{\mathrm{T}} b = b^{\mathrm{T}} u$$

die Behauptung. $\qquad\qquad\qquad\qquad\qquad\qquad\qquad\qquad \square$

Eine Aussage, wann genau in Lemma 4.2.1 Gleichheit herrscht, macht der folgende Dualitätssatz. Er ist die Hauptaussage der Dualitätstheorie der linearen Programmierung.

Satz 4.2.1 *(Dualitätssatz) Das primale Programm (4.42) hat genau dann eine Lösung, wenn das duale Programm (4.43) eine Lösung besitzt. In diesem Fall sind die Optimalwerte der Zielfunktionen gleich.*

Für einen Beweis dieses Satzes verweisen wir auf das Buch [14] von E. Blum und W. Oettli. Der dort geführte Beweis ist elementar, und das einzige Hilfsmittel, welches verwendet wird, ist das Lemma von Farkas.[6] Siehe Satz A.2.3.

Bevor wir den Zusammenhang zwischen einem linearen Programm und einem linearen Komplementaritätsproblem herstellen, betrachten wir ein Beispiel aus der Unternehmensforschung, welches die Dualität etwas erläutern soll.

---

[6] Manche Lehrbücher über lineare Optimierung beginnen mit dem Simplexverfahren und benutzen dieses dann im Beweis des Dualitätssatzes. Eine Vorlesung basierend auf diesem Buch kommt gänzlich ohne das Simplexverfahren aus, indem der Dualitätssatz mit dem Lemma von Farkas bewiesen wird und indem das aus dem linearen Program (4.42) entstehende LCP mit dem lexikographischen Lemke-Algorithmus gelöst wird.

Beispiel 4.2.1 (Das Diätproblem) Wir betrachten einen beliebigen Verbraucher, der eine kostenbewusste Diät machen will. Damit das Beispiel übersichtlich bleibt, nehmen wir an, die Diät des Verbrauchers beschränke sich auf die Einnahme von Vitamin A und Vitamin C, und sowohl Vitamin A als auch Vitamin C seien in 6 verschiedenen Nahrungsmitteln enthalten.

Diese 2 Nährstoffe (Vitamin A und Vitamin C) und die 6 verschiedenen Nahrungsmittel sind durch eine Matrix $A = (a_{ij}) \in \mathbb{R}^{2 \times 6}$ wie folgt miteinander verknüpft. Für $j = 1, ..., 6$ gibt der Wert von a_{1j} an, dass ein Mensch a_{1j} Einheiten Vitamin A zu sich nimmt, falls er ein Kilogramm des $j-$ten Nahrungsmittels zu sich nimmt. Analog gibt für $j = 1, ..., 6$ der Wert von a_{2j} an, dass ein Mensch a_{2j} Einheiten Vitamin C zu sich nimmt, falls er ein Kilogramm des $j-$ten Nahrungsmittels zu sich nimmt. Diese Matrix $A \in \mathbb{R}^{2 \times 6}$ ist als bekannt vorausgesetzt - z.B. durch eine Tabelle in einem Buch über Ernährung. Wir nehmen der Einfachheit wegen an, in einem solchen Buch sei die Matrix

$$A = \begin{pmatrix} 1 & 0 & 2 & 2 & 1 & 2 \\ 0 & 1 & 3 & 1 & 3 & 2 \end{pmatrix} \tag{4.44}$$

zu finden. Mit diesen Daten setzen wir also voraus, dass zum Beispiel ein Kilogramm des 3-ten Nahrungsmittels 2 Einheiten Vitamin A und 3 Einheiten Vitamin C enthält.

Außerdem nehmen wir an, in dem Buch über Ernährung sei zu lesen, dass ein Mensch am Tag mindestens 9 Einheiten Vitamin A und mindestens 19 Einheiten Vitamin C benötige. Wir setzen $b = \binom{9}{19} \in \mathbb{R}^2$. Ferner nehmen wir an, dass ein Kilogramm des j-ten Nahrungsmittels c_j Euro kostet. Wir nehmen an, zurzeit würde

$$c_1 = 3.50, \quad c_2 = 3, \quad c_3 = 6, \quad c_4 = 5, \quad c_5 = 2.70, \quad c_6 = 2.20 \tag{4.45}$$

gelten. Der kostenbewusste Verbraucher, der eine Diät machen will, steht nun vor der Aufgabe, pro Tag vom j-ten Nahrungsmittel x_j Kilogramm zu kaufen, so dass der tägliche Bedarf an Vitamin A und Vitamin C gedeckt ist und die Kosten minimiert werden. Er hat also das folgende lineare Programm zu lösen.

$$\begin{aligned} \min \quad & c^T x \\ \text{bez. } & Ax \geq b, \\ & x \geq o, \end{aligned} \tag{4.46}$$

mit

$$c = \begin{pmatrix} 3.50 \\ 3 \\ 6 \\ 5 \\ 2.70 \\ 2.20 \end{pmatrix}, \quad A = \begin{pmatrix} 1 & 0 & 2 & 2 & 1 & 2 \\ 0 & 1 & 3 & 1 & 3 & 2 \end{pmatrix}, \quad b = \begin{pmatrix} 9 \\ 19 \end{pmatrix} \tag{4.47}$$

und

$$x = \begin{pmatrix} x_1 \\ x_2 \\ x_3 \\ x_4 \\ x_5 \\ x_6 \end{pmatrix}.$$

Man beachte, dass die Werte von x_j keine natürlichen Zahlen zu sein brauchen.

Wie kann man in diesem konkreten Beispiel das zugeordnete duale Programm deuten?

Wir nehmen an, ein gewiefter Geschäftsmann kommt auf die Idee, dem Einkaufsladen, in dem die 6 Nahrungsmittel zu kaufen sind, Konkurrenz zu machen, indem er Vitamin A und Vitamin C als synthetische Pillen anbietet. Die Pillen werden so dosiert, dass eine Pille Vitamin A genau eine Einheit Vitamin A enthält. Analoges gilt für die Pille Vitamin C. Der Geschäftsmann stellt sich nun die Frage, für welchen Preis er die Pillen anbieten soll, um den Verbraucher, der eine Diät machen will, als Kunden zu gewinnen. Er bezeichnet mit u_1 den Preis einer Pille Vitamin A und mit u_2 den Preis einer Pille Vitamin C, d.h. eine Pille Vitamin A soll u_1 Euro kosten und eine Pille Vitamin C soll u_2 Euro kosten.

Der Geschäftsmann muss davon ausgehen, dass der kostenbewusste Verbraucher, der eine Diät machen will, pro Tag genau 9 Pillen Vitamin A und genau 19 Pillen Vitamin C kauft, um genau den Mindestbedarf an Vitaminen zu decken. Die Einnahme des Geschäftsmannes wäre somit

$$9 \cdot u_1 + 19 \cdot u_2$$

Euro pro Tag. Diesen Geldbetrag will der Geschäftsmann maximieren. Dabei kann er die Preise u_1 und u_2 nicht beliebig hoch setzen, falls er den kostenbewussten Verbraucher als Kunden gewinnen will. Die Preise für die Pillen müssen in Konkurrenz zu den Preisen der 6 Nahrungsmittel stehen. Zum Beispiel enthält gemäß (4.44) ein Kilogramm des 3-ten Nahrungsmittels 2 Einheiten Vitamin A und 3 Einheiten Vitamin C. Dieses Kilogramm erhält man gemäß (4.45) für $c_3 = 6$ Euro. Wären von dem Geschäftsmann die Preise u_1 und u_2 so gewählt, dass

$$2 \cdot u_1 + 3 \cdot u_3 > 6$$

gelten würde, so wäre der Erwerb von zwei Einheiten Vitamin A und von 3 Einheiten Vitamin C durch den Kauf von Pillen teurer als der Erwerb von zwei Einheiten Vitamin A und von 3 Einheiten Vitamin C durch Kauf eines Kilogramms des dritten Nahrungsmittels. Diese Überlegung muss für alle 6 Nahrungsmittel gelten.

Daher hat der Geschäftsmann das folgende lineare Programm zu lösen:

$$
\begin{aligned}
\max \quad & b^{\mathrm{T}} u \\
\text{bez. } & A^{\mathrm{T}} u \le c, \\
& u \ge o
\end{aligned}
$$

mit b, c, A aus (4.47) und

$$
u = \begin{pmatrix} u_1 \\ u_2 \end{pmatrix}.
$$

Dies ist das duale Programm zu (4.46).   □

Aufgabe 4.2.1 *Gegeben seien das primale Programm (4.42) und das duale Programm (4.43). Ist $\hat{x}$ zulässig für (4.42), ist $\hat{u}$ zulässig für (4.43) und gilt $c^T \hat{x} = b^T \hat{u}$, so ist $\hat{x}$ eine Lösung von (4.42) und $\hat{u}$ ist eine Lösung von (4.43).*

4.2.3 Lineare Programme und das LCP

Der Zusammenhang zwischen einem linearen Programm und dem LCP basiert auf dem Dualitätssatz und Aufgabe 4.2.1. Er ist in folgendem Satz festgehalten.

Satz 4.2.2 *Es sind $\hat{x} \in \mathbb{R}^n$ eine Lösung des primalen Programms (4.42) und $\hat{u} \in \mathbb{R}^m$ eine Lösung des dualen Programms (4.43) genau dann, wenn der Vektor*

$$
\hat{z} := \begin{pmatrix} \hat{x} \\ \hat{u} \end{pmatrix} \in \mathbb{R}^{n+m}
$$

eine Lösung von $LCP(q, M)$ ist mit

$$
q = \begin{pmatrix} c \\ -b \end{pmatrix} \in \mathbb{R}^{n+m}, \quad M = \begin{pmatrix} O & -A^T \\ A & O \end{pmatrix} \in \mathbb{R}^{(n+m) \times (n+m)}.
$$

Beweis: a) Es sei $\hat{x} \in \mathbb{R}^n$ eine Lösung von (4.42) und es sei $\hat{u} \in \mathbb{R}^m$ eine Lösung von (4.43). Dann gilt

$$
A\hat{x} \ge b,\ \hat{x} \ge o, \quad A^{\mathrm{T}}\hat{u} \le c,\ \hat{u} \ge o
$$

bzw.

$$
\hat{z} \ge o, \quad q + M\hat{z} \ge o.
$$

Nach dem Dualitätssatz gilt $c^{\mathrm{T}}\hat{x} = b^{\mathrm{T}}\hat{u}$. Somit folgt

$$
\hat{z}^{\mathrm{T}}(q + M\hat{z}) = (\hat{x}^{\mathrm{T}}\ \hat{u}^{\mathrm{T}}) \begin{pmatrix} c - A^{\mathrm{T}}\hat{u} \\ -b + A\hat{x} \end{pmatrix} = c^{\mathrm{T}}\hat{x} - \hat{x}^{\mathrm{T}}A^{\mathrm{T}}\hat{u} - b^{\mathrm{T}}\hat{u} + \hat{u}^{\mathrm{T}}A\hat{x} = 0.
$$

b) Es sei $\hat{z}$ eine Lösung von $LCP(q, M)$. Dann folgen aus $\hat{z} \ge o$, $q + M\hat{z} \ge o$ die Bedingungen

$$
A\hat{x} \ge b,\ \hat{x} \ge o, \quad A^{\mathrm{T}}\hat{u} \le c,\ \hat{u} \ge o.
$$

Somit ist $\hat{x}$ zulässig für (4.42) und $\hat{u}$ ist zulässig für (4.43). Aus

$$\hat{z}^{\mathrm{T}}(q + M\hat{z}) = 0$$

folgt dann wie im a)-Teil, dass $c^{\mathrm{T}}\hat{x} = b^{\mathrm{T}}\hat{u}$ gilt. Mit Aufgabe 4.2.1 ist dann $\hat{x}$ eine Lösung von (4.42) und $\hat{u}$ eine Lösung von (4.43).   □

Die Matrix $M \in \mathbb{R}^{(n+m)\times(n+m)}$ aus Satz 4.2.2 ist offensichtlich schiefsymmetrisch und daher positiv semidefinit. Man kann somit nach Satz 3.2.1 den lexikographischen Lemke-Algorithmus verwenden, um lineare Programme zu lösen.

4.2.4 Quadratische Programme

Wir betrachten das quadratische Programm

$$\begin{aligned}
\min\ & \tfrac{1}{2}x^{\mathrm{T}}Dx + c^{\mathrm{T}}x + f, \\
\text{bez.}\quad & Ax \geq b, \\
& x \geq o.
\end{aligned} \qquad (4.48)$$

Dabei sind $x \in \mathbb{R}^n$, $f \in \mathbb{R}$, $A \in \mathbb{R}^{m\times n}$, $D \in \mathbb{R}^{n\times n}$, $c \in \mathbb{R}^n$ und $b \in \mathbb{R}^m$. Ohne Einschränkung können wir annehmen, dass die Matrix D symmetrisch ist. Denn für $\tilde{D} := \tfrac{1}{2}(D + D^{\mathrm{T}})$ gilt

$$x^{\mathrm{T}}\tilde{D}x = \frac{1}{2}(x^{\mathrm{T}}Dx + x^{\mathrm{T}}D^{\mathrm{T}}x) = \frac{1}{2}(x^{\mathrm{T}}(Dx) + (Dx)^{\mathrm{T}}x) = x^{\mathrm{T}}Dx.$$

Dies bedeutet, dass sich die Werte der Zielfunktion von (4.48) nicht ändern, falls man D ersetzt durch die symmetrische Matrix $\tilde{D}$.

Bevor wir den Zusammenhang zwischen einem quadratischen Programm und dem LCP herstellen, betrachten wir ein Beispiel.

Beispiel 4.2.2 Optimale Lagerhaltung
Wir betrachten ein Lager über einen Zeitraum von p Perioden. Der Bedarf an dem im Lager befindlichen Gut sei für jede Periode als feste Größe bekannt (z.B. Anforderung an ein Heizwerk). In jeder Periode ist eine gewisse Menge dieses Gutes an das Lager zu liefern.
Diese Anlieferung übt in jeder Periode eine gewisse Belastung auf einen Park von Fahrzeugen aus, die mitunter Spezialfahrzeuge (z.B. Spezialtanker für Heizöl) darstellen.
Welche Menge des Gutes ist nun in jeder Periode anzuliefern, damit der Bedarf laufend gedeckt wird und die Belastung des Fahrzeugparks über den gesamten Zeitraum eine minimale Streuung aufweist?

Um die Aufgabenstellung konkreter zu fassen, führen wir Bezeichnungen ein:

$$i \ = \text{Nummer der Periode} \, (i = 1, .., p),$$

$$g_i = \text{Bedarfsmenge des Gutes in der Periode } i,$$

$$x_i = \text{Anlieferungsmenge in der Periode } i,$$

$$a \ = \text{Anfangsbestand des Lagers},$$

$$k \ = \text{Kapazität des Lagers}.$$

Die Belastung, die eine Anlieferung zur Folge hat, ist proportional zur Anlieferungsmenge x_i. Es sind also x_i, $i = 1, ..., p$, derart zu bestimmen, dass die Streuung minimal wird, d.h. minimiere

$$F(x) := \sum_{i=1}^{p} (x_i - \hat{x})^2 = \sum_{i=1}^{p} x_i^2 - 2\hat{x} \sum_{i=1}^{p} x_i + p \cdot \hat{x}^2$$

mit

$$\hat{x} = \frac{1}{p} \sum_{i=1}^{p} g_i.$$

Wir formulieren nun die Nebenbedingungen, denen die Variablen genügen müssen. Der Bestand des Lagers am Ende der Periode i, d.h. der Ausdruck

$$B_i = a + \sum_{j=1}^{i} (x_j - g_j),$$

muss offenbar die folgenden Forderungen erfüllen:

$$0 \le B_i \le k, \quad i = 1, ..., p,$$

d.h.

$$\sum_{j=1}^{i} x_j \ge \sum_{j=1}^{i} g_j - a, \quad i = 1, ..., p,$$

$$-\sum_{j=1}^{i} x_j \ge a - \sum_{j=1}^{i} g_j - k, \quad i = 1, ..., p.$$

Außerdem muss natürlich

$$x_i \ge 0, \quad i = 1, ..., p,$$

gelten. Wir erhalten ein quadratisches Programm der Form (4.48) mit

$$f = p \cdot \hat{x}^2, \quad D = 2E \in \mathbb{R}^{p \times p}$$

sowie

$$c = -\frac{2}{p} \begin{pmatrix} \sum_{j=1}^{p} g_j \\ \vdots \\ \sum_{j=1}^{p} g_j \end{pmatrix} \in \mathbb{R}^p,$$

$$A = \begin{pmatrix} 1 & 0 & \dots & 0 \\ \vdots & \ddots & \ddots & \vdots \\ \vdots & \dots & \ddots & 0 \\ 1 & \dots & \dots & 1 \\ -1 & 0 & \dots & 0 \\ \vdots & \ddots & \ddots & \vdots \\ \vdots & \dots & \ddots & 0 \\ -1 & \dots & \dots & -1 \end{pmatrix} \in \mathbb{R}^{2p \times p}$$

und

$$b = \begin{pmatrix} g_1 - a \\ \vdots \\ \sum_{j=1}^{i} g_j - a \\ \vdots \\ \sum_{j=1}^{p} g_j - a \\ a - g_1 - k \\ \vdots \\ a - \sum_{j=1}^{i} g_j - k \\ \vdots \\ a - \sum_{j=1}^{p} g_j - k \end{pmatrix} \in \mathbb{R}^{2p}. \qquad \square$$

4.2.5 Quadratische Programme und das LCP

Auch zwischen einem quadratischen Programm und dem LCP besteht ein Zusammenhang. Der folgende Satz ist noch als Hilfssatz zu verstehen.

Satz 4.2.3 *Ist $\hat{x}$ eine Lösung des quadratischen Programms (4.48), wobei D ohne Einschränkung symmetrisch ist, so ist $\hat{x}$ auch eine Lösung des linearen Programms*

$$\min \ (c^T + \hat{x}^T D)x + f$$
$$\text{bez.} \quad Ax \geq b,$$
$$x \geq o.$$

Beweis: Sei y ein zulässiger Vektor. Dann ist offensichtlich auch

$$x(\lambda) := \hat{x} + \lambda(y - \hat{x})$$

für jedes $\lambda \in [0,1]$ ein zulässiger Vektor. Da $\hat{x}$ eine Lösung des quadratischen Programms (4.48) ist, gilt für alle $\lambda \in [0,1]$

$$\frac{1}{2}\hat{x}^T D\hat{x} + c^T\hat{x} + f \leq \frac{1}{2}x(\lambda)^T D \cdot x(\lambda) + c^T x(\lambda) + f$$

bzw.

$$0 \leq \frac{1}{2}(\hat{x} + \lambda(y - \hat{x}))^T D(\hat{x} + \lambda(y - \hat{x})) - \frac{1}{2}\hat{x}^T D\hat{x} + c^T(x(\lambda) - \hat{x}).$$

Da die Matrix D nach Voraussetzung symmetrisch ist, erhält man

$$0 \leq \frac{1}{2}\lambda^2(y - \hat{x})^T D(y - \hat{x}) + \lambda\hat{x}^T D(y - \hat{x}) + \lambda c^T(y - \hat{x}).$$

Nach Division durch $\lambda \in (0,1]$ ergibt sich

$$-\frac{\lambda}{2}(y - \hat{x})^T D(y - \hat{x}) \leq (c^T + \hat{x}^T D)(y - \hat{x}) \quad \text{für alle } \lambda \in (0,1].$$

Daraus folgt $(c^T + \hat{x}^T D)(y - \hat{x}) \geq 0$, was dann

$$(c^T + \hat{x}^T D)y + f \geq (c^T + \hat{x}^T D)\hat{x} + f$$

impliziert. $\qquad\qquad\qquad\qquad\qquad\qquad\qquad\qquad\qquad\qquad\quad\Box$

Wir zeigen nun den Zusammenhang zwischen dem quadratischen Programm (4.48) und dem LCP.

Satz 4.2.4 *Es sei $\hat{x} \in \mathbb{R}^n$ eine Lösung des quadratischen Programms (4.48), wobei D ohne Einschränkung als symmetrisch vorausgesetzt sei. Dann existiert ein $\hat{u} \in \mathbb{R}^m$, so dass der Vektor*

$$\hat{z} := \begin{pmatrix} \hat{x} \\ \hat{u} \end{pmatrix} \in \mathbb{R}^{n+m}$$

eine Lösung von $LCP(q, M)$ ist mit

$$q = \begin{pmatrix} c \\ -b \end{pmatrix} \in \mathbb{R}^{n+m}, \quad M = \begin{pmatrix} D & -A^T \\ A & O \end{pmatrix} \in \mathbb{R}^{(n+m)\times(n+m)}.$$

Beweis: Nach Satz 4.2.3 ist $\hat{x}$ eine Lösung des linearen Programms

$$\min \ \tilde{c}^T x + f$$

$$\text{bez. } Ax \geq b,$$

$$x \geq o$$

mit $\tilde{c} := c + D\hat{x}$. Mit dem Dualitätssatz und Satz 4.2.2 folgt die Existenz eines Vektors $\hat{u} \in \mathbb{R}^m$, so dass der Vektor $\hat{z} = \begin{pmatrix} \hat{x} \\ \hat{u} \end{pmatrix}$ das $LCP(q, M)$ löst mit

$$q = \begin{pmatrix} \tilde{c} \\ -b \end{pmatrix} \in \mathbb{R}^{n+m}, \quad M = \begin{pmatrix} O & -A^T \\ A & O \end{pmatrix} \in \mathbb{R}^{(n+m)\times(n+m)}.$$

Dies bedeutet, dass

$$\hat{x} \geq o, \ \hat{u} \geq o, \ \tilde{c} - A^T\hat{u} \geq o, \ A\hat{x} - b \geq o, \ (\hat{x}^T \ \hat{u}^T) \begin{pmatrix} \tilde{c} - A^T\hat{u} \\ A\hat{x} - b \end{pmatrix} = 0$$

gilt. Ersetzt man nun $\tilde{c}$ durch $c + D\hat{x}$, so folgt die Behauptung. $\qquad\square$

Satz 4.2.4 kann man wie folgt anwenden: Ist $LCP(q, M)$ mit q und M aus Satz 4.2.4 unlösbar, so ist auch das quadratische Programm (4.48) unlösbar. Ist $LCP(q, M)$ allerdings lösbar, so ist nicht garantiert, dass auch das quadratische Programm (4.48) lösbar ist.

Beispiel 4.2.3 Wir betrachten das quadratische Programm

$$\min \ -x^2,$$

$$\text{bez. } x \geq -1,$$

$$x \geq 0.$$

D.h. wir betrachten (4.48) mit $D = -2$, $A = 1$, $c = 0$, $b = -1$ und $f = 0$. Dieses Programm besitzt offensichtlich keine Lösung. Allerdings besitzt $LCP(q, M)$ mit

$$q = \begin{pmatrix} 0 \\ 1 \end{pmatrix} \quad \text{und} \quad M = \begin{pmatrix} -2 & -1 \\ 1 & 0 \end{pmatrix}$$

die Vektoren $w = q$ und $z = o$ als Lösung. $\qquad\square$

Um von der Lösbarkeit von $LCP(q, M)$ auf die Lösbarkeit des quadratischen Programms (4.48) schließen zu können, bedarf es einer zusätzlichen Voraussetzung.

Satz 4.2.5 *Es sei* $D \in \mathbb{R}^{n \times n}$ *positiv semidefinit und ohne Einschränkung symmetrisch. Weiter sei der Vektor*

$$\hat{z} := \begin{pmatrix} \hat{x} \\ \hat{u} \end{pmatrix} \in \mathbb{R}^{n+m} \quad mit \quad \hat{x} \in \mathbb{R}^n, \quad \hat{u} \in \mathbb{R}^m$$

eine Lösung von $LCP(q, M)$ *mit*

$$q = \begin{pmatrix} c \\ -b \end{pmatrix} \in \mathbb{R}^{n+m}, \quad M = \begin{pmatrix} D & -A^T \\ A & O \end{pmatrix} \in \mathbb{R}^{(n+m) \times (n+m)}.$$

Dann ist $\hat{x}$ *eine Lösung des quadratischen Programms (4.48).*

Beweis: Es ist

$$\begin{pmatrix} c \\ -b \end{pmatrix} + \begin{pmatrix} D & -A^T \\ A & O \end{pmatrix} \begin{pmatrix} \hat{x} \\ \hat{u} \end{pmatrix} \geq o, \quad \hat{x} \geq o, \, \hat{u} \geq o$$

und $(c + D\hat{x} - A^T\hat{u})^T\hat{x} + (-b + A\hat{x})^T\hat{u} = 0$. Daher ist $\hat{z} = \begin{pmatrix} \hat{x} \\ \hat{u} \end{pmatrix}$ auch eine Lösung von $LCP(q, M)$ mit

$$q = \begin{pmatrix} c + D\hat{x} \\ -b \end{pmatrix} \in \mathbb{R}^{n+m}, \quad M = \begin{pmatrix} O & -A^T \\ A & O \end{pmatrix} \in \mathbb{R}^{(n+m) \times (n+m)}.$$

Nach Satz 4.2.2 ist dann $\hat{x}$ eine Lösung des linearen Programms

$$\min \, (c + D\hat{x})^T x$$
$$\text{bez.} \quad Ax \geq b,$$
$$x \geq o.$$

Somit gilt

$$(c + D\hat{x})^T(x - \hat{x}) \geq 0 \quad \text{für alle } x \in \mathbb{R}^n \text{ mit } Ax \geq b, \, x \geq o. \tag{4.49}$$

Da D symmetrisch und positiv semidefinit ist, gilt

$$0 \leq \frac{1}{2}(x - \hat{x})^T D(x - \hat{x}) = \frac{1}{2}x^T Dx - \hat{x}^T Dx + \frac{1}{2}\hat{x}^T D\hat{x} \quad \text{für alle } x \in \mathbb{R}^n. \tag{4.50}$$

Setzt man die Resultate (4.49) und (4.50) zusammen, so erhält man für $Q(x) := \frac{1}{2}x^T Dx + c^T x + f$ die Aussage, dass für alle $x \in \mathbb{R}^n$ mit $Ax \geq b$ und $x \geq o$

$$Q(x) - Q(\hat{x}) = \frac{1}{2}x^T Dx + c^T(x - \hat{x}) - \frac{1}{2}\hat{x}^T D\hat{x}$$

$$= \frac{1}{2}(x - \hat{x})^T D(x - \hat{x}) + (c + D\hat{x})^T(x - \hat{x}) \geq 0$$

gilt. Somit ist $\hat{x}$ eine Lösung des quadratischen Programms (4.48). $\qquad \square$

Die Matrix $M \in \mathbb{R}^{(n+m)\times(n+m)}$ aus Satz 4.2.5 ist genau dann positiv semidefinit, wenn die Matrix D positiv semidefinit ist. Denn für $x \in \mathbb{R}^n$, $y \in \mathbb{R}^m$ gilt

$$\begin{pmatrix} x^{\mathrm{T}} & y^{\mathrm{T}} \end{pmatrix} \begin{pmatrix} D & -A^{\mathrm{T}} \\ A & O \end{pmatrix} \begin{pmatrix} x \\ y \end{pmatrix} = x^{\mathrm{T}}Dx - x^{\mathrm{T}}A^{\mathrm{T}}y + y^{\mathrm{T}}Ax = x^{\mathrm{T}}Dx.$$

Die Matrix D in Beispiel 4.2.2 ist sogar positiv definit. Das Problem der optimalen Lagerhaltung kann somit über ein LCP gelöst werden.

Wir wollen noch anmerken, dass das quadratische Programm (4.48) ein konvexes quadratisches Programm genannt wird, falls die Matrix D positiv semidefinit ist.

4.3 Intervallrechnung

Die Zahlen auf einem Rechner werden intern in vielen Rechnern als Dualzahlen dargestellt. Daher werden die Dezimalzahlen, mit denen wir zu rechnen gewohnt sind, auf einem Rechner in eine Dualzahl umgewandelt. Beispielsweise ist

$$5 = 1 \cdot 2^2 + 0 \cdot 2^1 + 1 \cdot 2^0.$$

Damit hat die Dezimalzahl 5 die Dualdarstellung 101. Leider hat aber nicht jede Dezimalzahl eine endliche Dualdarstellung. Beispielsweise gilt

$$\sum_{k=1}^{\infty} \left(2^{-4k} + 2^{-(4k+1)} \right) = \frac{3}{2} \sum_{k=1}^{\infty} (2^{-4})^k = \frac{3}{2} \left(\frac{1}{1 - 2^{-4}} - 1 \right) = \frac{1}{10}.$$

Somit hat die Dezimalzahl $x = 0.1$ die eindeutige, aber unendliche Dualdarstellung $0.000\overline{1100}$. Daher kann ein Rechner, der lediglich Zahlen mit endlicher Dualdarstellung darstellen kann, die Zahl 0.1 nicht exakt darstellen.

Nehmen wir an, wir hätten einen Rechner, der die Dezimalzahl 0.1 intern als

$$0.00011001100110011001100 \tag{4.51}$$

speichert und die restlichen Stellen vernachlässigt. Dieser Rechner vernachlässigt dann den Wert

$$\sum_{k=6}^{\infty} \left(2^{-4k} + 2^{-(4k+1)} \right) \approx 0.000000095. \tag{4.52}$$

Tippt man also auf diesem Rechner die Zahl 0.1 ein, so wird intern diese Zahl lediglich approximiert mit dem Fehler (4.52). Diesen Fehler nennt man Konvertierungsfehler. Im Gegensatz zu einem Rundungsfehler wird er oft übersehen.

Ähnlich wie Rundungsfehler können sich auch Konvertierungsfehler im Verlauf einer langen Rechnung so fortpflanzen, dass sich ein minimal erscheinender Unterschied in den Eingangsdaten am Ende dann verheerend auswirkt.

Beispiel 4.3.1 Am 25. Februar 1991 während des 1. Golfkrieges verfehlte eine amerikanische Patriot-Abwehrrakete, die in Dharan, Saudi-Arabien, abgefeuert wurde, eine irakische Scud-Rakete, so dass die irakische Scud-Rakete ungehindert in ein amerikanisches Lager einschlagen konnte. Dabei starben 29 amerikanische Soldaten, und es gab ca. 100 Verletzte.

In einer offiziellen Untersuchung[7] wurde bekannt gegeben, dass ein Konvertierungsfehler dieses Versagen verursachte:

Das Abwehrsystem, welches die amerikanische Patriot-Abwehrrakete starten

---

[7] General Accounting Office, GAO/IMTEC-92-26: *Patriot Missile Defense: Software Problem Led to System Failure at Dharan, Saudi Arabia.*

ließ, war seit 100 Stunden in Betrieb, und die interne Uhr dieses Sytems maß die Zeit in Zehntelsekunden. Um die Zeit in Sekunden zu erhalten, wurde die Zeit in Zehntelsekunden mit 0.1 multipliziert. Dass auf einem Rechner die Gleichheit $1 = 0.1 \cdot 10$ nicht gilt, wurde übersehen.

Wird für 0.1 der Ausdruck (4.51) verwendet und somit mit (4.52) ein Fehler von $0.000000095 \cdot 10$ verursacht, so unterscheidet sich nach 100 Stunden die Zeit der internen Uhr des Abwehrsystems von der Zeit, mit der tatsächlich gerechnet wird, um

$$100 \cdot 60 \cdot 60 \cdot (0.000000095 \cdot 10) \text{ Sekunden} = 0.342 \text{ Sekunden}.$$

Der Zeitpunkt der Radarmeldung einer Scud-Rakete geht somit mit einem Fehler von ± 0.342 Sekunden in die Berechnung des Abschusses der Patriot-Abwehrrakete ein. Die Geschwindigkeit einer Scud-Rakete betrug damals 1676 Meter pro Sekunde. Innerhalb von 0.342 Sekunden flog eine Scud-Rakete dann mehr als 500 Meter. Solch einen Unterschied konnte eine Patriot-Abwehrrakete nicht mehr ausgleichen.   □

Hauptmotivation für die Intervallrechnung ist es, all die reellen Zahlen, die man nicht exakt auf einem Rechner darstellen kann, zumindest in Intervalle einzuschließen. Es ist

$$\sqrt{2} \in [1.4142, 1.4143], \quad \frac{1}{3} \in [0.333333, 0.333334], \tag{4.53}$$

bzw. im Dualsystem

$$0.000\overline{1100} \in [0.0001100, 0.0001101]. \tag{4.54}$$

Anstatt mit einer Näherung zu rechnen, deren Fehlerfortpflanzung im Voraus nicht abzuschätzen ist, rechnet man mit Intervallen, so dass am Ende der Berechnungen ein Intervall steht, welches das exakte Endergebnis beinhaltet. Ein großer Nachteil der Intervallrechnung ist allerdings, dass am Ende unter Umständen ein Intervall mit sehr großer Länge entstehen könnte, mit dem man dann wenig anfangen kann.

Eine der Aufgaben und Herausforderungen der Intervallrechnung ist es daher, möglichst enge Einschließungen zu berechnen. Einen Zusammenhang mit dem LCP liefert Satz 4.3.3.

4.3.1 Intervallmatrizen

In $\mathbb{R}$ betrachten wir abgeschlossene, beschränkte Intervalle

$$[a] := [\underline{a}, \overline{a}] = \{x \in \mathbb{R} : \underline{a} \leq x \leq \overline{a}\}. \tag{4.55}$$

Die Gesamtheit dieser Intervalle bezeichnen wir mit **IR**. Reelle Zahlen a sind spezielle Elemente von **IR** mit $[a] := [a, a]$. Wir schreiben dafür auch einfach *a.* Bezeichnet $*$ eine der vier Verknüpfungen $+,-,\cdot,/$ für reelle Zahlen, so definiert man für zwei Elemente $[a]$ und $[b]$ in **IR** die entsprechenden Operationen durch

$$[a] * [b] := \{a * b : a \in [a],\ b \in [b]\}.$$

Bei der Division ist dabei $0 \notin [b]$ vorauszusetzen. Da die Funktion $f(a,b) = a * b$, $a \in [a]$, $b \in [b]$, $* \in \{+,-,\cdot,/\}$ stetig ist, ist $[a] * [b]$ wieder ein Element von **IR**. Üblicherweise wird der Punkt bei der Multiplikation weggelassen. Eine elementare Diskussion ergibt die folgenden Rechenregeln:

$$\left.\begin{aligned}
[a] + [b] &= [\underline{a} + \underline{b}, \overline{a} + \overline{b}],\\
[a] - [b] &= [\underline{a} - \overline{b}, \overline{a} - \underline{b}],\\
[a][b] &= [\min\{\underline{a}\,\underline{b}, \underline{a}\overline{b}, \overline{a}\underline{b}, \overline{a}\overline{b}\}, \max\{\underline{a}\,\underline{b}, \underline{a}\overline{b}, \overline{a}\underline{b}, \overline{a}\overline{b}\}],\\
[a]/[b] &= [\underline{a}, \overline{a}][\tfrac{1}{\overline{b}}, \tfrac{1}{\underline{b}}].
\end{aligned}\right\} \qquad (4.56)$$

Es gilt

$$[a] \cap [b] \neq \emptyset \Leftrightarrow \underline{a} \leq \overline{b} \quad \text{und} \quad \underline{b} \leq \overline{a}. \qquad (4.57)$$

Mit einer Intervallmatrix $[A]$ bezeichnen wir eine Matrix, deren Elemente Intervalle $[a_{ij}] \in$ **IR** sind. Wir schreiben dafür $[A] = ([a_{ij}])$. Hat eine Intervallmatrix m Zeilen und n Spalten, so schreiben wir $[A] \in$ **IR**$^{m \times n}$. In Analogie zu (4.55) benutzen wir auch

$$[A] := [\underline{A}, \overline{A}] := \{A \in \mathbb{R}^{m \times n} : \underline{A} \leq A \leq \overline{A}\}$$

mit $\underline{A}, \overline{A} \in \mathbb{R}^{m \times n}$, $\underline{A} \leq \overline{A}$.

Reelle Matrizen $A = (a_{ij})$ sind spezielle Elemente von **IR**$^{m \times n}$ mit $[a_{ij}] := [a_{ij}, a_{ij}]$. Wir schreiben dafür auch einfach A und nennen A eine Punktmatrix. Verknüpfungen sind wie für reelle Matrizen und/oder Vektoren definiert, nämlich

$$[A] \pm [B] = ([a_{ij}] \pm [b_{ij}]),$$

$$[A][B] = \left(\sum_{k=1}^{n} [a_{ik}][b_{kj}]\right), \qquad (4.58)$$

vorausgesetzt, die Dimensionen sind so, dass man die Verknüpfungen wie im Reellen durchführen kann.

Der Durchschnitt zweier Intervallmatrizen und die Teilmengenbeziehung zweier Intervallmatrizen sind über die Elemente definiert:

$$[A] \cap [B] = ([a_{ij}] \cap [b_{ij}]),$$

$$[A] \subseteq [B] \Leftrightarrow [a_{ij}] \subseteq [b_{ij}].$$

Dabei wird $[A] \cap [B] = \emptyset$ gesetzt, falls i, j existieren mit $[a_{ij}] \cap [b_{ij}] = \emptyset$. Für $[A] = [\underline{A}, \overline{A}] \in$ **IR**$^{m \times n}$ definieren wir weiter

$$A_c := \frac{\overline{A} + \underline{A}}{2} \in \mathbb{R}^{m \times n}, \quad \Delta := \frac{\overline{A} - \underline{A}}{2} \in \mathbb{R}^{m \times n}. \qquad (4.59)$$

Somit kann man $[A]$ auch schreiben als $[A_c - \Delta, A_c + \Delta]$.

Definition 4.3.1 *Eine Intervallmatrix $[A] \in \mathrm{IR}^{n \times n}$ nennt man*

1. *regulär, falls alle $A \in [A]$ regulär sind;*
2. *streng regulär, falls $A_c^{-1} \cdot [A]$ eine reguläre Intervallmatrix ist.*

Dabei ist $A_c^{-1} \cdot [A]$ gemäß (4.58) und nicht im mengentheoretischen Sinn zu verstehen.

Lemma 4.3.1 *Es sei $[A] \in \mathrm{IR}^{n \times n}$ und A_c sei regulär. Dann gilt: Ist $[A]$ streng regulär, so ist $[A]$ regulär.*

Beweis: Angenommen $[A]$ sei nicht regulär. Dann existiert eine Matrix $B \in [A]$, die singulär ist. Dann existiert ein Vektor $x \neq o$ mit $Bx = o$. Derselbe Vektor erfüllt dann auch $A_c^{-1} B x = o$, womit dann folgt, dass $A_c^{-1} B$ singulär sein muss. Wegen $A_c^{-1} B \in A_c^{-1} \cdot [A]$ erhält man einen Widerspruch. $\square$

Die Umkehrung von Lemma 4.3.1 gilt nicht.

Beispiel 4.3.2 Wir betrachten die Intervallmatrix

$$[A] = \begin{pmatrix} [0,2] & 1 \\ -1 & [0,2] \end{pmatrix}.$$

Es ist

$$\det \begin{pmatrix} \alpha & 1 \\ -1 & \beta \end{pmatrix} = \alpha \cdot \beta + 1 \in [1,5]$$

für $\alpha, \beta \in [0,2]$. Somit ist jedes $A \in [A]$ regulär. Des Weiteren gilt

$$A_c^{-1} \cdot [A] = \frac{1}{2} \begin{pmatrix} 1 & -1 \\ 1 & 1 \end{pmatrix} \cdot \begin{pmatrix} [0,2] & 1 \\ -1 & [0,2] \end{pmatrix} = \frac{1}{2} \begin{pmatrix} [1,3] & [-1,1] \\ [-1,1] & [1,3] \end{pmatrix}.$$

Diese Intervallmatrix beinhaltet die singuläre Matrix

$$\frac{1}{2} \begin{pmatrix} 1 & 1 \\ 1 & 1 \end{pmatrix}.$$

Daher ist $[A]$ regulär, aber nicht streng regulär. $\square$

Der Unterschied zwischen einer regulären Intervallmatrix und einer streng regulären Intervallmatrix wird erst in Kapitel 5 entscheidend werden.

In diesem Abschnitt konzentrieren wir uns auf die Anwendung des LCP bei der Intervallrechnung. Eine zentrale Erkenntnis diesbezüglich ist der Zusammenhang von regulären Intervallmatrizen und P-Matrizen. Siehe Satz 4.3.1. Um ihn zu beweisen, benötigen wir das folgende Lemma.

Lemma 4.3.2 *Es sei $[A] \in \mathrm{IR}^{n \times n}$ regulär. Für $A, \tilde{A} \in [A]$ und $x, \tilde{x} \in \mathbb{R}^n$, $x \neq \tilde{x}$ gelte $Ax = \tilde{A}\tilde{x}$. Dann existiert ein $j \in \{1, ..., n\}$ mit $A_{.j} \neq \tilde{A}_{.j}$ und $x_j \tilde{x}_j > 0$.*

Beweis: Angenommen es gelte für jedes $j \in \{1, ..., n\}$ $A_{.j} = \tilde{A}_{.j}$ oder $x_j \tilde{x}_j \leq 0$. Wir werden zeigen, dass es unter dieser Annahme eine Matrix $B \in [A]$ gibt, die singulär ist. Dazu setzen wir zunächst

$$J = \{j : A_{.j} \neq \tilde{A}_{.j} \text{ und } x_j \tilde{x}_j < 0\}.$$

Dann definieren wir die Matrix B spaltenweise wie folgt:

$$B_{.j} := \begin{cases} \dfrac{x_j}{x_j - \tilde{x}_j} A_{.j} + \dfrac{-\tilde{x}_j}{x_j - \tilde{x}_j} \tilde{A}_{.j} & \text{falls } j \in J, \\[2mm] A_{.j} & \text{falls } A_{.j} = \tilde{A}_{.j}, \\[2mm] A_{.j} & \text{falls } A_{.j} \neq \tilde{A}_{.j} \text{ und } \tilde{x}_j = 0, \\[2mm] \tilde{A}_{.j} & \text{falls } A_{.j} \neq \tilde{A}_{.j} \text{ und } x_j = 0. \end{cases}$$

Für $j \in J$ ist wegen

$$\frac{x_j}{x_j - \tilde{x}_j} > 0, \quad \frac{-\tilde{x}_j}{x_j - \tilde{x}_j} > 0 \quad \text{und} \quad \frac{x_j}{x_j - \tilde{x}_j} + \frac{-\tilde{x}_j}{x_j - \tilde{x}_j} = 1$$

$B_{.j}$ eine konvexe Kombination von $A_{.j}$ und $\tilde{A}_{.j}$. Daher gilt $B \in [A]$. Außerdem gilt

$$(x_j - \tilde{x}_j) B_{.j} = x_j A_{.j} - \tilde{x}_j \tilde{A}_{.j} \quad \text{für jedes } j \in \{1, ..., n\}.$$

Daher ist wegen $Ax = \tilde{A}\tilde{x}$, $x \neq \tilde{x}$ und

$$B(x - \tilde{x}) = \sum_{j=1}^{n} (x_j - \tilde{x}_j) B_{.j} = \sum_{j=1}^{n} (x_j A_{.j} - \tilde{x}_j \tilde{A}_{.j}) = Ax - \tilde{A}\tilde{x} = o$$

die Matrix B singulär. $\qquad\square$

Satz 4.3.1 *Es sei* $[A] \in \mathbf{IR}^{n \times n}$ *regulär. Dann sind für alle* $A, \tilde{A} \in [A]$ *die Matrizen* $\tilde{A}^{-1}A$ *und* $\tilde{A}A^{-1}$ *P-Matrizen.*

Beweis: Es seien $A, \tilde{A} \in [A]$ und $x \in \mathbb{R}^n$, $x \neq o$. Wir setzen $\tilde{x} := \tilde{A}^{-1}Ax$.
1. Fall: $x = \tilde{x}$. Dann gibt es wegen $x \neq o$ mindestens ein $j \in \{1, ..., n\}$ mit

$$x_j (\tilde{A}^{-1}Ax)_j = x_j \tilde{x}_j = x_j^2 > 0.$$

2. Fall: $x \neq \tilde{x}$. Dann folgt wegen $Ax = \tilde{A}\tilde{x}$ aus Lemma 4.3.2

$$x_j (\tilde{A}^{-1}Ax)_j = x_j \tilde{x}_j > 0$$

für mindestens ein $j \in \{1, ..., n\}$. Mit Satz 3.1.1 folgt nun, dass $\tilde{A}^{-1}A$ eine P-Matrix ist. Wendet man dieses Ergebnis auf die reguläre Intervallmatrix $[A]^{\mathrm{T}} := \{A^{\mathrm{T}} : A \in [A]\}$ an, so ist zunächst $(\tilde{A}A^{-1})^{\mathrm{T}} = (A^{\mathrm{T}})^{-1}\tilde{A}^{\mathrm{T}}$ eine P-Matrix und somit auch $\tilde{A}A^{-1}$. $\qquad\square$

4.3.2 Lineare Intervallgleichungssysteme

Lineare Intervallgleichungssysteme entstehen beispielsweise dann, wenn man ein lineares Gleichungssystem

$$\tilde{A}x = \tilde{b}, \quad \tilde{A} \in \mathbb{R}^{m \times n}, \tilde{b} \in \mathbb{R}^m, \tag{4.60}$$

zu lösen hat, wobei man aber für $\tilde{A}$ und $\tilde{b}$ lediglich untere und obere Schranken kennt. Dies kann entstehen, wenn man Rundungs- sowie Konvertierungsfehler mitberücksichtigen will (siehe (4.53), (4.54)) oder wenn die Daten von $\tilde{A}$ und/oder von $\tilde{b}$ gemessen werden und man für den Messfehler eine gewisse Toleranz einräumt.

Eine andere Anwendung findet man in [42], wo eine gewöhnliche Randwertaufgabe durch Diskretisierung auf ein lineares Intervallgleichungssystem führt, indem man bei der zu Grunde liegenden Taylorentwicklung das Restglied in einem Intervall einschließt und so den Diskretisierungsfehler berücksichtigt. Wir wollen hier nicht weiter darauf eingehen.

Gegeben sind also eine Intervallmatrix $[A] \in \mathbf{IR}^{m \times n}$ und ein Intervallvektor[8] $[b] \in \mathbf{IR}^m$, und wir betrachten eine Menge von linearen Gleichungssystemen

$$Ax = b, \quad A \in [A], b \in [b]. \tag{4.61}$$

Die Gleichungen (4.61) werden als ein lineares Intervallgleichungssystem bezeichnet, und die Lösung ist die Menge

$$\Sigma([A], [b]) := \{x \in \mathbb{R}^n : Ax = b \text{ für ein } A \in [A] \text{ und ein } b \in [b]\}.$$

Wir wollen betonen, dass wir *nicht* an einem Intervallvektor $[x]$ interessiert sind, der bezüglich (4.58) die Gleichung $[A][x] = [b]$ erfüllt. Ein solcher Intervallvektor hat nämlich im Allgemeinen nichts mit der Lösungsmenge $\Sigma([A], [b])$ zu tun. Dies zeigt das anschließende Beispiel.

Beispiel 4.3.3 Gegeben sei die lineare Gleichung

$$\frac{4}{3}x = \frac{9}{7}. \tag{4.62}$$

Mit

$$\frac{4}{3} \in [1, \frac{8}{5}] =: [A] \in \mathbf{IR}^{1 \times 1} \quad \text{und} \quad \frac{9}{7} \in [1, 2] =: [b] \in \mathbf{IR}^1$$

erfüllt dann zwar $[x] = [1, \frac{5}{4}]$ die Gleichung $[A][x] = [b]$, aber die Lösung $\tilde{x} = \frac{27}{28}$ von (4.62) liegt nicht in $[x]$. □

Eine Aussage, ob ein Vektor $x \in \mathbb{R}^n$ zur Lösungsmenge $\Sigma([A], [b])$ gehört, macht das folgende Lemma.

---

[8] Intervallvektoren sind über Intervallmatrizen definiert, indem man $\mathbf{IR}^m :=$ $\mathbf{IR}^{m \times 1}$ setzt.

Lemma 4.3.3 *Es seien* $[A] \in \mathrm{IR}^{m \times n}$ *und* $[b] \in \mathrm{IR}^m$. *Dann sind folgende Aussagen äquivalent:*

1. $x \in \Sigma([A], [b])$.
2. $[A]x \cap [b] \neq \emptyset$.

Beweis: 1. $\Rightarrow$ 2.

Es sei $x \in \Sigma([A], [b])$. Dann existieren $A \in [A]$ und $b \in [b]$ mit $Ax = b$. Wegen $Ax \in [A]x$ folgt dann

$$b \in [A]x \cap [b] \quad \text{bzw.} \quad [A]x \cap [b] \neq \emptyset.$$

2. $\Rightarrow$ 1.

Es sei $[A]x \cap [b] \neq \emptyset$. Dann existiert ein $b \in [A]x \cap [b]$. Wegen

$$[A]x = \begin{pmatrix} [a_{11}]x_1 + \ldots + [a_{1n}]x_n \\ \vdots \\ [a_{m1}]x_1 + \ldots + [a_{mn}]x_n \end{pmatrix}$$

kommt in dem Ausdruck $[A]x$ jeder Eintrag von $[A]$ genau einmal vor. Somit ist $[A]x$ gleich dem Wertebereich der Funktion $f : \mathbb{R}^{m \cdot n} \to \mathbb{R}^m$ definiert durch

$$f(a_{11}, a_{12}, \ldots, a_{mn}) = \begin{pmatrix} a_{11}x_1 + \ldots + a_{1n}x_n \\ \vdots \\ a_{m1}x_1 + \ldots + a_{mn}x_n \end{pmatrix}$$

mit Definitionsbereich $D_f = [a_{11}] \times [a_{12}] \times \ldots \times [a_{mn}]$ und Konstanten $x_1, \ldots, x_n$. Aus $b \in [A]x$ folgt daher die Existenz von $A \in [A]$ mit $b = Ax$. Somit ist $x \in \Sigma([A], [b])$. $\square$

Beispiel 4.3.4 Wir betrachten

$$[A] = \begin{pmatrix} [2,4] & [-2,1] \\ [-1,2] & [2,4] \end{pmatrix} \quad \text{und} \quad [b] = \begin{pmatrix} [-2,2] \\ [-2,2] \end{pmatrix}.$$

Es sei $x \in \Sigma([A], [b])$. Dann ist nach Lemma 4.3.3:

$$\left. \begin{aligned} [2,4] \cdot x_1 + [-2,1] \cdot x_2 \cap [-2,2] \neq \emptyset, \\ [-1,2] \cdot x_1 + [2,4] \cdot x_2 \cap [-2,2] \neq \emptyset. \end{aligned} \right\} \tag{4.63}$$

1. Fall: $x_1 \geq 0$, $x_2 \geq 0$. Dann bekommt man aus (4.63) über (4.57):

$$2x_1 - 2x_2 \leq 2, \quad -2 \leq 4x_1 + x_2,$$
$$-x_1 + 2x_2 \leq 2, \quad -2 \leq 2x_1 + 4x_2,$$

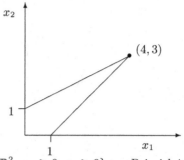

Abb. 4.1. $\Sigma([A],[b]) \cap \{x \in \mathbb{R}^2 : x_1 \geq 0,\ x_2 \geq 0\}$ aus Beispiel 4.3.4.

bzw.

$$x_1 - 1 \leq x_2, \quad -4x_1 - 2 \leq x_2,$$
$$\tfrac{1}{2}x_1 + 1 \geq x_2, \quad -\tfrac{1}{2}x_1 - \tfrac{1}{2} \leq x_2.$$

Zusammen mit $x_1 \geq 0$, $x_2 \geq 0$ erhält man die durch das Polygon in Abb. 4.1 begrenzte Fläche.

Mit den restlichen drei Fällen bekommt man dann in diesem Beispiel für $\Sigma([A],[b])$ die sternförmige Fläche, die in Abb. 4.2 zu sehen ist.   □

Ganz allgemein gilt der folgende Satz.

Satz 4.3.2 *Es seien* $[A] \in \mathbf{IR}^{n \times n}$ *und* $[b] \in \mathbf{IR}^n$. *Ist* $[A]$ *regulär, dann gelten folgende Aussagen:*

1. *Die Menge* $\Sigma([A],[b])$ *ist kompakt, zusammenhängend, aber im Allgemeinen nicht konvex.*
2. *Die Menge* $\Sigma([A],[b])$ *ist die Vereinigung von endlich vielen Polytopen.*
3. *Ist* O *ein fest gewählter Orthant des* $\mathbb{R}^n$ *und die Menge* $\Sigma([A],[b]) \cap O$ *nichtleer, so ist* $\Sigma([A],[b]) \cap O$ *konvex, kompakt, zusammenhängend und ein Polytop.*

Beweis: Die Funktion $g : [A] \times [b] \to \mathbb{R}^n$ mit $g(A,b) := A^{-1}b$ ist stetig. Da $[A] \times [b]$ kompakt und zusammenhängend ist, ist auch der Wertebereich von g, nämlich $\Sigma([A],[b])$, kompakt und zusammenhängend.

Es sei $O = O_k$, $k \in \{1, ..., 2^n\}$, einer der 2^n abgeschlossenen Orthanten. O ist dann bestimmt durch die Vorzeichen $s_j \in \{-1,1\}$, $j = 1, ..., n$ der Komponenten seiner inneren Punkte, d.h. für $x \in O$ gilt

$$x_j \begin{cases} \geq 0, & \text{falls } s_j = 1, \\ \leq 0, & \text{falls } s_j = -1. \end{cases} \tag{4.64}$$

Für $[A]$ und $[b]$ definieren wir nun

$$c_{ij} := \begin{cases} \underline{a}_{ij}, & \text{falls } s_j = 1, \\ \overline{a}_{ij}, & \text{falls } s_j = -1, \end{cases} \qquad d_{ij} := \begin{cases} \overline{a}_{ij}, & \text{falls } s_j = 1, \\ \underline{a}_{ij}, & \text{falls } s_j = -1, \end{cases} \tag{4.65}$$

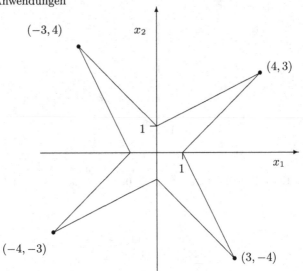

Abb. 4.2. $\Sigma([A], [b])$ von Beispiel 4.3.4.

$i, j = 1, ..., n$, und

$$\underline{H}_i := \{x \in \mathbb{R}^n : \sum_{j=1}^n c_{ij}x_j \leq \overline{b}_i\}, \quad \overline{H}_i := \{x \in \mathbb{R}^n : \sum_{j=1}^n d_{ij}x_j \geq \underline{b}_i\}, \quad (4.66)$$

$i = 1, ..., n$. Wir werden nun

$$\Sigma([A], [b]) \cap O = \Big(\bigcap_{i=1}^n (\underline{H}_i \cap \overline{H}_i)\Big) \cap O \qquad (4.67)$$

zeigen. Dazu sei $x \in O$. Dann gilt zunächst wegen (4.64) und (4.65)

$$(\underline{[A]x})_i = \sum_{j=1}^n \underline{[a_{ij}]}x_j = \sum_{j=1}^n c_{ij}x_j \quad \text{sowie} \quad (\overline{[A]x})_i = \sum_{j=1}^n \overline{[a_{ij}]}x_j = \sum_{j=1}^n d_{ij}x_j$$

und dann wegen Lemma 4.3.3, (4.57) und (4.66)

$$x \in \Sigma([A], [b]) \Leftrightarrow [A]x \cap [b] \neq \emptyset$$
$$\Leftrightarrow (\underline{[A]x})_i \leq \overline{b}_i \text{ und } (\overline{[A]x})_i \geq \underline{b}_i, \; i = 1, ..., n$$
$$\Leftrightarrow x \in \bigcap_{i=1}^n (\underline{H}_i \cap \overline{H}_i).$$

Somit ist (4.67) gezeigt. Weil der Durchschnitt von endlich vielen konvexen Mengen wieder konvex ist, ist wegen (4.67) auch $\Sigma([A], [b]) \cap O$ konvex.

Zuletzt ist $\Sigma([A], [b]) \cap O$ ein Polytop, weil die Ränder von $\underline{H}_i$ bzw. $\overline{H}_i$, $i = 1, ..., n$, Hyperebenen im $\mathbb{R}^n$ sind. $\qquad \square$

4.3.3 Lineare Intervallgleichungssysteme und das LCP

Es seien $[A] \in \mathbf{IR}^{n \times n}$, $[b] \in \mathbf{IR}^{n}$. Ist $[A]$ regulär, so ist wegen Satz 4.3.2 $\Sigma([A], [b])$ beschränkt, und ein zentrales Problem in der Intervallrechnung besteht darin, den Intervallvektor zu bestimmen, der $\Sigma([A], [b])$ am engsten einschließt.

Diesen Intervallvektor nennt man Besteinschließung oder auch die Intervallhülle von $\Sigma([A], [b])$. Wir bezeichnen sie mit $[]\Sigma([A], [b])$. In Beispiel 4.3.4 gilt

$$[]\Sigma([A], [b]) = \begin{pmatrix} [-4, 4] \\ [-4, 4] \end{pmatrix}, \tag{4.68}$$

wie man in Abb. 4.2 anhand der Vektoren

$$\left\{ \begin{pmatrix} -3 \\ 4 \end{pmatrix}, \begin{pmatrix} 4 \\ 3 \end{pmatrix}, \begin{pmatrix} 3 \\ -4 \end{pmatrix}, \begin{pmatrix} -4 \\ -3 \end{pmatrix} \right\} \tag{4.69}$$

unschwer erkennt. In Satz 4.3.3 werden wir sehen, dass die Vektoren aus (4.69) durch mehrere LCP's bestimmt sind.

Analog zu (4.59) benutzen wir für $[b] = [\underline{b}, \overline{b}] \in \mathbf{IR}^{m}$ die Bezeichnungen

$$b_c := \frac{\overline{b} + \underline{b}}{2} \in \mathbb{R}^{m}, \quad \delta := \frac{\overline{b} - \underline{b}}{2} \in \mathbb{R}^{m}. \tag{4.70}$$

Somit kann man $[b]$ auch schreiben als $[b_c - \delta, b_c + \delta]$. Des Weiteren bezeichne

$$Y = \{y \in \mathbb{R}^{n} : |y_j| = 1, \, j = 1, ..., n \}. \tag{4.71}$$

Offensichtlich hat Y 2^n Elemente. Für $y \in Y$ bezeichnen wir mit $T_y = diag(y_1, ..., y_n)$ die Diagonalmatrix mit Diagonalvektor y. Außerdem definieren wir für $x \in \mathbb{R}^n$ den Vorzeichenvektor $\operatorname{sgn} x$ durch $(\operatorname{sgn} x)_i = 1$ falls $x_i \geq 0$ und $(\operatorname{sgn} x)_i = -1$ falls $x_i < 0$.

Satz 4.3.3 *Es sei* $[A] = [A_c - \Delta, A_c + \Delta] \in \mathbf{IR}^{n \times n}$ *regulär, und es sei* $[b] = [b_c - \delta, b_c + \delta] \in \mathbf{IR}^{n}$. *Dann gilt:*

1. Für jedes $y \in Y$ *ist die Matrix*

$$M_y := \left(A_c - T_y \cdot \Delta \right)^{-1} \cdot \left(A_c + T_y \cdot \Delta \right) \tag{4.72}$$

eine P-Matrix.

2. Für $y \in Y$ *mögen* w_y *und* z_y *die (nach 1. und Satz 3.1.2 eindeutige) Lösung von* $LCP(q_y, M_y)$ *bezeichnen mit* M_y *aus (4.72) und*

$$q_y := \left(A_c - T_y \cdot \Delta \right)^{-1} \cdot \left(b_c + T_y \cdot \delta \right). \tag{4.73}$$

Dann gilt mit $x_y := w_y - z_y$

$$Konv \, \Sigma([A], [b]) = Konv \, \{x_y : y \in Y\}.$$

3. Es ist

$$[]\Sigma([A],[b]) = \begin{pmatrix} [\min\{(x_y)_1 : y \in Y\}, \max\{(x_y)_1 : y \in Y\}] \\ \vdots \\ [\min\{(x_y)_n : y \in Y\}, \max\{(x_y)_n : y \in Y\}] \end{pmatrix},$$

wobei $(x_y)_i$ die i-te Komponente von x_y bezeichnet.

Beweis: 1. Wegen $A_c - T_y \cdot \Delta \in [A]$ und $A_c + T_y \cdot \Delta \in [A]$ für jedes $y \in Y$ folgt die Behauptung aus Satz 4.3.1.

2. Für $y \in Y$ gilt

$$w_y = q_y + M_y z_y, \quad w_y \geq o, \ z_y \geq o, \quad w_y^T z_y = 0.$$

Dann ist $|x_y| = w_y + z_y$, und es folgt mit (4.72) und (4.73)

$$\left(A_c - T_y \cdot \Delta\right) w_y = b_c + T_y \cdot \delta + \left(A_c + T_y \cdot \Delta\right) z_y \qquad (4.74)$$

sowie $A_c x_y = b_c + T_y \cdot \delta + T_y \Delta |x_y|$. Mit $\tilde{y} := \operatorname{sgn} x_y$ gilt $T_{\tilde{y}} \cdot x_y = |x_y|$, und man erhält

$$\left(A_c - T_y \Delta T_{\tilde{y}}\right) x_y = b_c + T_y \delta,$$

woraus $x_y \in \Sigma([A],[b])$ folgt. Somit gilt

$$\text{Konv } \Sigma([A],[b]) \supseteq \text{Konv } \{x_y : y \in Y\}.$$

Sei nun umgekehrt $x \in \Sigma([A],[b])$. Dann existieren $A \in [A]$ und $b \in [b]$ mit $Ax = b$. Wir nummerieren Y durch, d.h. es sei $Y = \{y_1, ..., y_{2^n}\}$. Dann setzen wir

$$\tilde{A} := \begin{pmatrix} A \cdot x_{y_1} & A \cdot x_{y_2} & \cdots & A \cdot x_{y_{2^n}} \\ 1 & 1 & \cdots & 1 \end{pmatrix} \in \mathbb{R}^{(n+1) \times 2^n}$$

und

$$\tilde{b} := \begin{pmatrix} b \\ 1 \end{pmatrix} \in \mathbb{R}^{n+1}.$$

Wir suchen nun ein $\lambda \in \mathbb{R}^{2^n}$ mit

$$\tilde{A}\lambda = \tilde{b}, \quad \lambda \geq o. \qquad (4.75)$$

Nach dem Lemma von Farkas (Satz A.2.3) existiert ein solches λ genau dann, wenn für jedes $\tilde{u} \in \mathbb{R}^{n+1}$ mit $\tilde{u}^T \tilde{A} \geq o^T$ auch $\tilde{u}^T \tilde{b} \geq 0$ folgt. Sei also

$$\tilde{u} := \begin{pmatrix} u \\ u_0 \end{pmatrix}, \quad u \in \mathbb{R}^n, u_0 \in \mathbb{R} \quad \text{mit } \tilde{u}^T \tilde{A} \geq o^T,$$

d.h.

$$u^T A x_y + u_0 \geq 0 \quad \text{für alle } y \in Y. \qquad (4.76)$$

Dies gilt insbesondere für $y = -\text{sgn } u$. Für dieses y gilt dann $|u| = -T_y u$, woraus

$$|u^T(A - A_c)| \le |u^T|\Delta = -u^T T_y \Delta$$

folgt, was wiederum

$$u^T T_y \Delta \le u^T A - u^T A_c \le -u^T T_y \Delta$$

bzw.

$$u^T(A_c + T_y \Delta) \le u^T A \le u^T(A_c - T_y \Delta) \tag{4.77}$$

impliziert. Genauso gilt

$$|u^T(b_c - b)| \le |u^T|\delta = -u^T T_y \delta$$

und somit

$$u^T(b_c + T_y \delta) \le u^T b.$$

Nun gilt mit (4.74), (4.76) und (4.77)

$$u^T b \ge u^T(b_c + T_y \delta)$$
$$= u^T\Big((A_c - T_y\Delta)w_y - (A_c + T_y\Delta)z_y\Big)$$
$$\ge u^T A w_y - u^T A z_y = u^T A x_y \ge -u_0.$$

Es folgt $\tilde{u}^T \tilde{b} \ge 0$, und die Existenz von $\lambda = (\lambda_y)$, $y \in Y$, welches (4.75) erfüllt, ist gesichert nach Satz A.2.3. Mit einem solchen λ gilt dann

$$\sum_{y \in Y} \lambda_y (A x_y) = b, \quad \sum_{y \in Y} \lambda_y = 1 \quad \text{und} \quad \lambda_y \ge 0 \text{ für alle } y \in Y.$$

Wegen

$$A\Big(\sum_{y \in Y} \lambda_y x_y\Big) = b = Ax$$

folgt dann aus der Regularität von A

$$\sum_{y \in Y} \lambda_y x_y = x, \quad \sum_{y \in Y} \lambda_y = 1 \quad \text{und} \quad \lambda_y \ge 0 \text{ für alle } y \in Y.$$

Dies bedeutet $x \in \text{Konv } \{x_y : y \in Y\}$, woraus dann

$$\text{Konv } \Sigma([A], [b]) \subseteq \text{Konv } \{x_y : y \in Y\}$$

folgt.

3. Da $\Sigma([A], [b])$ die Vereinigung von Polytopen ist, folgt mit 2. für jedes $i \in \{1, ..., n\}$

$$\min\{x_i : x \in \Sigma([A], [b])\} = \min\{x_i : x \in \text{Konv } \Sigma([A], [b])\}$$
$$= \min\{(x_y)_i : y \in Y\}.$$

Die entsprechende Aussage für $\max\{...\}$ zeigt man analog. $\qquad\square$

Beispiel 4.3.5 Wir betrachten $[A]$ und $[b]$ aus Beispiel 4.3.4. Jedes $A \in [A]$ ist regulär, denn für jedes $A \in [A]$ gilt

$$\det A \in [2,4] \cdot [2,4] - [-2,1] \cdot [-1,2] = [2,20].$$

Es ist

$$Y = \left\{ \begin{pmatrix} 1 \\ 1 \end{pmatrix}, \begin{pmatrix} -1 \\ 1 \end{pmatrix}, \begin{pmatrix} 1 \\ -1 \end{pmatrix}, \begin{pmatrix} -1 \\ -1 \end{pmatrix} \right\}.$$

Speziell für $y = (-1, 1)^{\mathrm{T}}$ erhält man

$$M_y = \begin{pmatrix} 4 & 1 \\ -1 & 2 \end{pmatrix}^{-1} \cdot \begin{pmatrix} 2 & -2 \\ 2 & 4 \end{pmatrix} = \frac{1}{9} \begin{pmatrix} 2 & -8 \\ 10 & 14 \end{pmatrix} \tag{4.78}$$

und

$$q_y = \begin{pmatrix} 4 & 1 \\ -1 & 2 \end{pmatrix}^{-1} \cdot \begin{pmatrix} -2 \\ 2 \end{pmatrix} = \frac{1}{9} \begin{pmatrix} -6 \\ 6 \end{pmatrix}.$$

$LCP(q_y, M_y)$ hat die eindeutige Lösung

$$w_y = \begin{pmatrix} 0 \\ 4 \end{pmatrix}, \quad z_y = \begin{pmatrix} 3 \\ 0 \end{pmatrix}.$$

Daher ist

$$x_y = w_y - z_y = \begin{pmatrix} -3 \\ 4 \end{pmatrix}.$$

Die anderen Vektoren $y \in Y$ liefern die restlichen Vektoren von (4.69). Die Berechnungen führen wir hier nicht weiter aus. Es ist dann

$$[]\Sigma([A], [b]) = \begin{pmatrix} [\min\{-4, -3, 3, 4\}, \max\{-4, -3, 3, 4\}] \\ [\min\{-4, -3, 3, 4\}, \max\{-4, -3, 3, 4\}] \end{pmatrix} = \begin{pmatrix} [-4, 4] \\ [-4, 4] \end{pmatrix},$$

wie wir bereits in (4.68) gesehen haben. $\qquad\square$

Da Y 2^n Elemente besitzt, hat man 2^n Vektoren x_y zu berechnen, wenn man $[]\Sigma([A], [b])$ mit Hilfe von Satz 4.3.3 bestimmen will. Daher ist dies nur für kleine n praktikabel. Der Vollständigkeit wegen wollen wir noch erwähnen, dass die Bestimmung von $[]\Sigma([A], [b])$ NP-hart ist, d.h. es ist nicht klar, ob es einen Algorithmus gibt, der $[]\Sigma([A], [b])$ in polynomialer Zeit berechnet.

Aufgabe 4.3.1 *Gegeben sind*

$$[A] = \begin{pmatrix} 1 & [-3, 0] \\ 0 & 1 \end{pmatrix} \quad und \quad [b] = \begin{pmatrix} 1 \\ 1 \end{pmatrix}.$$

a) *Berechnen Sie* $[]\Sigma([A], [b])$ *unter Verwendung von Satz 4.3.3.*

b) *Zeigen Sie, dass die Matrix* M_y *aus (4.72) im Allgemeinen keine positiv definite Matrix ist.*

4.4 Freie Randwertprobleme

Ein freies Randwertproblem wird beschrieben durch eine Differentialgleichung, die auf einem Gebiet erfüllt sein muss, dessen Rand im Voraus nicht (vollständig) bekannt ist und als Teil der Lösung mitbestimmt werden muss.

Zunächst betrachten wir freie Randwertprobleme, bei denen die zu Grunde liegende Differentialgleichung eine gewöhnliche Differentialgleichung ist. Als Anwendungsbeispiel betrachten wir das Seilproblem. Siehe Beispiel 4.4.2. Wir betrachten das freie Randwertproblem danach als reines mathematisches Problem, bei dem die Frage entsteht, ob das Problem als solches überhaupt eine Lösung besitzt. In Abschnitt 4.4.2 werden wir diesbezüglich Existenz- und Eindeutigkeitssätze beweisen. Ist durch diese Sätze die eindeutige Lösbarkeit des gewöhnlichen freien Randwertproblems garantiert, so wird die Differentialgleichung diskretisiert, und es entsteht ein LCP, dessen eindeutige Lösung Näherungswerte für das freie Randwertproblem liefert.

Nachdem in Abschnitt 4.4.3 das Prinzip erläutert worden ist, wie aus einem freien Randwertproblem ein LCP entsteht, betrachten wir in Abschnitt 4.4.4 freie Randwertprobleme, bei denen die zu Grunde liegende Differentialgleichung eine partielle Differentialgleichung ist. Solche Problemstellungen treten in den unterschiedlichsten Bereichen auf. Die wohl bekanntesten Beispiele sind:

1. Das Stefan-Problem.
2. Das Damm-Problem.

Man findet diese Beispiele ausführlich erklärt in dem Buch [23] von J. Crank aus dem Jahre 1984. Seit 1997, als R. C. Merton und M. S. Scholes den Nobelpreis für Wirtschaftswissenschaften erhielten, wird auch immer wieder

3. Bewerten von Optionen

als ein Beispiel eines freien Randwertproblems aufgeführt. Diesem Beispiel wollen wir uns ausführlich ab Abschnitt 4.4.4 widmen.

4.4.1 Gewöhnliche freie Randwertprobleme

Gegeben seien $\alpha > 0$ und eine stetige reellwertige Funktion $f(x, z, t)$, $(x, z, t) \in [0, \infty) \times \mathbb{R}^2$. Dann betrachten wir das gewöhnliche freie Randwertproblem:

$$\left. \begin{array}{c} \text{Finde } s > 0 \text{ und } u(x) : [0, \infty) \to \mathbb{R} \text{ mit} \\ u''(x) = f(x, u(x), u'(x)), \ x \in [0, s], \\ u(0) = \alpha, \quad u'(s) = 0, \\ u(x) = 0, \ x \in [s, \infty). \end{array} \right\} \tag{4.79}$$

Dabei sind die Ableitungen in den Intervallendpunkten als einseitige Ableitungen zu verstehen.

Beispiel 4.4.1 Für $f(x, z, t) \equiv c$ mit $c > 0$ besitzt das freie Randwertproblem (4.79) die eindeutige Lösung $\{s_p, v_p(x)\}$ mit

$$s_p := \sqrt{\frac{2\alpha}{c}}$$

und

$$v_p(x) := \begin{cases} \dfrac{c}{2}(x - s_p)^2, & x \in [0, s_p], \\ 0, & x \in (s_p, \infty). \end{cases}$$

Der Index p soll dabei an die Parabel erinnern. Wir werden diese Lösung explizit in Abschnitt 4.4.3 verwenden. □

Beispiel 4.4.2 In der (x, y)-Ebene sei ein Seil im Punkt $x = 0$, $y = \alpha > 0$ aufgehängt und liege ein Stück auf einem Tisch auf, dessen Oberfläche durch $y = 0$ gegeben sei. Siehe Abb. 4.3. Das Seil berühre den Tisch mit horizontaler

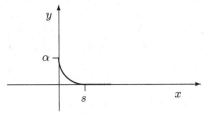

Abb. 4.3. Seilkurve

Tangente im Punkt $x = s$, und im Intervall $[0, s]$ genüge die Form des Seiles, die durch $y(x)$ beschrieben sei, der Differentialgleichung

$$y'' = \mu\sqrt{1 + (y')^2}, \quad \mu > 0.$$

Siehe Bemerkung 4.4.1. Der freie Rand $x = s$ ist nicht von vornherein bekannt und muss bei der Lösung mitbestimmt werden. Man erhält das gewöhnliche freie Randwertproblem (4.79) für $u(x) = y(x)$ mit $f(x, z, t) = \mu\sqrt{1 + t^2}$, $\mu > 0$. Es besitzt eine eindeutige Lösung, welche man explizit angeben kann. Siehe Aufgabe 4.4.1. □

Bemerkung 4.4.1 Differentialgleichung der Seilkurve. Die Bogenlänge der Seilkurve $y = y(x)$, $x \in [0, s]$ ist definiert über

$$l(x) = \int_0^x \sqrt{1 + (y'(t))^2} \, dt,$$

was auf

$$l'(x) = \sqrt{1 + (y'(x))^2} \tag{4.80}$$

führt. Es sei $\Delta x > 0$. Dann betrachten wir das Seilstück, welches den Punkt

$$P_1 = (x, y(x))$$

als linken Endpunkt und den Punkt

$$P_2 = (x + \Delta x, y(x + \Delta x))$$

als rechten Endpunkt besitzt. Dieses Bogenelement hat die Länge

$$\Delta l := l(x + \Delta x) - l(x).$$

Ist γ das spezifische Gewicht des Seiles und F der Querschnitt des Seiles, so hat jenes Bogenelement das Gewicht $G = \gamma \cdot F \cdot \Delta l$. An dem Punkt P_1 wirkt

Abb. 4.4. Ein Bogenelement der Seilkurve

die Kraft S_1 mit horizontaler Richtung H_1 nach links und vertikaler Richtung V_1 nach oben, und an dem Punkt P_2 wirkt die Kraft S_2 mit horizontaler Richtung H_2 nach rechts und vertikaler Richtung V_2 nach unten. Siehe Abb. 4.4. Die Gleichgewichtsbedingungen ergeben

$$H_1 = H_2 = const =: H, \quad V_1 = G + V_2.$$

Wegen $V_1 = V(x)$ und $V_2 = V(x + \Delta x)$ kann man

$$V(x) = G + V(x + \Delta x)$$

schreiben. Ist $V(x)$ zweimal stetig differenzierbar, so gilt nach dem Satz von Taylor

$$V(x) = \gamma \cdot F \cdot \Delta l + V(x) + \Delta x \cdot V'(x) + \frac{(\Delta x)^2}{2} V''(\xi)$$

mit einem gewissen $\xi \in (x, x + \Delta x)$. Mit $\Delta x \to 0$ folgt

$$-\gamma \cdot F \cdot l'(x) = V'(x). \tag{4.81}$$

Nun ist (siehe Abb. 4.4)

$$y'(x) = -\frac{V(x)}{H} \quad \text{bzw.} \quad V'(x) = -Hy''(x).$$

Mit (4.81) und (4.80) erhält man dann

$$y''(x) = -\frac{V'(x)}{H} = \frac{\gamma F}{H} \cdot l'(x) = \mu\sqrt{1 + (y'(x))^2}$$

mit $\mu = \dfrac{\gamma F}{H} > 0$. □

Aufgabe 4.4.1 *Berechnen Sie die eindeutige Lösung des freien Randwertproblems (4.79) für $\alpha > 0$ und $f(x, z, t) = \mu\sqrt{1 + t^2}$ mit $\mu > 0$.*

Aufgabe 4.4.2 *Zeigen Sie, dass das freie Randwertproblem (4.79) für $\alpha > 0$ und $f(x, z, t) \equiv -1$ keine Lösung besitzt.*

Aufgabe 4.4.3 *Zeigen Sie, dass das freie Randwertproblem (4.79) für $\alpha = 1$ und $f(x, z, t) = 2 - 4z$ unendlich viele Lösungen besitzt.*

4.4.2 Existenz- und Eindeutigkeitsaussagen

Im Unterschied zu Beispiel 4.4.1, Aufgabe 4.4.1 und Aufgabe 4.4.3 stellen wir uns in diesem Abschnitt die Frage, ob man die Lösbarkeit eines freien Randwertproblems (4.79) auch garantieren kann, ohne eine Lösung explizit zu bestimmen bzw. bestimmen zu können. Dazu betrachten wir Funktionen $f(x, z, t)$ mit folgender Eigenschaft.

Voraussetzung 4.4.1 *Die stetige Funktion $f(x, z, t)$, $(x, z, t) \in [0, \infty) \times \mathbb{R}^2$ aus (4.79) möge folgende Bedingungen erfüllen:*

(i) Es existieren $c > 0$ und $r \in \mathbb{R}$ mit

$$f(x, z, t) > c + r \cdot t \quad \text{für alle } (x, z, t) \in [0, \infty) \times [0, \infty) \times \mathbb{R};$$

(ii) $f(x, z, t)$ ist streng monoton wachsend bezüglich $z \geq 0$, d.h.

$$0 \leq z < \tilde{z} \Rightarrow f(x, z, t) < f(x, \tilde{z}, t).$$

Wir werden zeigen, dass ein freies Randwertproblem (4.79) definiert durch ein $\alpha > 0$ und eine Funktion $f(x, z, t)$, die Voraussetzung 4.4.1 erfüllen möge, eine eindeutige Lösung besitzt. Siehe Satz 4.4.3. Der Eindeutigkeitsbeweis wird mit Hilfe von Satz 4.4.1 geführt, während die Existenzaussage mit Hilfe von Satz 4.4.2 und Lemma 4.4.3 bewiesen wird.

Dazu bezeichne im Folgenden $C^2([a, b])$ die Menge aller Funktionen, die auf $[a, b]$ zweimal stetig differenzierbar sind. Dabei sind die Ableitungen in den Intervallendpunkten als einseitige Ableitungen zu verstehen.

Satz 4.4.1 *Gegeben seien* $\alpha > 0$ *und eine stetige Funktion* $f(x, z, t)$, *die Voraussetzung 4.4.1 erfüllen möge. Des Weiteren seien* $s > 0$ *und* $u \in C^2([0, s])$ *mit*

$$
\left.
\begin{aligned}
-u''(x) + f(x, u(x), u'(x)) &\leq 0, \quad x \in [0, s], \\
u(0) &\leq \alpha, \\
u(s) = u'(s) &= 0,
\end{aligned}
\right\}
\tag{4.82}
$$

gegeben sowie $s^* > 0$ *und* $v \in C^2([0, s^*])$ *mit*

$$
\left.
\begin{aligned}
-v''(x) + f(x, v(x), v'(x)) &\geq 0, \quad x \in [0, s^*], \\
v(0) &\geq \alpha, \\
v(s^*) = v'(s^*) &= 0.
\end{aligned}
\right\}
\tag{4.83}
$$

Ist zusätzlich $v(x) \geq 0$, $x \in (0, s^*)$, *so gilt* $s \leq s^*$ *und* $u(x) \leq v(x)$, $x \in (0, s)$.

Bevor wir diesen Satz beweisen, beweisen wir zunächst zwei Lemmata.

Lemma 4.4.1 *Gegeben sei eine stetige Funktion* $f(x, z, t)$, *die Voraussetzung 4.4.1 erfüllen möge. Des Weiteren gebe es Funktionen* $u(x)$, $v(x) \in C^2([x_1, x_2])$ *mit*

$$
\begin{aligned}
-u''(x) + f(x, u(x), u'(x)) &\leq -v''(x) + f(x, v(x), v'(x)), \quad x \in [x_1, x_2] \\
u(x_1) &\leq v(x_1), \\
u(x_2) &\leq v(x_2).
\end{aligned}
$$

Außerdem sei $v(x) \geq 0$, $x \in [x_1, x_2]$. *Dann gilt* $u(x) \leq v(x)$ *für alle* $x \in [x_1, x_2]$.

Beweis: Wir nehmen an, es gebe ein $\tilde{x} \in (x_1, x_2)$ mit $u(\tilde{x}) > v(\tilde{x})$. Dann hat die Funktion

$$
\Phi(x) := u(x) - v(x), \quad x \in [x_1, x_2]
$$

ein positives Maximum, welches wegen $\Phi(x_1) \leq 0$ und $\Phi(x_2) \leq 0$ in (x_1, x_2) angenommen wird. Da $\Phi(x)$ zweimal differenzierbar ist, existiert also ein $x_0 \in (x_1, x_2)$ mit

$$
\Phi(x_0) = \max_{x \in [x_1, x_2]} \Phi(x) > 0
$$

und $\Phi'(x_0) = 0$, $\Phi''(x_0) \leq 0$. Somit haben wir

$$
u(x_0) > v(x_0) \geq 0 \quad \text{und} \quad u'(x_0) = v'(x_0).
$$

Dann folgt aber

$$
\begin{aligned}
\Phi''(x_0) = u''(x_0) - v''(x_0) &\geq f(x_0, u(x_0), u'(x_0)) - f(x_0, v(x_0), v'(x_0)) \\
&= f(x_0, u(x_0), u'(x_0)) - f(x_0, v(x_0), u'(x_0)) > 0
\end{aligned}
$$

auf Grund von (ii) aus Voraussetzung 4.4.1. Dies ist ein Widerspruch. $\qquad \square$

Lemma 4.4.2 *Gegeben seien* $\alpha > 0, s > 0$ *und eine stetige Funktion* $f(x, z, t)$, *die Voraussetzung 4.4.1 erfüllen möge. Des Weiteren gebe es eine Funktion* $u(x) \in C^2([0, s])$, *die (4.82) erfüllen möge. Dann gilt* $u(x) > 0$, $x \in (0, s)$.

Beweis: Wegen (4.82) und (i) aus Voraussetzung 4.4.1 ist

$$u(s) = 0, \quad u'(s) = 0, \quad \lim_{x \to s-} u''(x) \geq f(s, 0, 0) > c > 0. \qquad (4.84)$$

Wir nehmen an, es gebe ein $\tilde{x} \in (0, s)$ mit $u(\tilde{x}) \leq 0$. Dann hat wegen (4.84) $u(x), x \in [\tilde{x}, s]$ ein positives Maximum. Somit existiert $x_0 \in (\tilde{x}, s)$ mit

$$u(x_0) > 0, \quad u'(x_0) = 0, \quad u''(x_0) \leq 0.$$

Es gilt aber

$$u''(x_0) \geq f(x_0, u(x_0), u'(x_0)) = f(x_0, u(x_0), 0) > c > 0$$

auf Grund von (i) aus Voraussetzung 4.4.1. $\square$

Wir beweisen nun Satz 4.4.1

Beweis: Wir nehmen an, es gelte $s^* < s$. Dann definieren wir die Funktion

$$\Phi(x) := u(x) - v(x), \quad x \in [0, s].$$

$\Phi(x)$ ist differenzierbar mit $\Phi(0) \leq 0$ und $\Phi(s) = 0$, wenn man $v(x) = 0$ setzt für $x \in (s^*, s]$. Wegen $v(s^*) = 0$ und Lemma 4.4.2 erhalten wir

$$\Phi(s^*) = u(s^*) > 0. \qquad (4.85)$$

Somit hat $\Phi(x)$ ein positives Maximum an einem Punkt $x_0 \in (0, s)$.

1. Fall: $0 < x_0 < s^* < s$. Wir zeigen zunächst $\Phi(x_0) > \Phi(s^*)$.

Da die Funktion $\Phi(x), x \in [0, s]$ in x_0 ihr Maximum annimmt, gilt sicherlich $\Phi(x_0) \geq \Phi(s^*)$. Angenommen es gelte $\Phi(x_0) = \Phi(s^*)$. Dann nimmt die Funktion $\Phi(x), x \in [0, s]$ auch in s^* ihr Maximum an. Folglich gilt $\Phi'(s^*) = 0$, was wegen $v'(s^*) = 0$ auf

$$0 = \Phi'(s^*) = u'(s^*)$$

führt. Dann gilt wegen (4.82), (4.85) und wegen (i) aus Voraussetzung 4.4.1

$$u''(s^*) \geq f(s^*, u(s^*), 0) > c > 0.$$

Dies bedeutet, dass $u(x), x \in [0, s]$ in s^* ein relatives Minimum besitzt. Für ein gewisses $\varepsilon > 0$ gilt somit

$$u(s^* + \varepsilon) > u(s^*).$$

Wegen $v(s^* + \varepsilon) = 0$ erhält man

$$\Phi(s^* + \varepsilon) = u(s^* + \varepsilon) - v(s^* + \varepsilon) = u(s^* + \varepsilon) > u(s^*) = u(s^*) - v(s^*) = \Phi(s^*).$$

Somit kann die Funktion $\Phi(x)$, $x \in [0, s]$ ihr (absolutes) Maximum nicht in s^* annehmen. Es folgt $\Phi(x_0) > \Phi(s^*)$.

Wir definieren nun $w(x) := v(x) + u(s^*)$, $x \in [0, s^*]$. Dann gilt

$$u(x_0) - w(x_0) = u(x_0) - v(x_0) - (u(s^*) - v(s^*)) = \Phi(x_0) - \Phi(s^*) > 0. \quad (4.86)$$

Wir werden als Nächstes zeigen, dass die Funktionen $u(x)$ und $w(x)$, $x \in [0, s^*]$ die Voraussetzungen von Lemma 4.4.1 erfüllen. Nach Voraussetzung ist $v(x) \geq 0$ für $x \in [0, s^*]$ und wegen (4.85) gilt dann $w(x) \geq 0$ für $x \in [0, s^*]$. Des Weiteren ist für $x \in [0, s^*]$ wegen (4.82) und (4.83) sowie wegen (4.85) und (ii) aus Voraussetzung 4.4.1

$$-u''(x) + f(x, u(x), u'(x)) \leq 0 \leq -v''(x) + f(x, v(x), v'(x))$$
$$< -v''(x) + f(x, w(x), v'(x))$$
$$= -w''(x) + f(x, w(x), w'(x)).$$

Außerdem ist wegen (4.82), (4.83) und (4.85)

$$u(0) - w(0) = u(0) - v(0) - u(s^*) \leq \alpha - \alpha - u(s^*) < 0$$

und $u(s^*) - w(s^*) = 0$. Nach Lemma 4.4.1 folgt nun, dass $u(x) \leq w(x)$ für alle $x \in [0, s^*]$ gilt. Dies ist ein Widerspruch zu (4.86) und $0 < x_0 < s^*$.

2. Fall: $0 < s^* \leq x_0 < s$. Wir setzen $v(x) := 0$ für $x \in (s^*, \infty)$. Dann gilt

$$0 = \Phi'(x_0) = u'(x_0).$$

Mit (i) aus Voraussetzung 4.4.1 und Lemma 4.4.2 erhält man

$$\lim_{x \to x_0+} \Phi''(x) = u''(x_0) \geq f(x_0, u(x_0), 0) > c > 0.$$

Allerdings galt

$$\Phi(x_0) = \max_{x \in [0, s]} \Phi(x) > 0,$$

und daher $\Phi'(x_0) = 0$ sowie $\lim_{x \to x_0+} \Phi''(x) \leq 0$. Dies ist ein Widerspruch.

Wir haben also $s \leq s^*$ gezeigt. Die restliche Aussage des Satzes folgt nun direkt aus Lemma 4.4.1, denn es ist

$$u(0) \leq \alpha \leq v(0)$$

und

$$u(s) = 0 \leq v(s),$$

da $v(x) \geq 0$ vorausgesetzt ist. Zuletzt gilt dann wegen (4.82) und (4.83)

$$-u''(x) + f(x, u(x), u'(x)) \leq 0 \leq -v''(x) + f(x, v(x), v'(x)), \quad x \in [0, s].$$

Dann folgt aus Lemma 4.4.1 die Beziehung $u(x) \leq v(x)$, $x \in [0, s]$. □

Satz 4.4.2 *Gegeben seien $s > 0$ und eine stetige Funktion $f(x, z, t)$, die Voraussetzung 4.4.1 erfüllen möge. Des Weiteren gebe es Funktionen $u(x), v(x) \in C^2([0, s])$ mit*

$$v'' - f(x, v, v') < 0 = u'' - f(x, u, u'), \quad x \in [0, s],$$
$$v(x) = u(x) = 0, \quad x \in [s, \infty),$$
$$v'(s) = u'(s) = 0.$$

Außerdem sei $v(x) \geq 0$ für $x \in [0, s]$. Dann folgt $v(x) < u(x)$, $x \in [0, s)$.

Beweis: Wir nehmen an, es gebe ein $x_0 \in [0, s)$ mit $v(x_0) \geq u(x_0)$.

1. Fall: Es gilt $v(x) \geq u(x)$ für alle $x \in [x_0, s]$.

Dann definieren wir $\Phi(x) = u(x) - v(x)$, $x \in [0, \infty)$. Einerseits gilt dann

$$\Phi(x) \leq 0 = \Phi(s) \quad \text{für } x \in [x_0, s].$$

Andererseits werden wir zeigen, dass für ein gewisses $\varepsilon_0 > 0$

$$\Phi(s - \varepsilon) > 0 \quad \text{für alle } \varepsilon \in (0, \varepsilon_0) \tag{4.87}$$

gilt. Dies ist ein Widerspruch. Um (4.87) zu zeigen, betrachten wir

$$\begin{aligned} \lim_{\varepsilon \to 0+} \Phi''(s - \varepsilon) &= \lim_{\varepsilon \to 0+} u''(s - \varepsilon) - \lim_{\varepsilon \to 0+} v''(s - \varepsilon) \\ &= f(s, 0, 0) - \lim_{\varepsilon \to 0+} v''(s - \varepsilon) \\ &> f(s, 0, 0) - f(s, 0, 0) = 0. \end{aligned}$$

D.h. es existiert $\varepsilon_0 > 0$, so dass $\Phi'(x)$ streng monoton wachsend auf $[s - \varepsilon_0, s]$ ist. Wegen $\Phi'(s) = 0$ können wir auf

$$\Phi'(x) < 0, \quad x \in [s - \varepsilon_0, s)$$

schließen. Daher ist Φ streng monoton fallend auf $[s - \varepsilon_0, s]$. Aus $\Phi(s) = 0$ folft dann (4.87).

2. Fall: Es existiert $x_1 \in (x_0, s)$ mit $u(x_1) > v(x_1)$.

Dann können wir schließen, dass $x_2, x_3 \in [x_0, s]$ existieren mit

$$u(x) > v(x), \quad x \in (x_2, x_3) \quad \text{sowie} \quad u(x_2) = v(x_2) \quad \text{und} \quad u(x_3) = v(x_3).$$

Wiederum definieren wir $\Phi(x) = u(x) - v(x)$, $x \in [0, \infty)$. Es ist $\Phi(x_2) = 0$, $\Phi(x_3) = 0$ und $\Phi(x) > 0$ für $x \in (x_2, x_3)$. Somit existiert $\hat{x} \in (x_2, x_3)$ mit

$$\Phi(\hat{x}) = \max_{x \in [x_2, x_3]} \Phi(x) > 0.$$

Wegen $\Phi \in C^2([x_2, x_3])$ folgt $\Phi''(\hat{x}) \leq 0$ und $\Phi'(\hat{x}) = 0$, was dann $u'(\hat{x}) = v'(\hat{x})$ impliziert.

Allerdings gilt auch

$$\Phi''(\hat{x}) = u''(\hat{x}) - v''(\hat{x}) = f(\hat{x}, u(\hat{x}), u'(\hat{x})) - v''(\hat{x})$$
$$> f(\hat{x}, u(\hat{x}), u'(\hat{x})) - f(\hat{x}, v(\hat{x}), v'(\hat{x})) > 0$$

mit (ii) aus Voraussetzung 4.4.1, da $u(\hat{x}) > v(\hat{x}) \geq 0$. Dies ist wiederum ein Widerspruch. □

Lemma 4.4.3 *Es seien $c > 0$, $s > 0$, $r \in \mathbb{R}$, und $v(x; s)$ sei die eindeutige Lösung des Anfangswertproblems*[9]

$$u''(x) = c + r \cdot u'(x), \quad x \in [0, s],$$
$$u(s) = 0, \quad u'(s) = 0.$$

Dann gilt:

1. *$v(x; s) > 0$ für $x \in [0, s)$.*
2. *$\lim\limits_{s \to \infty} v(0; s) = \infty$.*

Beweis: 1. Fall: $r \neq 0$. Wir betrachten zunächst die Differentialgleichung

$$u'' - r \cdot u' = c. \tag{4.88}$$

Eine partikuläre Lösung lautet $u(x) = -\frac{c}{r}x$. Um alle Lösungen von $u'' - ru' = 0$ zu bestimmen, betrachten wir das charakteristische Polynom $p(\lambda) = \lambda^2 - r\lambda$. Die Nullstellen $\lambda_1 = r$ und $\lambda_2 = 0$ zusammen mit der partikulären Lösung führen auf die allgemeine Lösung von (4.88); nämlich

$$u(x) = Ae^{rx} + B - \frac{c}{r}x, \quad x \in \mathbb{R}, \ A, B \in \mathbb{R}.$$

Mit den Vorgaben $u(s) = u'(s) = 0$ ergibt sich

$$A = \frac{c}{r^2}e^{-rs} \quad \text{und} \quad B = \frac{c}{r}s - \frac{c}{r^2}.$$

Somit ist

$$v(x; s) = \frac{c}{r^2}e^{r(x-s)} + \left(\frac{c}{r}s - \frac{c}{r^2}\right) - \frac{c}{r}x$$

die gesuchte Lösung. Es ist

$$v'(x; s) = \frac{c}{r}\left(e^{r(x-s)} - 1\right) < 0 \quad \text{für} \quad x \in [0, s).$$

Daher ist $v(x; s)$, $x \in [0, s]$ streng monoton fallend, und wegen $v(s; s) = 0$ folgt $v(x; s) > 0$ für $x \in [0, s)$. Außerdem ist

$$\lim_{s \to \infty} v(0; s) = \lim_{s \to \infty} \left(\frac{c}{r^2}e^{-rs} + \frac{c}{r}s - \frac{c}{r^2}\right) = \infty.$$

---

[9] Eigentlich ist es ein Endwertproblem.

2. Fall: $r = 0$. Dann lautet die Lösung

$$v(x; s) = \frac{c}{2}(x - s)^2.$$

Offensichtlich gilt $v(x; s) > 0$ für $x \in [0, s)$ und $\lim\limits_{s \to \infty} v(0; s) = \infty$. $\square$

Satz 4.4.3 *Es seien $\alpha > 0$ und $f(x, z, t)$ eine Funktion, die Voraussetzung 4.4.1 erfüllen möge. Dann besitzt das freie Randwertproblem (4.79) eine eindeutige Lösung $\{s, u(x; s)\}$. Außerdem gilt $u(x; s) > 0$, für $x \in [0, s)$.*

Beweis: a) Eindeutigkeit. Wir nehmen an, es gebe zwei Lösungen von (4.79): $\{s_1, u_1(x; s_1)\}$ und $\{s_2, u_2(x; s_2)\}$. Beide Lösungen erfüllen dann sowohl (4.82) als auch (4.83). Mit Lemma 4.4.2 folgt dann zunächst

$$u_i(x; s_i) > 0, \quad x \in (0, s_i), \quad i = 1, 2,$$

und mit Satz 4.4.1 erhält man schließlich

$$s_1 \le s_2, \quad u_1(x; s_1) \le u_2(x; s_2), \quad x \in (0, s_1)$$

und

$$s_2 \le s_1, \quad u_2(x; s_2) \le u_1(x; s_1), \quad x \in (0, s_2).$$

Daher ist $s_1 = s_2$ und $u_1(x; s_1) = u_2(x; s_2)$.

b) Existenz. Nach dem Existenzsatz von Peano besitzt das Anfangswertproblem

$$0 = u''(x) - f(x, u(x), u'(x)), \quad x \in [0, s] \\ u(s) = u'(s) = 0 \tag{4.89}$$

für festes $s > 0$ mindestens eine Lösung $u(x; s)$. Sie ist insbesondere stetig in s.[10] Wegen $u(s; s) = 0$ ist

$$\lim\limits_{s \to 0+} u(0; s) = 0.$$

Als Nächstes werden wir

$$\lim\limits_{s \to \infty} u(0; s) = \infty \tag{4.90}$$

zeigen. Denn damit können wir dann schließen, dass es für jedes $\alpha > 0$ mindestens ein $s > 0$ gibt mit $u(0; s) = \alpha$. Somit ist dann $\{s, u(x; s)\}$ eine Lösung von (4.79).

Wir betrachten die Konstanten $c > 0$ und $r \in \mathbb{R}$ aus (i) von Voraussetzung 4.4.1. Damit definieren wir $v(x; s)$ aus Lemma 4.4.3. Dann ist $v(x; s) > 0$ für $x \in [0, s)$, und es folgt mit (i) aus Voraussetzung 4.4.1

$$v''(x; s) - f(x, v(x; s), v'(x; s)) < v''(x; s) - \Big(c + r \cdot v'(x; s)\Big) = 0,$$

$$v(s; s) = v'(s; s) = 0.$$

---

[10] Dieser Sachverhalt wird meistens im Grundstudium in einer Vorlesung über gewöhnliche Differentialgleichungen gelehrt. Wir verweisen auf [124].

Da $u(x; s)$ die Lösung von (4.89) ist, erhält man wegen Satz 4.4.2

$$v(x; s) < u(x; s) \quad \text{für } x \in [0, s).$$

Mit Lemma 4.4.3 folgt dann schließlich (4.90). □

4.4.3 Freie Randwertprobleme und das LCP

Der Einfachheit wegen setzen wir voraus, dass die Funktion $f(x, z, t)$ aus (4.79) folgende Gestalt hat:

$$f(x, z, t) = c(x) + b(x) \cdot z.$$

Die Funktionen $c(x)$, $b(x)$, $x \in [0, \infty)$ seien stetig, und es gelte

$$c(x) \geq c > 0 \quad \text{und} \quad b(x) > 0 \quad \text{für alle } x \in [0, \infty). \tag{4.91}$$

Dann ist Voraussetzung 4.4.1 erfüllt, und Satz 4.4.3 garantiert die Existenz einer eindeutigen Lösung $\{s, u(x; s)\}$ von (4.79) mit $u(x; s) > 0$ für $x \in [0, s)$. Da man im Allgemeinen $u(x; s)$ nicht explizit darstellen kann, ist unser Ziel, Approximationen für $u(x; s)$ an diskreten Stellen zu berechnen.

Zunächst sei erwähnt, dass mit Beispiel 4.4.1 und der ersten Aussage von Lemma 4.4.3 aus Satz 4.4.1

$$s \leq s_p = \sqrt{\frac{2\alpha}{c}}$$

folgt. Nun wählen wir $n \in \mathbb{N}$ und unterteilen das Intervall $[0, s_p]$ äquidistant, d.h. wir setzen

$$h := \frac{s_p}{n+1}, \quad x_i := i \cdot h, \quad i = 0, 1, ..., n+1.$$

Dann ist

$$\left. \begin{array}{l} u(x_i; s) > 0, \text{ falls } x_i \in [0, s), \\ u(x_i; s) = 0, \text{ falls } x_i \in [s, s_p]. \end{array} \right\} \tag{4.92}$$

Ist $x_i \in [0, s]$, so gilt

$$\begin{aligned} 0 &= -u''(x_i; s) + f(x_i, u(x_i; s), u'(x_i; s)) \\ &= -u''(x_i; s) + c(x_i) + b(x_i) \cdot u(x_i; s). \end{aligned}$$

Ist $x_i \in (s, s_p]$, so gilt wegen (4.91) und (4.92)

$$\begin{aligned} -u''(x_i; s) + f(x_i, u(x_i; s), u'(x_i; s)) &= f(x_i, u(x_i; s), u'(x_i; s)) \\ &= c(x_i) + b(x_i) \cdot u(x_i; s) \geq c > 0. \end{aligned}$$

Wir ersetzen nun $-u''(x_i; s)$ durch den 2. Differenzenquotienten

$$\frac{-u_{i-1} + 2u_i - u_{i+1}}{h^2},$$

wobei u_i, $i = 0, 1, ..., n+1$, eine Näherung für $u(x_i; s)$ ist mit $u_0 := u(0; s) = \alpha$ und $u_{n+1} := u(s_p; s) = 0$. Dann erhält man das LCP

$$q + Mu \geq o, \quad u \geq o, \quad u^T(q + Mu) = 0 \qquad (4.93)$$

mit

$$M = \frac{1}{h^2} \begin{pmatrix} 2 + h^2 b(x_1) & -1 & 0 & \cdots & & 0 \\ -1 & 2 + h^2 b(x_2) & -1 & \ddots & & \vdots \\ 0 & \ddots & \ddots & \ddots & & 0 \\ \vdots & & \ddots & -1 & 2 + h^2 b(x_{n-1}) & -1 \\ 0 & & \cdots & 0 & -1 & 2 + h^2 b(x_n) \end{pmatrix}$$

und

$$u = \begin{pmatrix} u_1 \\ u_2 \\ \vdots \\ u_n \end{pmatrix}, \quad q = \begin{pmatrix} c(x_1) - \dfrac{\alpha}{h^2} \\ c(x_2) \\ \vdots \\ c(x_n) \end{pmatrix}.$$

M ist offensichtlich eine Z-Matrix und wegen (4.91) streng diagonaldominant mit positiven Diagonalelementen. Daher ist M eine P-Matrix (nach Satz 3.1.9), und das LCP hat eine eindeutige Lösung (nach Satz 3.1.2).

Beispiel 4.4.3 Wir betrachten das freie Randwertproblem:

$$\begin{cases} \text{Finde } s > 0 \text{ und } u(x) : [0, \infty) \to \mathbb{R} \text{ mit} \\ u''(x) = \dfrac{2}{(1+x)^2} \cdot u(x) + 1 + x, \ x \in [0, s], \\ u(0) = \dfrac{1}{4}, \quad u'(s) = 0, \\ u(x) = 0, \ x \in [s, \infty). \end{cases}$$

Es ist

$$f(x, u(x), u'(x)) = b(x) \cdot u(x) + c(x)$$

mit

$$b(x) = \frac{2}{(1+x)^2} > 0 \quad \text{und} \quad c(x) = 1 + x \geq 1 =: c \quad \text{für } x \in [0, \infty).$$

Tabelle 4.1. Vergleich zwischen der Lösung des LCP und der exakten Lösung des freien Randwertproblems.

i	u_i	$u(x_i; s)$
1	0.199227...	0.199203...
2	0.154306...	0.154271...
3	0.115050...	0.115013...
4	0.081391...	0.081360...
5	0.053353...	0.053333...
6	0.031027...	0.031023...
7	0.014561...	0.014577...
8	0.004144...	0.004182...
9	0	0.000062...
10	0	0

Daher existiert eine eindeutige Lösung $\{s, u(x; s)\}$ mit

$$s \le s_p = \sqrt{\frac{2 \cdot \frac{1}{4}}{1}} = \frac{1}{2}\sqrt{2}.$$

Wir wählen $n \in \mathbb{N}$, setzen $h := \frac{s_p}{n+1}$ sowie $x_i := i \cdot h$, $i = 1, ..., n$, und lösen das LCP (4.93) mit dem Algorithmus von Chandrasekaran.

Wir haben dieses Beispiel so gewählt, dass man die eindeutige Lösung explizit angeben kann. Sie lautet $\{s, u(x; s)\}$ mit

$$s = \sqrt[3]{4} - 1 = 0.5874...$$

und

$$u(x; s) = \begin{cases} \frac{\sqrt[3]{4}}{3} \cdot \frac{1}{1+x} - \frac{\sqrt[3]{4}}{3}(1+x)^2 + \frac{1}{4}(1+x)^3, & x \in [0, s], \\ 0, & x \in (s, \infty). \end{cases}$$

In Tabelle 4.1 sehen wir für $n = 10$ zum Vergleich die Werte u_i, die der Algorithmus von Chandrasekaran liefert, und die exakten Werte $u(x_i; s)$, $i = 1, ..., n$. Wegen $u_8 > 0$ und $u_9 = 0$ wählt man

$$\frac{1}{2}(x_8 + x_9) = 0.5464... \tag{4.94}$$

als Näherung für s. Für $n = 199$ liefert der Algorithmus von Chandrasekaran $u_{166} > 0$, $u_{167} = 0$ und somit

$$\frac{1}{2}(x_{166} + x_{167}) = 0.5886... \tag{4.95}$$

als Näherung für s. $\qquad\square$

Bemerkung 4.4.2 Ist $u(x) : \mathbb{R} \to \mathbb{R}$ eine viermal stetig differenzierbare Funktion, so gilt nach dem Satz von Taylor

$$u(x + h) = u(x) + hu'(x) + \frac{1}{2!}h^2u''(x) + \frac{1}{3!}h^3u'''(x) + \frac{1}{4!}h^4u^{(IV)}(\xi)$$

mit einem gewissen $\xi \in (x, x + h)$ und

$$u(x - h) = u(x) - hu'(x) + \frac{1}{2!}h^2u''(x) - \frac{1}{3!}h^3u'''(x) + \frac{1}{4!}h^4u^{(IV)}(\mu)$$

mit einem gewissen $\mu \in (x - h, x)$. Addiert man diese beiden Ergebnisse, so erhält man

$$-u''(x) = \frac{-u(x + h) + 2u(x) - u(x - h)}{h^2} + \frac{h^2}{24}(u^{(IV)}(\xi) + u^{(IV)}(\mu)).$$

Ersetzt man also $-u''(x)$ durch den 2. Differenzenquotienten, so begeht man einen Approximationsfehler der Größenordnung von h^2.

Bei den freien Randwertproblemen kommt noch zusätzlich die Schwierigkeit hinzu, dass die gesuchte Funktion für $x = s$ nicht zweimal differenzierbar zu sein braucht. Zum Beispiel gilt für die Funktion $v_p(x)$ aus Beispiel 4.4.1

$$\lim_{x \to s_p-} v_p''(x) = c > 0 = \lim_{x \to s_p+} v_p''(x).$$

Wir wollen hier auf die Berücksichtigung dieser Besonderheit nicht eingehen und verweisen diesbezüglich auf [44] und [106].   □

4.4.4 Bewertung von Optionen

Ganz allgemein ist eine Option (Latein: Optio $\hat{=}$ freier Wille) ein Vertrag, der dem Inhaber die Möglichkeit (aber nicht die Verpflichtung) gibt, ein Wertpapier (z.B eine Aktie) zu einem bestimmten Zeitpunkt T zu einem vorher vereinbarten Ausübungspreis K zu kaufen (Call-Option) oder zu verkaufen (Put-Option). Bei einer so genannten europäischen Option kann der Kauf bzw. Verkauf nur zum Ausübungszeitpunkt T stattfinden. Bei der so genannten amerikanischen Option kann die Ausübung zu jedem Zeitpunkt $t \in [0, T]$ durchgeführt werden.

Wir beschränken uns auf amerikanische Put-Optionen. Dabei erwirbt also der Käufer das Recht (aber nicht die Pflicht), bis zu einem bestimmten Zeitpunkt T eine Aktie zu einem festgelegten Preis K zu verkaufen. Eine Put-Option wird vor allem zur Absicherung von Portfolios[11] gekauft. Will man beispielsweise sicherstellen, dass eine Aktie nach Ablauf des Zeitraums T wenigstens den Wert K haben soll, so kauft man eine Put-Option mit Ausübungspreis K.

---

[11] Alle Anlagen, die ein Investor hält, bilden zusammen sein Portfolio.

Eine amerikanische Put-Option auszuüben, geht natürlich nur, wenn man eine dazu entsprechende Aktie besitzt (die man ja verkaufen will). Im Gegensatz dazu kann man die amerikanische Put-Option selbst besitzen, auch ohne eine dazu entsprechende Aktie zu besitzen. Dies führt auf das Problem der Optionspreisbewertung: Welchen Wert besitzt diese Option zu einem Zeitpunkt $t \in [0, T]$?

Diese Frage ist wichtig, wenn beispielsweise eine Bank eine solche Option ausgibt, oder wenn ein Inhaber einer Option diese auf dem Markt anbieten will, weil er gar keine entsprechende Aktie hat. Der Preis V der Option hängt ab vom Kurs $S(t)$ der Aktie und von der Zeit: $V = V(S(t), t)$. Optionen werden auch oft Derivate genannt, weil sich ihr Wert vom Aktienkurs *ableitet*.

Für $t = T$ ist der Wert der amerikanischen Put-Option bekannt: Es ist

$$V(S(T), T) = \max\{K - S(T), 0\} =: (K - S(T))^+.$$

Für $t \in [0, T)$ gibt es keine Formel für V. Es gilt lediglich die Abschätzung

$$V(S(t), t) \geq (K - S(t))^+. \tag{4.96}$$

Wir wollen diese Abschätzung beweisen, um den Begriff Arbitrage einzuführen. Nehmen wir an, es gäbe einen Zeitpunkt $t_0 \in [0, T)$, an dem $V(S(t_0), t_0) < (K - S(t_0))^+$ gelten würde. Dann gilt wegen $0 \leq V$

$$V(S(t_0), t_0) < K - S(t_0). \tag{4.97}$$

Nun könnten wir zum Zeitpunkt t_0 bei einer Bank den Betrag $V(S(t_0), t_0) + S(t_0)$ leihen und dann sofort (mit $S(t_0)$) die Aktie sowie (mit $V(S(t_0), t_0)$) die amerikanische Put-Option kaufen. Unmittelbar danach üben wir die Option aus und machen, nachdem wir das geborgte Geld wieder der Bank geben, wegen (4.97) einen risikolosen Gewinn von

$$K - (V(S(t_0), t_0) + S(t_0)) > 0.$$

Die Möglichkeit, einen risikolosen Gewinn zu erzielen, nennt man Arbitrage. Arbitrageure haben mehr Information als andere, denn sonst würde sich jeder des Vorteils bedienen, und die Preise würden sich schnell angleichen. Bei der idealisierten Modellierung von Finanzmärkten wird angenommen, dass die Märkte transparent sind und Informationen sich so schnell ausbreiten, dass Arbitrage nicht möglich ist.

Das Finanz-Modell

Da der Wert der Option von der (natürlich unbekannten) zukünftigen Entwicklung des zu Grunde liegenden Kurses S abhängt, muss zunächst ein Modell für den zukünftigen Kursverlauf entwickelt werden.

Im Standard-Modell ist S Lösung der stochastischen Differentialgleichung

$$dS_t = \mu S_t dt + \sigma S_t dW_t. \tag{4.98}$$

Die Gleichung (4.98) ist nur eine symbolische Schreibweise. Siehe Abschnitt A.3. Man sagt, dass der Aktienkurs einer geometrischen Brownschen Bewegung folgt: Die relative Änderung $\frac{\Delta S_t}{S_t}$ einer Aktie im Zeitintervall Δt setzt sich zusammen aus dem deterministischen Driftanteil $\mu \Delta t$ und den stochastischen Schwankungen $\sigma \Delta W_t$:

$$\frac{\Delta S_t}{S_t} = \mu \Delta t + \sigma \Delta W_t. \tag{4.99}$$

Dabei bezeichnet W_t den so genannten Wiener-Prozess, und es ist $\Delta S_t := S_{t+\Delta t} - S_t$ bzw. $\Delta W_t := W_{t+\Delta t} - W_t$. Siehe Abschnitt A.3. (4.99) kann als Diskretisierung von (4.98) angesehen werden.

μ heißt Drift, $\sigma > 0$ nennt man Volatilität. Vereinfacht gesagt gibt μ den Trend des bisherigen Kursverlaufes an, während sich σ aus der Streuung der vergangenen Werte ergibt.

Des Weiteren wird angenommen, dass zu der Aktie einmal jährlich eine Dividende D ausgeschüttet wird. Der Aktienkurs fällt zum Dividendentermin exakt um die Dividende. Hierzu kann man den stetigen Dividendenfluss δ berechnen.[12] Das Standard-Modell (4.98) erweitert sich dann zu

$$dS_t = (\mu - \delta)S_t dt + \sigma S_t dW_t.$$

Nun folgt für $V(S,t)$ mit der Itô-Formel (siehe Satz A.3.1)

$$dV = \left(\frac{\partial V}{\partial t} + (\mu - \delta)S_t \frac{\partial V}{\partial S} + \frac{1}{2}\sigma^2 S_t^2 \frac{\partial^2 V}{\partial S^2} \right) dt + \sigma S_t \frac{\partial V}{\partial S} dW_t$$

bzw.

$$\Delta S_t = (\mu - \delta)S_t \Delta t + \sigma S_t \Delta W_t \tag{4.100}$$

und

$$\Delta V = \left(\frac{\partial V}{\partial t} + (\mu - \delta)S_t \frac{\partial V}{\partial S} + \frac{1}{2}\sigma^2 S_t^2 \frac{\partial^2 V}{\partial S^2} \right) \Delta t + \sigma S_t \frac{\partial V}{\partial S} \Delta W_t. \tag{4.101}$$

Um zur Black-Scholes-(Un)gleichung zu gelangen, macht man folgenden Trick. Man betrachtet das Portfolio

$$\Pi := -V + \frac{\partial V}{\partial S} S_t.$$

Es besteht aus einer emittierten Option sowie aus der $\frac{\partial V}{\partial S}$-fachen Menge der Aktie.

---

[12] Siehe [110].

Sie hat die Wertänderung (man beachte den stetigen Dividendenfluss)

$$\Delta\Pi = -\Delta V + \frac{\partial V}{\partial S}\Delta S_t + \frac{\partial V}{\partial S}S_t\delta\Delta t.$$

Mit (4.100) und (4.101) erhält man

$$\Delta\Pi = -\left(\frac{\partial V}{\partial t} + (\mu - \delta)S_t\frac{\partial V}{\partial S} + \frac{1}{2}\sigma^2 S_t^2\frac{\partial^2 V}{\partial S^2}\right)\Delta t - \sigma S_t\frac{\partial V}{\partial S}\Delta W_t$$
$$+\frac{\partial V}{\partial S}\left((\mu - \delta)S_t\Delta t + \sigma S_t\Delta W_t\right) + \frac{\partial V}{\partial S}S_t\delta\Delta t$$
$$= \left(-\frac{\partial V}{\partial t} - \frac{1}{2}\sigma^2 S_t^2\frac{\partial^2 V}{\partial S^2} + \frac{\partial V}{\partial S}S_t\delta\right)\Delta t. \tag{4.102}$$

Die stochastische Abhängigkeit (d.h. der Wiener-Prozess) ist verschwunden. Somit erhält man ein risikoloses Portfolio, welches sich wie der risikolose Zinssatz r verhalten muss:

$$\Delta\Pi = r\Pi\Delta t. \tag{4.103}$$

Sollte die Option nicht ausgeführt werden können (also weitere Annahme: europäische Option), dann müssen die Werte für $\Delta\Pi$ in (4.102) und (4.103) gleich sein. Es folgt die Black-Scholes-Gleichung

$$-\frac{\partial V}{\partial t} - \frac{1}{2}\sigma^2 S^2\frac{\partial^2 V}{\partial S^2} + \delta S\frac{\partial V}{\partial S} = r(-V + \frac{\partial V}{\partial S}S)$$

bzw.

$$0 = \frac{\partial V}{\partial t} + \frac{1}{2}\sigma^2 S^2\frac{\partial^2 V}{\partial S^2} + (r - \delta)S\frac{\partial V}{\partial S} - rV.$$

$V(S,t)$ wird also nun als eine Funktion von zwei Variablen aufgefasst, d.h. $V : [0,\infty) \times [0,T] \to \mathbb{R}$. Somit wird auch die Bedingung (4.96) erweitert zu

$$V(S,t) \geq (K - S)^+ \quad \text{für alle } (S,t) \in [0,\infty) \times [0,T].$$

Für $S \approx 0$ gilt $V = K - S$. Wenn $V(S,t) > (K - S)^+$ gilt, dann muss es für fallendes S wegen der Stetigkeit von V einen Wert $S_f < K$ geben, für den $V(S_f,t) = K - S_f$ gilt. Dieser Aufsprungpunkt hängt von t ab, d.h. $S_f = S_f(t)$. Damit gilt

$$\left.\begin{array}{l} V(S,t) > (K - S)^+ \text{ für } S > S_f(t), \\ V(S,t) = K - S \quad \text{ für } S \leq S_f(t). \end{array}\right\} \tag{4.104}$$

Die Lage des Randes $S_f(t)$ ist unbekannt, deswegen spricht man von einem freien Rand. Siehe Abb. 4.5.

Man kann zeigen: $S_f(t)$ ist stetig differenzierbar und monoton wachsend mit

$$\lim_{t\to T} S_f(t) = \min\{K, \frac{r}{\delta}K\}. \tag{4.105}$$

Für einen Beweis diesbezüglich verweisen wir auf das Buch [59] von Y. K. Kwok.

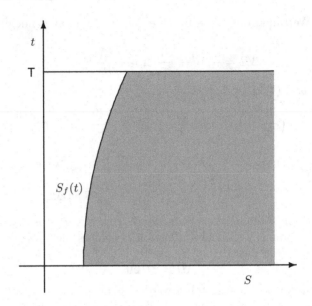

Abb. 4.5. Der freie Rand in der (S,t)-Ebene.

4.4.5 Die Black-Scholes-Ungleichung

Der Übersicht wegen definieren wir den Black-Scholes-Operator

$$L_{BS}(V) := \frac{1}{2}\sigma^2 S^2 \frac{\partial^2 V}{\partial S^2} + (r - \delta)S\frac{\partial V}{\partial S} - rV.$$

Im Gebiet $(S_f(t), \infty) \times (0, T)$ erfüllt $V(S, t)$ die Black-Scholes-Gleichung

$$\frac{\partial V}{\partial t} + L_{BS}(V) = 0.$$

Im Bereich $[0, S_f(t)] \times [0, T]$ gilt $V = K - S$, d.h.

$$\frac{\partial V}{\partial t} = 0, \quad \frac{\partial V}{\partial S} = -1, \quad \frac{\partial^2 V}{\partial S^2} = 0.$$

Hieraus folgt

$$\frac{\partial V}{\partial t} + L_{BS}(V) = -(r - \delta)S - r(K - S) = \delta S - rK.$$

Wegen $S \leq S_f(t) \leq S_f(T) = \min\{K, \frac{r}{\delta}K\}$ ist

$$\delta S - rK \leq \delta\min\{K, \frac{r}{\delta}K\} - rK \leq 0.$$

Also gilt für $(S, t) \in (0, \infty) \times (0, T)$:

$$\left.\begin{aligned} \frac{\partial V}{\partial t} + \frac{1}{2}\sigma^2 S^2 \frac{\partial^2 V}{\partial S^2} + (r - \delta)S\frac{\partial V}{\partial S} - rV &\leq 0, \\ V - (K - S)^+ &\geq 0, \\ \left(\frac{\partial V}{\partial t} + \frac{1}{2}\sigma^2 S^2 \frac{\partial^2 V}{\partial S^2} + (r - \delta)S\frac{\partial V}{\partial S} - rV\right) \cdot \left(V - (K - S)^+\right) &= 0. \end{aligned}\right\}$$

(4.106)

Zur numerischen Lösung von (4.106) verweisen wir auf den nächsten Abschnitt, in dem der Zusammenhang zum LCP vollendet wird.

Hat man das Problem (4.106) numerisch gelöst, so hat man an diskreten Stellen (S_i, t_j) Näherungswerte V_{ij} für $V(S_i, t_j)$ berechnet. Dabei hat $V(S_i, t_j)$ die folgende Interpretation. Hätte zur Zeit $t = t_j$ die Aktie den Kurswert S_i, so ist der Wert der Option zur Zeit $t = t_j$ gleich $V(S_i, t_j)$. Anhand der Werte V_{ij} kann man nun die Kurve $S_f(t)$ zur Zeit $t = t_j$ approximativ bestimmen: Ist i der kleinste Index mit

$$V_{ij} = (K - S_i)^+ \quad \text{und} \quad V_{i+1\,j} > (K - S_{i+1})^+,$$

so verwendet man analog zu (4.94) und (4.95) aus Beispiel 4.4.3

$$\frac{1}{2}(S_i + S_{i+1})$$

als Näherung für $S_f(t_j)$. Mit Hilfe der Werte V_{ij} lässt sich somit die Kurve $S_f(t)$ bereits zum Zeitpunkt $t = 0$ vorab an diskreten Stellen t_j approximieren.

Die Kurve $S_f(t)$ wird *early exercise curve* genannt, was wie folgt motiviert und ausgenutzt wird: Gilt zur Zeit $t = t_j$ der (nun zur Zeit $t = t_j$ bekannte) Kurs $S(t_j)$ mit $S_f(t_j) < S(t_j)$, d.h. der Punkt $(S(t_j), t_j)$ liegt in der grau-eingefärbten Fläche von Abb. 4.5, so führt eine Ausübung der amerikanischen Put-Option auf einen Verlust, denn der Erhalt von K wiegt nicht den Verlust von V und S auf. Es ist nämlich

$$K - (V(S(t_j), t_j) + S(t_j)) \leq (K - S(t_j))^+ - V(S(t_j), t_j) < 0$$

für $S_f(t_j) < S(t_j)$. Siehe (4.104). Man sollte in diesem Fall also abwarten. Gilt andererseits $S_f(t_j) \geq S(t_j)$, so gilt

$$V(S(t_j), t_j) = K - S(t_j).$$

Die einzige Möglichkeit, Profit zu machen, ist, die Option auszuüben und den Wert K risikolos zu verzinsen. Dabei wird der Profit

$$Ke^{r(T-t)} - K$$

umso größer desto kleiner t ist.

Mit anderen Worten: Sobald die Aktie den Wert $S_f(t)$ erreicht, sollte man die Option ausüben.

4.4.6 Amerikanische Put-Optionen und das LCP

Selbstverständlich kann man in (4.106) bereits eine gewisse Komplementarität erkennen. Jedoch sind noch ein paar Schritte nötig, bis das LCP letztlich zum Vorschein kommt.

Zunächst werden wir die Differentialungleichung

$$\frac{\partial V}{\partial t} + \frac{1}{2}\sigma^2 S^2 \frac{\partial^2 V}{\partial S^2} + (r - \delta)S \frac{\partial V}{\partial S} - rV \leq 0 \qquad (4.107)$$

geschickt transformieren. Motiviert durch die Tatsache, dass die Ausdrücke $S\frac{\partial V}{\partial S}$ und $S^2\frac{\partial^2 V}{\partial S^2}$ an eine Eulersche Differentialgleichung erinnern, substituieren wir

$$S := K \cdot e^x \quad \text{und} \quad t := T - \frac{2}{\sigma^2}\tau. \qquad (4.108)$$

Aus der (S, t)-Ebene wird somit die (x, τ)-Ebene mit

$$(S, t) \in (0, \infty) \times (0, T) \quad \Leftrightarrow \quad (x, \tau) \in (-\infty, \infty) \times (0, \frac{\sigma^2}{2}T). \qquad (4.109)$$

Andererseits ist

$$V = V(S, t) = V(S(x), t(\tau)),$$

und es gilt

$$\frac{\partial V}{\partial \tau} = -\frac{2}{\sigma^2}\frac{\partial V}{\partial t} \quad \text{bzw.} \quad \frac{\partial V}{\partial t} = -\frac{\sigma^2}{2}\frac{\partial V}{\partial \tau}.$$

Außerdem folgen

$$\frac{\partial V}{\partial x} = \frac{\partial V}{\partial S} \cdot S$$

und

$$\frac{\partial^2 V}{\partial x^2} = \frac{\partial^2 V}{\partial S^2} \cdot S^2 + \frac{\partial V}{\partial S} \cdot S \quad \text{bzw.} \quad S^2\frac{\partial^2 V}{\partial S^2} = \frac{\partial^2 V}{\partial x^2} - \frac{\partial V}{\partial x}.$$

Somit wird (4.107) zu

$$-\frac{\sigma^2}{2}\frac{\partial V}{\partial \tau} + \frac{1}{2}\sigma^2\left(\frac{\partial^2 V}{\partial x^2} - \frac{\partial V}{\partial x}\right) + (r - \delta)\frac{\partial V}{\partial x} - rV \leq 0,$$

und man erhält

$$-\frac{\partial V}{\partial \tau} + \frac{\partial^2 V}{\partial x^2} + a \cdot \frac{\partial V}{\partial x} + b \cdot V \leq 0 \qquad (4.110)$$

mit

$$a = (r - \delta) \cdot \frac{2}{\sigma^2} - 1 \quad \text{und} \quad b = -\frac{2}{\sigma^2} \cdot r. \qquad (4.111)$$

Die Differentialungleichung (4.110) enthält lediglich konstante Koeffizienten. Im nächsten Schritt werden wir eine Substitution durchführen, so dass die Differentialungleichung noch überschaubarer wird.

Wir machen den Ansatz

$$V = K \cdot e^{c \cdot x + d \cdot \tau} \cdot y(x, \tau) \tag{4.112}$$

mit $c, d \in \mathbb{R}$. Es gilt dann

$$\frac{\partial V}{\partial \tau} = K \cdot e^{c \cdot x + d \cdot \tau} \cdot \left(d \cdot y + \frac{\partial y}{\partial \tau} \right)$$

sowie

$$\frac{\partial V}{\partial x} = K \cdot e^{c \cdot x + d \cdot \tau} \cdot \left(c \cdot y + \frac{\partial y}{\partial x} \right)$$

und

$$\frac{\partial^2 V}{\partial x^2} = K \cdot e^{c \cdot x + d \cdot \tau} \cdot \left(c^2 \cdot y + 2c \frac{\partial y}{\partial x} + \frac{\partial^2 y}{\partial x^2} \right).$$

Dies eingesetzt in (4.110) führt nach Division durch $K \cdot e^{c \cdot x + d \cdot \tau}$ auf

$$-\left(d \cdot y + \frac{\partial y}{\partial \tau} \right) + \left(c^2 \cdot y + 2c \frac{\partial y}{\partial x} + \frac{\partial^2 y}{\partial x^2} \right) + a \cdot \left(c \cdot y + \frac{\partial y}{\partial x} \right) + b \cdot y \leq 0$$

bzw.

$$-\frac{\partial y}{\partial \tau} + \frac{\partial^2 y}{\partial x^2} + \frac{\partial y}{\partial x} \cdot (2c + a) + y \cdot (-d + c^2 + ac + b) \leq 0.$$

Für die spezielle Wahl

$$c = -\frac{1}{2}a \quad \text{und} \quad d = \frac{1}{4}a^2 - \frac{1}{2}a^2 + b = b - \frac{1}{4}a^2 \tag{4.113}$$

reduziert sich die Differentialungleichung auf

$$\frac{\partial y}{\partial \tau} - \frac{\partial^2 y}{\partial x^2} \geq 0.$$

Als Nächstes werden wir die Bedingung $V - (K - S)^+ \geq 0$ aus (4.106) transformieren. Über (4.108) und (4.112) erhält man

$$V - (K - S)^+ \geq 0 \quad \Leftrightarrow \quad y(x, \tau) \geq e^{-c \cdot x - d \cdot \tau} \cdot \max\{0, 1 - e^x\}.$$

Mit c und d aus (4.113) sowie a und b aus (4.111) definieren wir

$$g(x, \tau) := e^{-c \cdot x - d \cdot \tau} \cdot \max\{0, 1 - e^x\}, \quad (x, \tau) \in (-\infty, \infty) \times [0, \frac{\sigma^2}{2}T]$$

und erhalten dann für $(x, \tau) \in (-\infty, \infty) \times (0, \frac{\sigma^2}{2}T)$ die Bedingungen

$$\left. \begin{array}{r} \dfrac{\partial y}{\partial \tau} - \dfrac{\partial^2 y}{\partial x^2} \geq 0, \\[2mm] y(x, \tau) - g(x, \tau) \geq 0, \\[2mm] \left(\dfrac{\partial y}{\partial \tau} - \dfrac{\partial^2 y}{\partial x^2} \right) \cdot \Big(y(x, \tau) - g(x, \tau) \Big) = 0. \end{array} \right\} \tag{4.114}$$

Um das Problem (4.114) diskretisieren zu können, muss zunächst das Intervall $(-\infty, \infty)$ sinnvoll durch ein kompaktes Intervall ersetzt werden. Dazu betrachten wir wieder die Funktion

$$V(S,t), \quad (S,t) \in [0,\infty) \times [0,T]$$

und deren Bedeutung. Ist der Aktienkurs S sehr groß und insbesondere weitaus größer als K, so kann man davon ausgehen, dass der Wert V der amerikanischen Put-Option sehr gering ist, weil man bei sehr hohem Kurswert S keine Absicherung für nötig hält. Wir nehmen an, ein solcher Erfahrungswert $S_{\max}$ sei bekannt. Dann gilt

$$V(S_{\max}, t) \approx 0 \quad \text{für alle } t \in [0,T]. \tag{4.115}$$

Über (4.108) ist dann

$$x_{\max} = \ln \frac{S_{\max}}{K}.$$

Analog gehen wir davon aus, dass ein Erfahrungswert $S_{\min}$ bekannt ist, der

$$S_{\min} \approx 0, \quad S_{\min} < K, \quad 0 < S_{\min} < S_f(0)$$

erfüllt. Da die freie Randkurve monoton wachsend ist, gilt

$$S_{\min} < S_f(0) \leq S_f(t) \quad \text{für alle } t \in [0,T].$$

Somit gilt wegen (4.104)

$$V(S_{\min}, t) = K - S_{\min} \quad \text{für alle } t \in [0,T].$$

Einerseits folgt nun über (4.108)

$$x_{\min} = \ln \frac{S_{\min}}{K}.$$

Andererseits folgt über (4.112)

$$y(x_{\min}, \tau) = g(x_{\min}, \tau) \quad \text{für alle } \tau \in [0, \frac{\sigma^2}{2}T]. \tag{4.116}$$

Nun können wir (4.114) diskretisieren. Wir überziehen das Rechteck

$$[x_{\min}, x_{\max}] \times [0, \frac{\sigma^2}{2}T]$$

mit einem äquidistanten Gitter, indem wir $m, n \in \mathbb{N}$ wählen und damit

$$\Delta x := \frac{x_{\max} - x_{\min}}{n+1}, \quad \Delta \tau := \frac{\sigma^2 T}{2(m+1)}$$

sowie

$$x_0 := x_{\min}, \quad x_{i+1} := x_i + \Delta x, \quad i = 0, ..., n,$$
$$\tau_0 := 0, \quad \tau_{j+1} := \tau_j + \Delta \tau, \quad j = 0, ..., m,$$

setzen. Nach dem Satz von Taylor ist

$$y(x_i, \tau_j + \Delta \tau) \approx y(x_i, \tau_j) + \Delta \tau \cdot \frac{\partial y}{\partial \tau}(x_i, \tau_j)$$

und

$$y(x_i, \tau_{j+1} - \Delta \tau) \approx y(x_i, \tau_{j+1}) - \Delta \tau \cdot \frac{\partial y}{\partial \tau}(x_i, \tau_{j+1}).$$

Wird y_{ij} als Näherung für $y(x_i, \tau_j)$ angesetzt, so gilt dann

$$\frac{\partial y}{\partial \tau}(x_i, \tau_j) \approx \frac{y_{i\,j+1} - y_{ij}}{\Delta \tau} \quad \text{(Vorwärtsdifferenz)}$$

und

$$\frac{\partial y}{\partial \tau}(x_i, \tau_{j+1}) \approx \frac{y_{i\,j+1} - y_{ij}}{\Delta \tau} \quad \text{(Rückwärtsdifferenz)}.$$

Analog ist (siehe auch Bemerkung 4.4.2)

$$\frac{\partial^2 y}{\partial x^2}(x_i, \tau_j) \approx \frac{y_{i+1\,j} - 2y_{ij} + y_{i-1\,j}}{(\Delta x)^2}$$

und

$$\frac{\partial^2 y}{\partial x^2}(x_i, \tau_{j+1}) \approx \frac{y_{i+1\,j+1} - 2y_{i\,j+1} + y_{i-1\,j+1}}{(\Delta x)^2}.$$

Ersetzt man jeweils das Approximationszeichen durch ein Gleichheitszeichen, so folgt aus (4.114)

$$\frac{y_{i\,j+1} - y_{ij}}{\Delta \tau} \geq \frac{y_{i+1\,j} - 2y_{ij} + y_{i-1\,j}}{(\Delta x)^2}$$

und

$$\frac{y_{i\,j+1} - y_{ij}}{\Delta \tau} \geq \frac{y_{i+1\,j+1} - 2y_{i\,j+1} + y_{i-1\,j+1}}{(\Delta x)^2}.$$

Durch Addition erhält man

$$\frac{2(y_{i\,j+1} - y_{ij})}{\Delta \tau} \geq \frac{y_{i+1\,j} - 2y_{ij} + y_{i-1\,j} + y_{i+1\,j+1} - 2y_{i\,j+1} + y_{i-1\,j+1}}{(\Delta x)^2}$$

bzw. mit $\lambda := \dfrac{\Delta \tau}{(\Delta x)^2}$

$$(2 + 2\lambda)y_{i\,j+1} - \lambda y_{i+1\,j+1} - \lambda y_{i-1\,j+1} \geq (2 - 2\lambda)y_{ij} + \lambda y_{i+1\,j} + \lambda y_{i-1\,j}.$$

Diese Ungleichungen lassen sich mit Hilfe von

$$y^{(j)} := \begin{pmatrix} y_{1j} \\ \vdots \\ y_{nj} \end{pmatrix}, \quad y^{(j+1)} := \begin{pmatrix} y_{1\,j+1} \\ \vdots \\ y_{n\,j+1} \end{pmatrix}$$

zusammenfassen als

$$M\,y^{(j+1)} + \begin{pmatrix} -\lambda \cdot y_{0\,j+1} \\ 0 \\ \vdots \\ 0 \\ -\lambda \cdot y_{n+1\,j+1} \end{pmatrix} \geq A\,y^{(j)} + \begin{pmatrix} \lambda \cdot y_{0\,j} \\ 0 \\ \vdots \\ 0 \\ \lambda \cdot y_{n+1\,j} \end{pmatrix}, \quad j = 0, \ldots, m,$$

mit

$$M = \begin{pmatrix} 2+2\lambda & -\lambda & 0 & \cdots & & 0 \\ -\lambda & 2+2\lambda & & \ddots & & \vdots \\ 0 & \ddots & \ddots & \ddots & & 0 \\ \vdots & & \ddots & \ddots & 2+2\lambda & -\lambda \\ 0 & \cdots & & 0 & -\lambda & 2+2\lambda \end{pmatrix} \in \mathbb{R}^{n \times n} \qquad (4.117)$$

und

$$A = \begin{pmatrix} 2-2\lambda & \lambda & 0 & \cdots & & 0 \\ \lambda & 2-2\lambda & & \ddots & & \vdots \\ 0 & \ddots & \ddots & \ddots & & 0 \\ \vdots & & \ddots & \ddots & 2-2\lambda & \lambda \\ 0 & \cdots & & 0 & \lambda & 2-2\lambda \end{pmatrix} \in \mathbb{R}^{n \times n}.$$

Dabei ist wegen (4.116)

$$y_{0\,j} = y(x_{\min}, t_j) = g(x_{\min}, t_j) \quad \text{sowie} \quad y_{0\,j+1} = y(x_{\min}, t_{j+1}) = g(x_{\min}, t_{j+1}),$$

und wir setzen wegen (4.115) und (4.112)

$$y(x_{\max}, t_j) \approx y_{n+1\,j} := 0 \quad \text{sowie} \quad y(x_{\max}, t_{j+1}) \approx y_{n+1\,j+1} := 0.$$

Mit der Bedingung

$$y^{(j+1)} \geq \begin{pmatrix} g(x_1, \tau_{j+1}) \\ \vdots \\ g(x_n, \tau_{j+1}) \end{pmatrix}$$

erhalten wir dann zur numerischen Lösung von (4.114) den Algorithmus, der in Tabelle 4.2 angegeben ist. Dabei ist zu bemerken, dass $LCP(q, M)$ eine eindeutige Lösung besitzt, weil die Matrix M aus (4.117) streng diagonaldominant mit positiven Diagonalelementen ist.

Tabelle 4.2. Algorithmus zur numerischen Lösung von (4.114).

$$y^{(0)} := \begin{pmatrix} g(x_1,0) \\ \vdots \\ g(x_n,0) \end{pmatrix};$$

For $j := 0$ **to** m **do begin**

$$b^{(j)} := \begin{pmatrix} \lambda \cdot (g(x_{\min}, \tau_j) + g(x_{\min}, \tau_{j+1})) \\ 0 \\ \vdots \\ 0 \end{pmatrix}; \quad g^{(j+1)} := \begin{pmatrix} g(x_1, \tau_{j+1}) \\ \vdots \\ g(x_n, \tau_{j+1}) \end{pmatrix};$$

$q := M g^{(j+1)} - A y^{(j)} - b^{(j)};$

sei z die Lösung von $LCP(q, M)$;

$y^{(j+1)} := z + g^{(j+1)};$

end.

Der Algorithmus aus Tabelle 4.2 liefert die Vektoren

$$y^{(0)}, y^{(1)}, ..., y^{(m+1)} \in \mathbb{R}^n$$

und somit die diskreten Näherungswerte y_{ij} für (4.114). Über (4.112) erhalten wir dann die diskreten Näherungswerte V_{ij} für (4.106).

Bemerkung 4.4.3 Zur numerischen Lösung von (4.106) ist in jedem Iterationsschritt ein LCP zu lösen. Dies ist ein wesentlicher Unterschied zur numerischen Lösung des Damm-Problems. Dabei führt die Diskretisierung auf ein einziges LCP. Siehe [64]. □

Bemerkung 4.4.4 Die in den letzten Abschnitten vorgestellte Methode zur numerischen Berechnung von amerikanischen Put-Optionen kann auch sinngemäß auf amerikanische Call-Optionen angewandt werden. Dabei gilt aber eine Besonderheit. Es ist niemals lohnend, eine amerikanische Call-Option auf eine Aktie ohne Dividendenzahlung in $[0, T]$ vor dem Verfallstermin auszuüben. Siehe [1], [59], [110]. □

Bemerkung 4.4.5 Die Idee, die Vorwärtsdifferenzenmethode und die Rückwärtsdifferenzenmethode zu mitteln, stammt von J. C. Crank und P. Nicolson aus dem Jahre 1947. Bezüglich der Konvergenzordnung und der Stabilität des so genannten Crank-Nicolson-Verfahrens verweisen wir auf das Buch [110] von R. Seydel. □

Bemerkung 4.4.6 Im Gegensatz zu den gewöhnlichen freien Randwertproblemen, bei denen wir auch Existenz- und Eindeutigkeitssätze betrachtet haben, basierte bei dem freien Randwertproblem, welches bei der Bewertung von amerikanischen Put-Optionen entsteht, die gesamte Modellierung und Herleitung bereits auf der Existenz einer Lösung.

Für reine Existenzsätze für parabolische freie Randwertprobleme verweisen wir auf die beiden Artikel [113] und [114] von R. C. Thompson und W. L. Walter.   □

Bemerkung 4.4.7 Die Matrix M aus (4.117) ist streng diagonaldominant mit positiven Diagonalelementen. Ferner ist M eine Z-Matrix. Um die eindeutige Lösung von $LCP(q, M)$ zu berechnen, könnte man daher den Algorithmus von Chandrasekaran verwenden. Dieser Algorithmus nutzt allerdings nicht die Tridiagonalgestalt von M aus, was sich insbesondere für große Werte für n als unvorteilhaft erweist. Siehe [22]. Algorithmen, die die Tridiagonalgestalt von M ausnutzen, sind die iterativen Verfahren und die Innere-Punkte-Verfahren, die in den nächsten Kapiteln vorgestellt werden.   □

5

Iterative Lösungsverfahren

Ein iteratives Verfahren (Latein: iterare $\hat{=}$ wiederholen) ist eine Methode, die sich durch wiederholte Anwendung desselben Rechenverfahrens der Lösung eines Problems schrittweise annähert. Ein wichtiges Beispiel ist die so genannte Fixpunktiteration

$$x^{(0)} \in \mathbb{R}^n \text{ beliebig}$$
$$x^{(k+1)} := f(x^{(k)}), \quad k = 0, 1, 2, \dots$$

zur Bestimmung eines Fixpunktes einer gegebenen Funktion $f : \mathbb{R}^n \to \mathbb{R}^n$. In den nächsten Abschnitten werden wir zwei iterative Verfahren zur Lösung von $LCP(q, M)$ vorstellen: Zum einen das so genannte PSOR-Verfahren, zum anderen den Modulus-Algorithmus. Beide Verfahren sind Fixpunktiterationen. Daher empfiehlt es sich, vor dem weiteren Lesen die Abschnitte A.1 und A.2 zu studieren.

5.1 Das PSOR-Verfahren

Das PSOR-Verfahren ist das SOR-Verfahren angewandt auf das LCP. Daher werden wir zunächst das SOR-Verfahren herleiten. Es ist ein Verfahren, welches zur Lösung eines linearen Gleichungssystems, $Ax = b$, $A \in \mathbb{R}^{n \times n}$, $b \in \mathbb{R}^n$ entwickelt wurde. Zunächst wird die Matrix A aufgespalten in $A = D - L - R$ mit $D := diag(a_{11}, a_{22}, \dots, a_{nn})$,

$$L := - \begin{pmatrix} 0 & \cdots & & 0 \\ a_{21} & \ddots & & \vdots \\ \vdots & \ddots & \ddots & \vdots \\ a_{n1} & \cdots & a_{nn-1} & 0 \end{pmatrix} \quad \text{und} \quad R := - \begin{pmatrix} 0 & a_{12} & \cdots & a_{1n} \\ \vdots & \ddots & \ddots & \vdots \\ \vdots & & \ddots & a_{n-1n} \\ 0 & \cdots & \cdots & 0 \end{pmatrix}.$$

Ist x eine Lösung von $Ax = b$ und ist $a_{ii} \neq 0$, $i = 1, \dots, n$, so erfüllt x die Fixpunktgleichung $x = D^{-1}(L + R)x + D^{-1}b$.

Die Fixpunktiteration

$$\left.\begin{array}{l} x^{(0)} \in \mathbb{R}^n \text{ beliebig} \\ x^{(k+1)} := D^{-1}(L+R)x^{(k)} + D^{-1}b, \quad k = 0,1,2,\dots \end{array}\right\} \tag{5.1}$$

nennt man Gesamtschrittverfahren oder auch Jakobi-Verfahren. Komponentenweise bedeutet die zweite Zeile von (5.1)

$$x_1^{(k+1)} := \frac{1}{a_{11}}\Big(-\sum_{j=2}^n a_{1j}x_j^{(k)} + b_1 \Big)$$

$$x_2^{(k+1)} := \frac{1}{a_{22}}\Big(-a_{21}x_1^{(k)} - \sum_{j=3}^n a_{2j}x_j^{(k)} + b_2 \Big)$$

$$\vdots$$

$$x_i^{(k+1)} := \frac{1}{a_{ii}}\Big(-\sum_{j=1}^{i-1} a_{ij}x_j^{(k)} - \sum_{j=i+1}^n a_{ij}x_j^{(k)} + b_i \Big)$$

$$\vdots$$

$$x_n^{(k+1)} := \frac{1}{a_{nn}}\Big(-\sum_{j=1}^{n-1} a_{nj}x_j^{(k)} + b_n \Big)$$

$k = 0,1,2,\dots$ In dieser Schreibweise fällt auf, dass man bei der Berechnung von $x_2^{(k+1)}$ bereits $x_1^{(k+1)}$ anstelle von $x_1^{(k)}$ hätte verwenden können. Dies führt auf das Verfahren

$$x_1^{(k+1)} := \frac{1}{a_{11}}\Big(-\sum_{j=2}^n a_{1j}x_j^{(k)} + b_1 \Big)$$

$$x_2^{(k+1)} := \frac{1}{a_{22}}\Big(-a_{21}x_1^{(k+1)} - \sum_{j=3}^n a_{2j}x_j^{(k)} + b_2 \Big)$$

$$\vdots$$

$$x_i^{(k+1)} := \frac{1}{a_{ii}}\Big(-\sum_{j=1}^{i-1} a_{ij}x_j^{(k+1)} - \sum_{j=i+1}^n a_{ij}x_j^{(k)} + b_i \Big)$$

$$\vdots$$

$$x_n^{(k+1)} := \frac{1}{a_{nn}}\Big(-\sum_{j=1}^{n-1} a_{nj}x_j^{(k+1)} + b_n \Big)$$

$k = 0,1,2,\dots$ Dieses Verfahren nennt man Einzelschrittverfahren oder auch Gauß–Seidel-Verfahren. In Matrixschreibweise kann man dieses Verfahren schreiben als

$$x^{(0)} \in \mathbb{R}^n \text{ beliebig}$$

$$x^{(k+1)} := (D-L)^{-1}Rx^{(k)} + (D-L)^{-1}b, \quad k = 0,1,2,\dots$$

Obwohl das Einzelschrittverfahren schneller Teilergebnisse wiederverwendet als das Gesamtschrittverfahren, kann man nicht schließen, dass generell das Einzelschrittverfahren schneller zum Ziel führt als das Gesamtschrittverfahren. Es gibt sogar Beispiele, bei denen das Einzelschrittverfahren divergiert, während das Gesamtschrittverfahren konvergiert. Siehe Exercise 7.12 in [13]. Unter gewissen Voraussetzungen an A sollte man aber das Einzelschrittverfahren dem Gesamtschrittverfahren vorziehen. Siehe Satz von Stein–Rosenberg in [13].

Ein drittes Iterationsverfahren ist das SOR-Verfahren: Es sei $\tilde{x}_i^{(k+1)}$ ein Hilfsvektor, der das Ergebnis aus dem $(k+1)$-ten Schritt des Einzelschrittverfahrens abspeichere. Dann setzt man für $i = 1, ..., n$

$$x_i^{(k+1)} := \alpha \cdot \tilde{x}_i^{(k+1)} + (1 - \alpha) \cdot x^{(k)} \tag{5.2}$$

mit einem so genannten Relaxationsparameter α. Der Wert $x_i^{(k+1)}$ ist somit ein gewichtetes Mittel von $x_i^{(k)}$ und $\tilde{x}_i^{(k+1)}$. Die Gewichtungsfaktoren $1 - \alpha$ und α sind beide nichtnegativ für $0 \leq \alpha \leq 1$. Für $\alpha > 1$ spricht man von Überrelaxation. Setzt man für $\tilde{x}_i^{(k+1)}$ die Formel aus dem Einzelschrittverfahren ein, so erhält man für $i = 1, ..., n$

$$x_i^{(k+1)} = \frac{\alpha}{a_{ii}} \Big(b_i - \sum_{j=1}^{i-1} a_{ij} x_j^{(k+1)} - \sum_{j=i+1}^{n} a_{ij} x_j^{(k)} \Big) + (1 - \alpha) x_i^{(k)}$$

$$= x_i^{(k)} + \frac{\alpha}{a_{ii}} \Big(b_i - \sum_{j=1}^{i-1} a_{ij} x_j^{(k+1)} - \sum_{j=i}^{n} a_{ij} x_j^{(k)} \Big),$$

$k = 0, 1, 2, ...$, $x^{(0)} \in \mathbb{R}^n$ beliebig. Dieses Verfahren nennt man das SOR-Verfahren. (Englisch: successive overrelaxation. Beim Einzelschrittverfahren wird sukzessiv die neue Variable $x_{i-1}^{(k+1)}$ bei der Berechnung von $x_i^{(k+1)}$ verwendet und bei dem gewichteten Mittel (5.2) kann es zu Überrelaxation kommen.)

Man kann zeigen, dass das SOR-Verfahren höchstens für $\alpha \in (0, 2)$ konvergiert, und unter gewissen Voraussetzungen an A kann man ein $\alpha^* \in (0, 2)$ angeben, so dass das SOR-Verfahren in einem gewissen Sinn optimal wird. Siehe [13].

Das PSOR-Verfahren (Englisch: projected successive overrelaxation) ist das SOR-Verfahren angewandt auf das LCP: Gegeben seien $q \in \mathbb{R}^n$ und $M \in \mathbb{R}^{n \times n}$ mit $m_{ii} \neq 0$, $i = 1, ..., n$. Dann wenden wir das SOR-Verfahren auf das lineare Gleichungssystem $Mz = -q$ an, wobei wir die $(k+1)$-te Iterierte $z^{(k+1)}$ auf den ersten Orthanten projizieren:

$$z^{(0)} \in \mathbb{R}^n, \ z^{(0)} \geq o, \ \alpha \in (0, 2),$$

$$z_i^{(k+1)} := \max\left\{0, z_i^{(k)} + \frac{\alpha}{m_{ii}}\left(-q_i - \sum_{j=1}^{i-1} m_{ij} z_j^{(k+1)} - \sum_{j=i}^{n} m_{ij} z_j^{(k)}\right)\right\}, \quad (5.3)$$

$i = 1, ..., n$, $k = 0, 1, 2, ...$. Diese Iteration nennt man das PSOR-Verfahren. Es werden lediglich Iterierte $z^{(k)}$ betrachtet. Somit zielt das PSOR-Verfahren ab auf das LCP: Finde $z \in \mathbb{R}^n$ mit

$$q + Mz \geq o, \quad z \geq o, \quad (q + Mz)^\mathrm{T} z = 0.$$

Satz 5.1.1 *Es seien $M \in \mathbb{R}^{n \times n}$ und $q \in \mathbb{R}^n$. Die Matrix M sei symmetrisch und positiv definit. Die (nach Satz 3.1.8 und Satz 3.1.2) eindeutige Lösung von $LCP(q, M)$ sei z. Dann gilt für das PSOR-Verfahren für jedes $\alpha \in (0, 2)$ und jedes $z^{(0)} \in \mathbb{R}^n$ mit $z^{(0)} \geq o$: $\lim\limits_{k \to \infty} z^{(k)} = z$.*

Beweis: Zunächst sei erwähnt, dass wegen Satz 3.1.8 M eine P-Matrix ist. Daher ist $m_{ii} > 0$ für jedes $i = 1, ..., n$ und das PSOR-Verfahren ist in jedem Schritt definiert.

Wir werden den Satz schrittweise beweisen. Als Erstes werden wir $z_i^{(k+1)}$ ohne das Maximum in (5.3) ausdrücken. Dazu sei

$$r_i^{(k+1)} := -q_i - \sum_{j=1}^{i-1} m_{ij} z_j^{(k+1)} - \sum_{j=i}^{n} m_{ij} z_j^{(k)}. \quad (5.4)$$

Behauptung 1: Es sei $i \in \{1, ..., n\}$. Ist

$$\alpha_{k+1,i} := \left\{ \begin{array}{ll} (z_i^{(k+1)} - z_i^{(k)}) \cdot \dfrac{m_{ii}}{r_i^{(k+1)}} & \text{falls } r_i^{(k+1)} \neq 0, \\[2mm] \alpha & \text{falls } r_i^{(k+1)} = 0, \end{array} \right\} \quad (5.5)$$

dann gilt $z_i^{(k+1)} = z_i^{(k)} + \dfrac{\alpha_{k+1,i}}{m_{ii}} \cdot r_i^{(k+1)}$.

Beweis: Aus dem PSOR-Verfahren folgen für $z_i^{(k+1)}$ zwei Fälle.
1. Fall: $z_i^{(k+1)} = 0$ und somit

$$z_i^{(k)} + \frac{\alpha}{m_{ii}} \cdot r_i^{(k+1)} \leq 0. \quad (5.6)$$

Ist $r_i^{(k+1)} \neq 0$, so folgt aus (5.5)

$$\alpha_{k+1,i} = -z_i^{(k)} \cdot \frac{m_{ii}}{r_i^{(k+1)}}$$

bzw.

$$z_i^{(k)} + \alpha_{k+1,i} \cdot \frac{r_i^{(k+1)}}{m_{ii}} = 0 = z_i^{(k+1)}.$$

Ist $r_i^{(k+1)} = 0$, so ist wegen (5.6) $z_i^{(k)} \leq 0$. Wegen $z_i^{(k)} \geq 0$ folgt $z_i^{(k)} = 0$, und es ist dann

$$z_i^{(k)} + \frac{\alpha_{k+1,i}}{m_{ii}} \cdot r_i^{(k+1)} = 0 + 0 = 0 = z_i^{(k+1)}.$$

2. Fall: $z_i^{(k+1)} = z_i^{(k)} + \frac{\alpha}{m_{ii}} \cdot r_i^{(k+1)}$.

Ist $r_i^{(k+1)} = 0$, so folgt die Behauptung wegen $\alpha = \alpha_{k+1,i}$.

Ist $r_i^{(k+1)} \neq 0$, dann folgt aus (5.5)

$$\alpha_{k+1,i} = (z_i^{(k+1)} - z_i^{(k)}) \cdot \frac{m_{ii}}{r_i^{(k+1)}}$$

bzw.

$$z_i^{(k+1)} = z_i^{(k)} + \frac{\alpha_{k+1,i}}{m_{ii}} \cdot r_i^{(k+1)}.$$

Behauptung 2: Es sei $i \in \{1, ..., n\}$ und $\alpha_{k+1,i}$ sei wie in (5.5) definiert. Dann gilt $0 \leq \alpha_{k+1,i} \leq \alpha$.

Beweis: Ist $r_i^{(k+1)} = 0$, so gilt $\alpha_{k+1,i} = \alpha$, wobei $\alpha \in (0,2)$. Sei also $r_i^{(k+1)} \neq 0$. Dann gilt

$$\alpha_{k+1,i} = (z_i^{(k+1)} - z_i^{(k)}) \cdot \frac{m_{ii}}{r_i^{(k+1)}}.$$

1. Fall: $z_i^{(k+1)} = 0$ und somit $z_i^{(k)} + \frac{\alpha}{m_{ii}} \cdot r_i^{(k+1)} \leq 0$.

In diesem Fall gilt $r_i^{(k+1)} < 0$ und

$$\alpha \geq -z_i^{(k)} \cdot \frac{m_{ii}}{r_i^{(k+1)}} = (z_i^{(k+1)} - z_i^{(k)}) \cdot \frac{m_{ii}}{r_i^{(k+1)}} = \alpha_{k+1,i}.$$

Außerdem ist

$$\alpha_{k+1,i} = -z_i^{(k)} \cdot \frac{m_{ii}}{r_i^{(k+1)}} \geq 0.$$

2. Fall: $z_i^{(k+1)} = z_i^{(k)} + \frac{\alpha}{m_{ii}} r_i^{(k+1)}$. Dann ist

$$\alpha = (z_i^{(k+1)} - z_i^{(k)}) \cdot \frac{m_{ii}}{r_i^{(k+1)}} = \alpha_{k+1,i}$$

mit $\alpha \in (0,2)$.

Mit Hilfe von Behauptung 1 und Behauptung 2 werden wir als Nächstes

$$\lim_{k \to \infty} (z^{(k+1)} - z^{(k)}) = o \tag{5.7}$$

zeigen. Dazu betrachten wir die Funktion $G : \mathbb{R}^n \to \mathbb{R}$ definiert durch

$$G(u) := u^{\mathrm{T}} M u + 2u^{\mathrm{T}} q.$$

Da M symmetrisch ist, gilt für $u, v \in \mathbb{R}^n$

$$\begin{aligned}
G(u) - G(v) &= u^{\mathrm{T}} M u + 2 u^{\mathrm{T}} q - v^{\mathrm{T}} M v - 2 v^{\mathrm{T}} q \\
&= (u - v)^{\mathrm{T}} M (u - v) + 2 u^{\mathrm{T}} M v - 2 v^{\mathrm{T}} M v + 2 u^{\mathrm{T}} q - 2 v^{\mathrm{T}} q \\
&= (u - v)^{\mathrm{T}} M (u - v) + 2 (u - v)^{\mathrm{T}} (M v + q).
\end{aligned}$$

Für $k \geq 0$ und $0 \leq l \leq n$ definieren wir den Vektor $z^{(k+1,l)} = (z_i^{(k+1,l)})$ durch

$$z_i^{(k+1,l)} := \begin{cases} z_i^{(k+1)} & \text{falls } 1 \leq i \leq l, \\ z_i^{(k)} & \text{falls } l < i \leq n. \end{cases}$$

Es gilt also

$$z^{(k+1,0)} = z^{(k)} \quad \text{und} \quad z^{(k+1,n)} = z^{(k+1)} \quad \text{bzw.} \quad z^{(k+1,0)} = z^{(k,n)}. \tag{5.8}$$

Speziell erhält man für

$$z^{(k+1,i-1)} = \begin{pmatrix} z_1^{(k+1)} \\ \vdots \\ z_{i-1}^{(k+1)} \\ z_i^{(k)} \\ \vdots \\ z_n^{(k)} \end{pmatrix}$$

die Gleichung

$$(-q - M z^{(k+1,i-1)})_i = -q_i - \sum_{j=1}^{i-1} m_{ij} z_j^{(k+1)} - \sum_{j=i}^{n} m_{ij} z_j^{(k)}.$$

Somit ist

$$r_i^{(k+1)} = (-q - M z^{(k+1,i-1)})_i$$

auf Grund von (5.4). Außerdem ist

$$z^{(k+1,i)} - z^{(k+1,i-1)} = \begin{pmatrix} 0 \\ \vdots \\ 0 \\ z_i^{(k+1)} - z_i^{(k)} \\ 0 \\ \vdots \\ 0 \end{pmatrix}.$$

Somit haben wir

$$G(z^{(k+1,i)}) - G(z^{(k+1,i-1)}) = (z^{(k+1,i)} - z^{(k+1,i-1)})^{\mathrm{T}} M(z^{(k+1,i)} - z^{(k+1,i-1)})$$
$$+ 2(z^{(k+1,i)} - z^{(k+1,i-1)})^{\mathrm{T}} (M z^{(k+1,i-1)} + q)$$
$$= m_{ii}(z_i^{(k+1)} - z_i^{(k)})^2 - 2(z_i^{(k+1)} - z_i^{(k)}) \cdot r_i^{(k+1)}.$$

Mit Behauptung 1 und Behauptung 2 folgt dann

$$G(z^{(k+1,i)}) - G(z^{(k+1,i-1)}) = \alpha_{k+1,i} \cdot (\alpha_{k+1,i} - 2) \cdot \frac{(r_i^{(k+1)})^2}{m_{ii}} \leq 0. \quad (5.9)$$

Mit (5.9) und (5.8) erhalten wir als Zwischenergebnis, dass die Zahlenfolge

$$\left. \begin{array}{l} G(z^{(1,0)}), G(z^{(1,1)}), ..., G(z^{(1,n)}), G(z^{(2,0)}), G(z^{(2,1)}), ..., G(z^{(2,n)}), ... \\ G(z^{(k,0)}), G(z^{(k,1)}), ..., G(z^{(k,n)}), G(z^{(k+1,0)}), G(z^{(k+1,1)}), ..., G(z^{(k+1,n)}), ... \end{array} \right\}$$
$$(5.10)$$

monoton fallend ist. Insbesondere folgt mit (5.8)

$$G(z^{(k+1)}) \leq G(z^{(k)}). \quad (5.11)$$

Behauptung 3: Die Funktion $G(u)$, $u \in \mathbb{R}^n$ ist nach unten beschränkt.

Beweis: Da M symmetrisch ist, gibt es eine Matrix S mit $S^{\mathrm{T}}S = E$ und

$$SMS^{\mathrm{T}} = diag(\lambda_1, ..., \lambda_n) =: D,$$

wobei λ_i, $i = 1, ..., n$ die Eigenwerte von M sind. Da M symmetrisch und positiv definit ist, gilt sogar $0 < \lambda_i$, $i = 1, ..., n$. Mit $y := Sx$ und $\tilde{q} := Sq$ ergibt sich dann

$$G(x) = x^{\mathrm{T}} M x + 2x^{\mathrm{T}} q = x^{\mathrm{T}} S^{\mathrm{T}} D S x + 2x^{\mathrm{T}} S^{\mathrm{T}} S q$$
$$= y^{\mathrm{T}} D y + 2y^{\mathrm{T}} \tilde{q} = \sum_{i=1}^{n} (\lambda_i y_i^2 + 2y_i \tilde{q}_i)$$
$$= \sum_{i=1}^{n} \lambda_i \left(y_i^2 + 2y_i \frac{\tilde{q}_i}{\lambda_i} + \frac{\tilde{q}_i^2}{\lambda_i^2} - \frac{\tilde{q}_i^2}{\lambda_i^2} \right) = \sum_{i=1}^{n} \lambda_i \left((y_i + \frac{\tilde{q}_i}{\lambda_i})^2 - \frac{\tilde{q}_i^2}{\lambda_i^2} \right)$$
$$\geq -\sum_{i=1}^{n} \frac{\tilde{q}_i^2}{\lambda_i}.$$

Die Folge (5.10) ist somit monoton fallend und nach unten beschränkt. Daher besitzt diese Folge einen Grenzwert, der mit $G^* \in \mathbb{R}$ bezeichnet sei. Da jede Teilfolge einer konvergenten Folge selbst auch konvergent ist und gegen denselben Grenzwert konvergiert, gilt für jedes fest gewählte $l \in \{0, ..., n\}$

$$\lim_{k \to \infty} G(z^{(k,l)}) = G^*. \quad (5.12)$$

Behauptung 4: Es seien $m := \min\{m_{11}, m_{22}, ..., m_{nn}\}$. Dann gilt

$$\left| z_i^{(k+1)} - z_i^{(k)} \right| \leq \sqrt{\alpha \cdot \frac{G(z^{(k+1,i-1)}) - G(z^{(k+1,i)})}{m \cdot (2 - \alpha)}}, \quad i = 1, ..., n.$$

Beweis: Für $z_i^{(k+1)} = z_i^{(k)}$ gibt es nichts zu zeigen. Sei also $z_i^{(k+1)} \neq z_i^{(k)}$. Dann folgt aus Behauptung 1 $\alpha_{k+1,i} \neq 0$ und

$$r_i^{(k+1)} = (z_i^{(k+1)} - z_i^{(k)}) \cdot \frac{m_{ii}}{\alpha_{k+1,i}}.$$

Dies eingesetzt in (5.9) gibt

$$G(z^{(k+1,i-1)}) - G(z^{(k+1,i)}) = (2 - \alpha_{k+1,i}) \frac{m_{ii}}{\alpha_{k+1,i}} (z_i^{(k+1)} - z_i^{(k)})^2$$

$$\geq \frac{m \cdot (2 - \alpha)}{\alpha} (z_i^{(k+1)} - z_i^{(k)})^2.$$

Zieht man nun auf beiden Seiten die Wurzel, so folgt Behauptung 4.

Mit Behauptung 4 und (5.12) folgt dann (5.7). Aus (5.7) folgt allerdings noch nicht, dass $\lim_{k \to \infty} z^{(k)} = z$ gilt. Dazu benötigen wir noch weitere Überlegungen.

Behauptung 5: Ist z^* ein Häufungspunkt der Folge $\{z^{(k)}\}$, so gilt

$$q + Mz^* \geq o, \quad z^* \geq o, \quad (q + Mz^*)^{\mathrm{T}} z^* = 0.$$

Beweis: Ist z^* ein Häufungspunkt der Folge $\{z^{(k)}\}$, so gibt es eine Folge $\{k_p\}$ mit $\lim_{p \to \infty} z^{(k_p)} = z^*$. Wegen (5.7) gilt dann auch

$$\lim_{p \to \infty} z^{(k_p+1)} = z^*, \tag{5.13}$$

und aus (5.4) folgt dann

$$\lim_{p \to \infty} r^{(k_p+1)} = -q - Mz^*. \tag{5.14}$$

Wegen $z^{(k)} \geq o$ ist $z^* \geq o$. Zum Beweis von $q + Mz^* \geq o$ nehmen wir an, es gebe ein $i_0 \in \{1, ..., n\}$ mit

$$(q + Mz^*)_{i_0} < 0 \quad \text{bzw.} \quad (-q - Mz^*)_{i_0} > 0.$$

Dann existieren $\varepsilon > 0$ und wegen (5.14) eine Teilfolge $\{k_{\tilde{p}}\}$ von $\{k_p\}$ mit $r_{i_0}^{(k_{\tilde{p}}+1)} \geq \varepsilon$ für alle $k_{\tilde{p}}$. Dann gilt

$$z_{i_0}^{(k_{\tilde{p}}+1)} = \max\{0, z_{i_0}^{(k_{\tilde{p}})} + \frac{\alpha}{m_{i_0 i_0}} \cdot r_{i_0}^{(k_{\tilde{p}}+1)}\} = z_{i_0}^{(k_{\tilde{p}})} + \frac{\alpha}{m_{i_0 i_0}} \cdot r_{i_0}^{(k_{\tilde{p}}+1)}$$

bzw.

$$z_{i_0}^{(k_{\tilde{p}}+1)} - z_{i_0}^{(k_{\tilde{p}})} \geq \varepsilon \frac{\alpha}{m_{i_0 i_0}} > 0 \quad \text{für alle } k_{\tilde{p}}.$$

Dies ist ein Widerspruch zu (5.7).

Zum Beweis von $(q + Mz^*)^{\mathrm{T}} z^* = 0$ nehmen wir an, es gebe ein $i_0 \in \{1, ..., n\}$ mit

$$(-q - Mz^*)_{i_0} < 0 \quad \text{und} \quad z_{i_0}^* > 0.$$

Dann existieren $\varepsilon > 0$ und wegen (5.13) und (5.14) eine Teilfolge $\{k_{\tilde{p}}\}$ von $\{k_p\}$ mit

$$r_{i_0}^{(k_{\tilde{p}}+1)} \leq -\varepsilon \quad \text{und} \quad z_{i_0}^{(k_{\tilde{p}}+1)} \geq \varepsilon \quad \text{für alle } k_{\tilde{p}}.$$

Dann gilt

$$z_{i_0}^{(k_{\tilde{p}}+1)} = \max\{0, z_{i_0}^{(k_{\tilde{p}})} + \frac{\alpha}{m_{i_0 i_0}} \cdot r_{i_0}^{(k_{\tilde{p}}+1)}\} = z_{i_0}^{(k_{\tilde{p}})} + \frac{\alpha}{m_{i_0 i_0}} \cdot r_{i_0}^{(k_{\tilde{p}}+1)}$$

bzw.

$$\left| z_{i_0}^{(k_{\tilde{p}}+1)} - z_{i_0}^{(k_{\tilde{p}})} \right| = \left| \frac{\alpha}{m_{i_0 i_0}} \cdot r_{i_0}^{(k_{\tilde{p}}+1)} \right| \geq \frac{\alpha}{m_{i_0 i_0}} \cdot \varepsilon \quad \text{für alle } k_{\tilde{p}}.$$

Dies ist ein Widerspruch zu (5.7).

Behauptung 6: Die Folge $\{z^{(k)}\}$ ist beschränkt und besitzt daher mindestens einen Häufungspunkt.

Beweis: Wir zeigen zunächst, dass die Menge $R = \{z : G(z) \leq G(z^{(0)})\}$ beschränkt ist. Dazu nehmen wir an, R sei unbeschränkt. Dann existiert eine Folge $x^{(k)} \in R$ mit

$$\lim_{k \to \infty} \left\| x^{(k)} \right\|_\infty = \infty.$$

Ist S eine reguläre Matrix, so gilt für $y^{(k)} := Sx^{(k)}$ wegen

$$\left\| x^{(k)} \right\|_\infty = \left\| S^{-1} y^{(k)} \right\|_\infty \leq \left\| S^{-1} \right\|_\infty \cdot \left\| y^{(k)} \right\|_\infty$$

auch $\lim_{k \to \infty} \left\| y^{(k)} \right\|_\infty = \infty$. Insbesondere gibt es somit ein $i_0 \in \{1, ..., n\}$ mit $\lim_{k \to \infty} \left| y_{i_0}^{(k)} \right| = \infty$. Ist S die Matrix aus Behauptung 3, so gilt

$$G(x^{(k)}) = \sum_{i=1}^n \lambda_i \left((y_i^{(k)} + \frac{\tilde{q}_i}{\lambda_i})^2 - \frac{\tilde{q}_i^2}{\lambda_i^2} \right) \geq \lambda_{i_0} \cdot (y_{i_0}^{(k)} + \frac{\tilde{q}_{i_0}}{\lambda_{i_0}})^2 - \sum_{i=1}^n \frac{\tilde{q}_i^2}{\lambda_i}$$

und es folgt $\lim_{k \to \infty} G(x^{(k)}) = \infty$. Dies ist ein Widerspruch zu $G(x^{(k)}) \leq G(z^{(0)})$.

Wegen (5.11) gilt $z^{(k)} \in R$ für alle $k \geq 0$. Da die Menge R beschränkt ist, ist auch die Folge $\{z^{(k)}\}$ beschränkt. Mit dem Satz von Bolzano–Weierstraß folgt schließlich die Existenz von mindestens einem Häufungspunkt.

Behauptung 7: Es gilt $\lim\limits_{k \to \infty} z^{(k)} = z$.

Beweis: Wir nehmen an, die Folge $\{z^{(k)}\}$ würde nicht gegen z konvergieren. Dann existieren $\varepsilon > 0$ und eine Teilfolge $\{k_p\}$ von $\{k\}$ mit

$$\left\| z^{(k_p)} - z \right\|_\infty \geq \varepsilon \quad \text{für alle } k_p. \tag{5.15}$$

Die Folge $\{z^{(k_p)}\}$ ist beschränkt, da nach Behauptung 6 die Folge $\{z^{(k)}\}$ beschränkt ist. Nach dem Satz von Bolzano–Weierstraß gibt es dann eine konvergente Teilfolge $\{z^{(k_{\bar p})}\}$. Der Grenzwert dieser Folge ist nach Behauptung 5 eine Lösung von $LCP(q, M)$. Da die Lösung eindeutig ist, muss dieser Grenzwert z sein. Dies ist ein Widerspruch zu (5.15). $\qquad\square$

Für das nächste Resultat wird es von Vorteil sein, das PSOR-Verfahren in Matrixschreibweise festzuhalten. Dazu sei $D := diag(m_{11}, ..., m_{nn})$ mit $m_{ii} \neq 0$, $i = 1, ..., n$,

$$L := - \begin{pmatrix} 0 & \cdots & & \cdots & 0 \\ m_{21} & \ddots & & & \vdots \\ \vdots & \ddots & \ddots & & \vdots \\ \vdots & & \ddots & \ddots & \vdots \\ m_{n1} & \cdots & & m_{nn-1} & 0 \end{pmatrix} \quad \text{und} \quad R := - \begin{pmatrix} 0 & m_{12} & \cdots & m_{1n} \\ \vdots & \ddots & \ddots & \vdots \\ \vdots & & \ddots & m_{n-1n} \\ 0 & \cdots & & 0 \end{pmatrix}.$$

Außerdem ist für $u, v \in \mathbb{R}^n$

$$\inf\{u, v\} = \begin{pmatrix} \min\{u_1, v_1\} \\ \vdots \\ \min\{u_n, v_n\} \end{pmatrix} \quad \text{und} \quad \sup\{u, v\} = \begin{pmatrix} \max\{u_1, v_1\} \\ \vdots \\ \max\{u_n, v_n\} \end{pmatrix}.$$

Damit lautet das PSOR-Verfahren in Matrixschreibweise

$$z^{(0)} \in \mathbb{R}^n, \ z^{(0)} \geq o, \ \alpha \in (0, 2),$$

$$z^{(k+1)} := \sup\{o, (1 - \alpha)z^{(k)} + \alpha D^{-1}(Lz^{(k+1)} + Rz^{(k)} - q)\}, \quad k = 0, 1, 2, \dots.$$

Lemma 5.1.1 *Für $u, v \in \mathbb{R}^n$ gilt*

$$|\sup\{o, u\} - \sup\{o, v\}| \leq |u - v|.$$

Beweis: Da $|\cdot|$ für Vektoren komponentenweise definiert ist, reicht es,

$$|\max\{0, u\} - \max\{0, v\}| \leq |u - v| \quad \text{für } u, v \in \mathbb{R}$$

zu zeigen.

1. Fall: $u \cdot v > 0$. Dann ist

$$|\max\{0, u\} - \max\{0, v\}| = |u - v| \quad \text{oder} \quad |\max\{0, u\} - \max\{0, v\}| = 0.$$

2. Fall: $u \cdot v < 0$. Für $u < 0$ und $v > 0$ ist

$$|\max\{0, u\} - \max\{0, v\}| = |0 - v| = v < v - u = |v - u|.$$

Der Unterfall $u > 0$, $v < 0$ verläuft analog.

3. Fall: $u \cdot v = 0$. Ist $u = 0$, so ist

$$|\max\{0, u\} - \max\{0, v\}| = \max\{0, v\} \le |v| = |v - u|.$$

Der Unterfall $v = 0$ verläuft analog. $\square$

Satz 5.1.2 *Es seien $M \in \mathbb{R}^{n \times n}$ und $q \in \mathbb{R}^n$. Die Matrix M sei eine H-Matrix mit positiven Diagonalelementen. Die (nach Satz 3.1.10 und Satz 3.1.2) eindeutige Lösung von $LCP(q, M)$ sei z. Dann gelten folgende Aussagen:*

1. $\rho(D^{-1}(|L| + |R|)) < 1$.
2. Bezüglich des PSOR-Verfahrens gilt für jedes

$$\alpha \in \left(0, \frac{2}{1 + \rho(D^{-1}(|L| + |R|))}\right)$$

und jedes $z^{(0)} \in \mathbb{R}^n$ mit $z^{(0)} \ge o$: $\lim_{k \to \infty} z^{(k)} = z$.

Beweis: 1. Da M als H-Matrix mit positiven Diagonalelementen vorausgesetzt ist, ist nach Bemerkung 3.4.1 die Matrix

$$\left\langle M \right\rangle = D - |L| - |R|$$

eine M-Matrix. Daher ist $\left\langle M \right\rangle^{-1} \ge O$. Des Weiteren ist $D^{-1} \ge O$ und $|L| + |R| \ge O$. Die Behauptung folgt nun mit Lemma A.2.1.

2. Da z die Lösung von $LCP(q, M)$ ist, gilt

$$q + Mz \ge o, \quad z \ge o, \quad (q + Mz)^{\mathrm{T}} z = 0.$$

Dies ist äquivalent zu

$$\begin{aligned}
o &= \inf\{z, q + Mz\} = \inf\{z, q + (D - L - R)z\} \\
&= \inf\{z, q + (\alpha^{-1}D - L - R + (1 - \alpha^{-1})D)z\} \\
&= \inf\{z, \alpha^{-1}D\alpha D^{-1}(\alpha^{-1}Dz + q - Lz - Rz + (1 - \alpha^{-1})Dz)\}.
\end{aligned}$$

Dies ist wiederum wegen $m_{ii} > 0$, $i = 1, ..., n$ und $\alpha > 0$ äquivalent zu

$$o = \inf\{z, z + \alpha D^{-1}(q - Lz - Rz + (1 - \alpha^{-1})Dz)\}$$

bzw.

$$\begin{aligned}
o &= z + \inf\{o, \alpha D^{-1}(q - Lz - Rz + (1 - \alpha^{-1})Dz)\} \\
&= z - \sup\{o, \alpha D^{-1}(Lz + Rz - q - (1 - \alpha^{-1})Dz)\},
\end{aligned}$$

was dann gleichbedeutend ist mit

$$z = \sup\{o, (1 - \alpha)z + \alpha D^{-1}(Lz + Rz - q)\}.$$

Somit ist z der einzige Fixpunkt der Funktion

$$f(x) := \sup\{o, (1 - \alpha)x + \alpha D^{-1}(Lx + Rx - q)\}, \quad x \in \mathbb{R}^n.$$

Betrachten wir zusätzlich noch die Funktion

$$g(x, y) := \sup\{o, (1 - \alpha)y + \alpha D^{-1}(Lx + Ry - q)\}, \quad x, y \in \mathbb{R}^n,$$

dann ist einerseits

$$g(z, z) = f(z) = z. \tag{5.16}$$

Andererseits ist

$$g(z^{(k+1)}, z^{(k)}) = z^{(k+1)}. \tag{5.17}$$

Somit erhalten wir mit der Dreiecksungleichung, (5.16) und Lemma 5.1.1

$$|z^{(k+1)} - z| \leq |g(z^{(k+1)}, z^{(k)}) - g(z, z^{(k)})| + |g(z, z^{(k)}) - g(z, z)|$$

$$\leq \alpha D^{-1}|L| \cdot |z^{(k+1)} - z| + \left(|1 - \alpha|E + \alpha D^{-1}|R|\right) \cdot |z^{(k)} - z|.$$

Da die Matrix $D^{-1}|L|$ eine untere Dreiecksmatrix mit Nullen in den Diagonalelementen ist, gilt $\rho(\alpha D^{-1}|L|) = 0 < 1$. Mit Lemma A.1.8 folgt dann

$$(E - \alpha D^{-1}|L|)^{-1} = \sum_{i=0}^{\infty} \left(\alpha D^{-1}|L|\right)^i \geq O. \tag{5.18}$$

Daher ist

$$|z^{(k+1)} - z| \leq (E - \alpha D^{-1}|L|)^{-1}\left(|1 - \alpha|E + \alpha D^{-1}|R|\right) \cdot |z^{(k)} - z|$$

bzw.

$$|z^{(k)} - z| \leq P^k \cdot |z^{(0)} - z| \tag{5.19}$$

mit

$$P := (E - \alpha D^{-1}|L|)^{-1}\left(|1 - \alpha|E + \alpha D^{-1}|R|\right).$$

Der Satz ist bewiesen, sobald wir

$$\rho(P) < 1 \tag{5.20}$$

gezeigt haben. Denn aus (5.20) folgt mit Lemma A.1.6 $\lim_{k\to\infty} P^k = O$ und somit $\lim_{k\to\infty} z^{(k)} = z$ auf Grund von (5.19).

Um (5.20) zu zeigen, werden wir Lemma A.2.1 verwenden. Dazu setzen wir

$$H := E - \alpha D^{-1}|L| \quad \text{und} \quad N := |1 - \alpha|E + \alpha D^{-1}|R|.$$

Dann ist $P = H^{-1}N$ mit $N \geq O$ und $H^{-1} \geq O$ wegen (5.18). Falls für

$$A_\alpha := H - N = \left(1 - |1 - \alpha|\right)E - \alpha D^{-1}(|L| + |R|)$$

die Bedingung

$$A_\alpha^{-1} \geq O$$

gezeigt ist, so folgt (5.20) aus Lemma A.2.1.

1. Fall: $\alpha \in (0, 1]$. Dann ist

$$A_\alpha = \alpha \cdot E - \alpha D^{-1}(|L| + |R|) = \alpha D^{-1}(D - |L| - |R|) = \alpha D^{-1}\langle M \rangle.$$

Da M als H-Matrix mit positiven Diagonalelementen vorausgesetzt ist, ist nach Bemerkung 3.4.1 $A_\alpha^{-1} \geq O$.

2. Fall: Es ist

$$1 < \alpha < \frac{2}{1 + \rho(D^{-1}(|L| + |R|))}.$$

Dann ist

$$\rho(D^{-1}(|L| + |R|)) < \frac{2 - \alpha}{\alpha} \tag{5.21}$$

und

$$A_\alpha = (2 - \alpha) \cdot E - \alpha D^{-1}(|L| + |R|) = (2 - \alpha) \cdot \left(E - \frac{\alpha}{2 - \alpha}D^{-1}(|L| + |R|)\right).$$

Wegen (5.21) ist

$$\rho(\frac{\alpha}{2 - \alpha}D^{-1}(|L| + |R|)) = \frac{\alpha}{2 - \alpha}\rho(D^{-1}(|L| + |R|)) < 1.$$

Somit folgt aus Lemma A.1.8

$$\left(E - \frac{\alpha}{2 - \alpha}D^{-1}(|L| + |R|)\right)^{-1} = \sum_{k=0}^{\infty} \left(\frac{\alpha}{2 - \alpha}D^{-1}(|L| + |R|)\right)^k \geq O,$$

woraus dann $A_\alpha^{-1} \geq O$ folgt. $\qquad\qquad\square$

5.2 Der Modulus-Algorithmus

Der Modulus-Algorithmus (Englisch: modulus $\hat{=}$ Betrag einer Zahl) ist ein weiterer iterativer Algorithmus zur Lösung von $LCP(q, M)$. Ist $E+M$ regulär, so ist der Modulus-Algorithmus wie folgt definiert:

$$\left.\begin{aligned} x^{(0)} &\in \mathbb{R}^n \quad \text{beliebig} \\ x^{(k+1)} &:= (E+M)^{-1}\Big((E-M)|x^{(k)}| - q\Big), \quad k = 0, 1, 2, \dots \end{aligned}\right\} \qquad (5.22)$$

Der folgende Satz klärt den Zusammenhang zwischen dem Modulus-Algorithmus und dem LCP.

Satz 5.2.1 *Es seien $M \in \mathbb{R}^{n \times n}$, $q \in \mathbb{R}^n$, und $E+M$ sei regulär. Es bezeichne für $x \in \mathbb{R}^n$*

$$f(x) := (E+M)^{-1}\Big((E-M)|x| - q\Big).$$

Dann gelten folgende Aussagen:

1. *Ist x^* ein Fixpunkt von $f(x)$, so bilden*

$$w := |x^*| - x^* \quad \text{und} \quad z := |x^*| + x^* \qquad (5.23)$$

   eine Lösung von $LCP(q, M)$.

2. *Bilden w und z eine Lösung von $LCP(q, M)$, so ist*

$$x^* := \frac{1}{2}(z - w)$$

   ein Fixpunkt von $f(x)$.

3. *Ist M eine P-Matrix, so besitzt $f(x)$ genau einen Fixpunkt.*

Beweis: 1. Aus (5.23) folgt einerseits

$$w \geq o, \quad z \geq o, \qquad (5.24)$$

andererseits

$$\left.\begin{aligned} x_i^* \geq 0 &\Rightarrow w_i = 0 \\ x_i^* < 0 &\Rightarrow z_i = 0 \end{aligned}\right\} \quad i = 1, \dots, n. \qquad (5.25)$$

Des Weiteren gilt

$$x^* = f(x^*) = (E+M)^{-1}\Big((E-M)|x^*| - q\Big).$$

Dies ist gleichbedeutend mit

$$(E+M)x^* = (E-M)|x^*| - q$$

bzw. mit

$$q + M(|x^*| + x^*) = |x^*| - x^*. \qquad (5.26)$$

Somit bilden wegen (5.23)-(5.26) die Vektoren w und z eine Lösung von $LCP(q, M)$.

2. Es mögen w und z eine Lösung von $LCP(q, M)$ bilden. Dann gilt

$$w \geq o, \ z \geq o, \quad w = q + Mz, \quad w^\mathrm{T} z = 0.$$

Somit ist
$$-2w + 2Mz = -2q. \tag{5.27}$$

Nun gilt
$$\left.\begin{aligned} -2w &= (z - w) - |z - w|, \\ 2z &= (z - w) + |z - w|, \end{aligned}\right\} \tag{5.28}$$

denn auf Grund der Komplementarität gilt

$$((z - w) - |z - w|)_i = \begin{cases} 0 & \text{für } z_i \geq 0, \ w_i = 0, \\ -2w_i & \text{für } z_i = 0, \ w_i \geq 0, \end{cases}$$

$$((z - w) + |z - w|)_i = \begin{cases} 2z_i & \text{für } z_i \geq 0, \ w_i = 0, \\ 0 & \text{für } z_i = 0, \ w_i \geq 0. \end{cases}$$

Setzt man (5.28) in (5.27) ein, so resultiert

$$(z - w) - |z - w| + M((z - w) + |z - w|) = -2q$$

bzw.

$$(E + M)(z - w) = (E - M)(|z - w|) - 2q.$$

Mit $x^* := \frac{1}{2}(z - w)$ gilt dann $x^* = f(x^*)$.

3. Ist M eine P-Matrix, so besitzt $LCP(q, M)$ eine eindeutige Lösung, welche mit w und z bezeichnet sei. Nach 2. ist $x^* := \frac{1}{2}(z - w)$ dann ein Fixpunkt von $f(x)$. Ist $\hat{x}$ ein weiterer Fixpunkt von $f(x)$, dann gilt nach 1.

$$|\hat{x}| - \hat{x} = w = |x^*| - x^*,$$
$$|\hat{x}| + \hat{x} = z = |x^*| + x^*.$$

Subtrahiert man die beiden Gleichungen voneinander, so folgt $\hat{x} = x^*$.   □

Kann bzw. will man nicht voraussetzen, dass $E + M$ regulär ist, so hat man zumindest das folgende Korollar, welches in Abschnitt 7.2 benutzt wird.

Korollar 5.2.1 *Es seien* $M \in \mathbb{R}^{n \times n}$ *und* $q \in \mathbb{R}^n$. *Es bezeichne für* $x \in \mathbb{R}^n$

$$g(x) := (E + M)x - (E - M)|x| + q.$$

Dann gelten folgende Aussagen:

1. Ist x^* *eine Nullstelle von* $g(x)$, *so bilden*

$$w := |x^*| - x^* \quad \text{und} \quad z := |x^*| + x^*$$

eine Lösung von $LCP(q, M)$.

2. *Bilden* w *und* z *eine Lösung von* $LCP(q, M)$, *so ist*

$$x^* := \frac{1}{2}(z - w)$$

eine Nullstelle von $g(x)$.

3. *Ist* M *eine P-Matrix, so besitzt* $g(x)$ *genau eine Nullstelle.*

Beweis: Den Beweis kann man aus dem Beweis zu Satz 5.2.1 übernehmen, indem man die Umformungen, die die Inverse von $E + M$ benutzen, einfach auslässt. $\square$

Im Weiteren werden wir unter gewissen Voraussetzungen an die Matrix M zeigen, dass für den Modulus-Algorithmus aus (5.22) $\lim_{k \to \infty} x^{(k)} = x^*$ mit

$$x^* = f(x^*) := (E + M)^{-1}\Big((E - M)|x^*| - q\Big)$$

gilt. Mit Hilfe von Satz 5.2.1 erhält man dann eine Lösung von $LCP(q, M)$. Die Voraussetzungen an die Matrix M entsprechen den Voraussetzungen an die Matrix M in Satz 5.1.1 bzw. Satz 5.1.2 bzgl. dem PSOR-Verfahren.

Satz 5.2.2 *Es seien* $M \in \mathbb{R}^{n \times n}$ *symmetrisch und positiv definit sowie* $q \in \mathbb{R}^n$. *Dann gilt für den Modulus-Algorithmus aus (5.22)* $\lim_{k \to \infty} x^{(k)} = x^*$ *mit*

$$x^* = f(x^*) := (E + M)^{-1}\Big((E - M)|x^*| - q\Big).$$

Beweis: Für $x \neq o$ ist

$$x^{\mathrm{T}}(E + M)x = \|x\|_2^2 + x^{\mathrm{T}}Mx > 0.$$

Somit ist auch $E + M$ symmetrisch und positiv definit. Die Matrix $E + M$ ist daher regulär und der Modulus-Algorithmus definiert. Nach Satz 3.1.8 ist M eine P-Matrix. Daher hat $LCP(q, M)$ auf Grund von Satz 3.1.2 eine eindeutige Lösung, welche mit w und z bezeichnet sei. Nach Satz 5.2.1 ist dann $x^* := \frac{1}{2}(z - w)$ der einzige Fixpunkt von $f(x)$.

Da die Euklidnorm absolut und (daher auch) monoton ist, gilt für $D := (E + M)^{-1}(E - M)$

$$\begin{aligned}
\|x^{(k+1)} - x^*\|_2 &= \|f(x^{(k)}) - f(x^*)\|_2 \leq \|D\|_2 \cdot \| \,|x^{(k)}| - |x^*| \,\|_2 \\
&= \|D\|_2 \cdot \| \,|(|x^{(k)}| - |x^*|)| \,\|_2 \leq \|D\|_2 \cdot \| \,|x^{(k)} - x^*| \,\|_2 \\
&= \|D\|_2 \cdot \| \,x^{(k)} - x^* \,\|_2.
\end{aligned}$$

Daher erhält man

$$\|x^{(k)} - x^*\|_2 \leq \Big(\|D\|_2\Big)^k \cdot \| \,x^{(0)} - x^* \,\|_2.$$

Die Aussage des Satzes ist gezeigt, falls $\|D\|_2 \in [0, 1)$ gezeigt ist.

Wegen

$$(E - M)(E + M) = E - M^2 = (E + M)(E - M)$$

ist

$$(E + M)^{-1}(E - M)(E + M) = E - M$$

bzw.

$$(E + M)^{-1}(E - M) = (E - M)(E + M)^{-1}.$$

Daher ist, da M symmetrisch ist,

$$D^{\mathrm{T}} = (E - M)^{\mathrm{T}}\left((E + M)^{-1}\right)^{\mathrm{T}} = (E - M)(E + M)^{-1} = D.$$

D ist also symmetrisch und es folgt $\|D\|_2 = \rho(D)$. Siehe Abschnitt A.1.

Ist λ ein Eigenwert von M und x ein zugehöriger Eigenvektor, so gilt einerseits

$$(E - M)x = (1 - \lambda)x, \tag{5.29}$$

andererseits

$$(E + M)x = (1 + \lambda)x \quad \text{bzw.} \quad \frac{1}{1 + \lambda}x = (E + M)^{-1}x. \tag{5.30}$$

Es seien nun $\lambda_1, ..., \lambda_n$ die Eigenwerte von M. Da M symmetrisch und positiv definit ist, ist

$$\lambda_i > 0, \quad i = 1, ..., n, \tag{5.31}$$

und es existiert eine orthonormale Basis aus Eigenvektoren bzw. eine Matrix $S \in \mathbb{R}^{n \times n}$ mit $S^{-1}S = E$ und $S^{-1}MS = diag(\lambda_1, ..., \lambda_n)$. Mit (5.29) und (5.30) folgt dann

$$S^{-1}DS = S^{-1}(E + M)^{-1}SS^{-1}(E - M)S = diag\left(\frac{1 - \lambda_1}{1 + \lambda_1}, ..., \frac{1 - \lambda_n}{1 + \lambda_n}\right).$$

Alle Eigenwerte von D lauten somit

$$\mu_i := \frac{1 - \lambda_i}{1 + \lambda_i}, \quad i := 1, ..., n.$$

Wegen (5.31) folgt dann für $i = 1, ..., n$

$$1 < 1 + 2\lambda_i \quad \text{bzw.} \quad -(1 + \lambda_i) < 1 - \lambda_i < 1 + \lambda_i \quad \text{bzw.} \quad |\mu_i| < 1.$$

Somit gilt $\rho(D) < 1$. □

Satz 5.2.3 *Es seien $M \in \mathbb{R}^{n \times n}$ eine H-Matrix mit positiven Diagonalelementen und $q \in \mathbb{R}^n$. Ist*

$$m := \max\{1, m_{11}, m_{22}, ..., m_{nn}\}, \quad \tilde{M} := \frac{1}{m}M, \quad \tilde{q} := \frac{1}{m}q,$$

so gilt für den Modulus-Algorithmus aus (5.22) angewandt auf $\tilde{M}$ und $\tilde{q}$:
$\lim\limits_{k \to \infty} x^{(k)} = x^*$ *mit* $x^* = f(x^*) := (E + \tilde{M})^{-1}\Big((E - \tilde{M})|x^*| - \tilde{q}\Big)$. *Die Lösung von $LCP(q, M)$ bilden dann*

$$w = m \cdot (|x^*| - x^*) \quad und \quad z = |x^*| + x^*.$$

Beweis: Mit M ist auch $\tilde{M}$ eine H-Matrix mit positiven Diagonalelementen. Jedoch hat $\tilde{M}$ zusätzlich die Eigenschaft

$$\tilde{m}_{ii} \leq 1, \quad i = 1, ..., n. \tag{5.32}$$

Nach Bemerkung 3.4.1 ist $\langle \tilde{M} \rangle$ eine M-Matrix. Daher ist

$$\langle \tilde{M} \rangle^{-1} \geq O. \tag{5.33}$$

Da die Diagonalelemente von $\tilde{M}$ positiv sind, ist $\langle E + \tilde{M} \rangle = E + \langle \tilde{M} \rangle$. Somit ist auf Grund von Aufgabe 3.4.1 auch $\langle E + \tilde{M} \rangle$ eine M-Matrix und auf Grund von Bemerkung 3.4.1 ist $E + \tilde{M}$ eine H-Matrix. Da jede H-Matrix mit positiven Diagonalelementen nach Satz 3.1.10 eine P-Matrix ist, ist $E + \tilde{M}$ regulär und der Modulus-Algorithmus somit definiert. Außerdem folgt aus Aufgabe 3.4.2

$$|(E + \tilde{M})^{-1}| \leq \langle E + \tilde{M} \rangle^{-1}. \tag{5.34}$$

Nach Satz 3.1.10 ist auch $\tilde{M}$ eine P-Matrix. Daher hat $LCP(\tilde{q}, \tilde{M})$ auf Grund von Satz 3.1.2 eine eindeutige Lösung, welche mit $\tilde{w}$ und $\tilde{z}$ bezeichnet sei. Nach Satz 5.2.1 ist dann $x^* := \frac{1}{2}(\tilde{z} - \tilde{w})$ der einzige Fixpunkt von

$$f(x) := (E + \tilde{M})^{-1}\Big((E - \tilde{M})|x| - \tilde{q}\Big).$$

Mit (5.34) folgt nun

$$|x^{(k+1)} - x^*| = |f(x^{(k)}) - f(x^*)| = |(E + \tilde{M})^{-1} \cdot (E - \tilde{M}) \cdot (|x^{(k)}| - |x^*|)|$$

$$\leq |(E + \tilde{M})^{-1}| \cdot |E - \tilde{M}| \cdot ||x^{(k)}| - |x^*||$$

$$\leq \langle E + \tilde{M} \rangle^{-1} \cdot |E - \tilde{M}| \cdot |x^{(k)} - x^*|.$$

Man erhält

$$|x^{(k)} - x^*| \le P^k \cdot |x^{(0)} - x^*| \qquad (5.35)$$

mit

$$P := \left\langle E + \tilde{M} \right\rangle^{-1} \cdot |E - \tilde{M}|.$$

Der erste Teil des Satzes ist bewiesen, sobald wir

$$\rho(P) < 1 \qquad (5.36)$$

gezeigt haben. Denn aus (5.36) folgt mit Lemma A.1.6 $\lim\limits_{k \to \infty} P^k = O$ und somit $\lim\limits_{k \to \infty} x^{(k)} = x^*$ auf Grund von (5.35).

Um (5.36) zu zeigen, werden wir Lemma A.2.1 verwenden. Dazu setzen wir

$$H := \left\langle E + \tilde{M} \right\rangle, \quad N := |E - \tilde{M}| \quad \text{und} \quad A := H - N.$$

Dann ist $P = H^{-1}N$ mit $N \ge O$ und $H^{-1} \ge O$ wegen (5.34). Außerdem ist wegen $0 < \tilde{m}_{ii} \le 1$, $i = 1, ..., n$

$$a_{ij} = \left\{ \begin{array}{ll} |1 + \tilde{m}_{ii}| - |1 - \tilde{m}_{ii}| & \text{falls } i = j \\ -|\tilde{m}_{ij}| - |-\tilde{m}_{ij}| & \text{falls } i \ne j \end{array} \right\} = 2 \left\langle \tilde{M} \right\rangle_{ij}.$$

Wegen (5.33) ist dann $A^{-1} \ge O$ und es folgt (5.36) mit Lemma A.2.1.

Nach Satz 5.2.1 bilden

$$\tilde{w} := |x^*| - x^* \quad \text{und} \quad \tilde{z} := |x^*| + x^*$$

die Lösung von $LCP(\tilde{q}, \tilde{M})$. Wegen $m > 0$ ist

$$\tilde{w} = \tilde{q} + \tilde{M}\tilde{z}, \quad \tilde{w} \ge o, \tilde{z} \ge o, \quad \tilde{w}^{\mathrm{T}} \tilde{z} = 0$$

gleichbedeutend mit

$$m \cdot \tilde{w} = q + M\tilde{z}, \quad m \cdot \tilde{w} \ge o, \tilde{z} \ge o, \quad m \cdot \tilde{w}^{\mathrm{T}} \tilde{z} = 0.$$

Somit bilden

$$w := m \cdot \tilde{w} = m \cdot (|x^*| - x^*) \quad \text{und} \quad z := \tilde{z} = |x^*| + x^*$$

die Lösung von $LCP(q, M)$. $\qquad \Box$

5.3 Ein Vergleich

Ist die Matrix $M \in \mathbb{R}^{n \times n}$ entweder symmetrisch und positiv definit oder eine H-Matrix mit positiven Diagonalelementen und $q \in \mathbb{R}^n$, so kann man sowohl das PSOR-Verfahren als auch den Modulus-Algorithmus benutzen, um die eindeutige Lösung von $LCP(q, M)$ zu bestimmen.

Bei einer praktischen Umsetzung auf einem Computer wird man sich eine Fehlertoleranz $\varepsilon > 0$ vorgeben und dann beim PSOR-Verfahren das Abbruchkriterium

$$\|z^{(k+1)} - z^{(k)}\| < \varepsilon \tag{5.37}$$

und beim Modulus-Algorithmus das Abbruchkriterium

$$\|x^{(k+1)} - x^{(k)}\| < \varepsilon \tag{5.38}$$

mit einer beliebigen Vektornorm benutzen. Viele Testbeispiele haben gezeigt, dass das PSOR-Verfahren wesentlich weniger Iterationsschritte bis zum Abbruchkriterium (5.37) benötigt als der Modulus-Algorithmus bis zum Abbruchkriterium (5.38).

Auch die eigentliche Durchführung eines Iterationsschrittes ist beim PSOR-Verfahren einfacher zu bewerkstelligen als beim Modulus-Algorithmus, da beim Modulus-Algorithmus der Term $(E + M)^{-1}$ eine Rechnung erfordert, die ungefähr n^3 Rechenoperationen benötigt. Somit ist aus praktischen Gesichtspunkten zur Lösung von $LCP(q, M)$ das PSOR-Verfahren dem Modulus-Algorithmus vorzuziehen, falls M symmetrisch und positiv definit oder eine H-Matrix mit positiven Diagonalelementen ist.

Welchen dieser beiden Algorithmen soll man allerdings vorziehen, wenn M eine P-Matrix, aber weder symmetrisch und positiv definit noch eine H-Matrix ist?

Beispiel 5.3.1 Wir betrachten die Matrix

$$M_y = \frac{1}{9} \begin{pmatrix} 2 & -8 \\ 10 & 14 \end{pmatrix} \tag{5.39}$$

aus Beispiel 4.3.5. Diese Matrix ist nach Satz 4.3.3 eine P-Matrix. Allerdings ist M_y weder symmetrisch noch eine H-Matrix wegen

$$\left\langle M_y \right\rangle^{-1} = 9 \cdot \begin{pmatrix} 2 & -8 \\ -10 & 14 \end{pmatrix}^{-1} = -\frac{9}{52} \begin{pmatrix} 14 & 8 \\ 10 & 2 \end{pmatrix} \not\geq O.$$

Siehe Bemerkung 3.4.1. Wendet man das PSOR-Verfahren an auf M_y und

$$q = \frac{2}{9} \begin{pmatrix} 3 \\ -12 \end{pmatrix}$$

mit $\alpha = 1$ und $z^{(0)} = o$, so erhält man

$$z^{(1)} = \frac{1}{7}\begin{pmatrix} 0 \\ 12 \end{pmatrix}, \quad z^{(2)} = \frac{1}{7}\begin{pmatrix} 27 \\ 0 \end{pmatrix}, \quad z^{(3)} = z^{(1)}.$$

Somit ist gezeigt, dass das PSOR-Verfahren scheitern kann beim Versuch, $LCP(q, M_y)$ zu lösen, falls M_y aus Satz 4.3.3 stammt.

Im Gegensatz dazu konvergiert der Modulus-Algorithmus angewandt auf $q \in \mathbb{R}^2$ und M_y aus (5.39). Denn M_y aus (5.39) gehört zu einer Klasse von Matrizen, für die wir in Satz 5.3.1 die Konvergenz des Modulus-Algorithmus zeigen werden. $\qquad\square$

Wir benötigen das folgende Lemma.

Lemma 5.3.1 *Ist die Intervallmatrix* $[A] = [A_c - \Delta, A_c + \Delta] \in \mathbb{IR}^{n \times n}$ *streng regulär, so existiert ein Vektor* $u \in \mathbb{R}^n$, $u > o$ *mit* $\| \, |A_c^{-1}| \cdot \Delta \, \|_u < 1$.

Beweis: Es ist

$$A_c^{-1} \cdot [A] = A_c^{-1} \cdot (A_c + [-\Delta, \Delta]) = E + [-|A_c^{-1}| \cdot \Delta, |A_c^{-1}| \cdot \Delta],$$

da für $r \in \mathbb{R}$ und $[-d, d] \in \mathbb{IR}$ die Beziehung $r \cdot [-d, d] = [-|r| \cdot d, |r| \cdot d]$ gilt. Nach Voraussetzung ist jede Matrix $B \in A_c^{-1} \cdot [A]$ regulär. Wegen

$$E - |A_c^{-1}| \cdot \Delta \in A_c^{-1} \cdot [A]$$

ist insbesondere die Matrix $E - |A_c^{-1}| \cdot \Delta$ regulär. Wir zeigen

$$(E - |A_c^{-1}| \cdot \Delta)^{-1} \geq O. \tag{5.40}$$

Dazu nehmen wir an, es gelte

$$\rho(|A_c^{-1}| \cdot \Delta) \geq 1. \tag{5.41}$$

Dann garantiert der Satz von Perron, Frobenius (siehe Satz A.2.2) die Existenz eines Vektors $x \in \mathbb{R}^n$, $x \geq o$, $x \neq o$ mit

$$(|A_c^{-1}| \cdot \Delta)x = \rho(|A_c^{-1}| \cdot \Delta)x \geq x.$$

Dann ist

$$(E - |A_c^{-1}| \cdot \Delta)x \leq o \leq (E + |A_c^{-1}| \cdot \Delta)x$$

bzw.

$$o \in (E + [-|A_c^{-1}| \cdot \Delta, |A_c^{-1}| \cdot \Delta])x = (A_c^{-1} \cdot [A])x.$$

Nach Lemma 4.3.3 gilt dann

$$x \in \Sigma(A_c^{-1} \cdot [A], o).$$

Da nach Voraussetzung $A_c^{-1} \cdot [A]$ regulär ist, folgt $\Sigma(A_c^{-1} \cdot [A], o) = \{o\}$ und somit $x = o$. Dies ist ein Widerspruch zu $x \neq o$. Daher ist die Annahme (5.41) falsch, und es gilt $\rho(|A_c^{-1}| \cdot \Delta) < 1$. Mit Lemma A.1.8 folgt nun

$$(E - |A_c^{-1}| \cdot \Delta)^{-1} = \sum_{k=0}^{\infty}(|A_c^{-1}| \cdot \Delta)^k$$

und wegen $|A_c^{-1}| \cdot \Delta \geq O$ dann (5.40). Da $E - |A_c^{-1}| \cdot \Delta$ offensichtlich eine Z-Matrix ist, folgt wegen (5.40), dass $E - |A_c^{-1}| \cdot \Delta$ eine M-Matrix ist. Dann folgt aus Lemma 3.4.1 die Existenz eines Vektors $u \in \mathbb{R}^n$, $u > o$ mit

$$(E - |A_c^{-1}| \cdot \Delta)u > o.$$

Für alle $i \in \{1, ..., n\}$ gilt dann

$$\sum_{j=1}^{n}(|A_c^{-1}| \cdot \Delta)_{ij}u_j < u_i \quad \text{bzw.} \quad \sum_{j=1}^{n}\frac{(|A_c^{-1}| \cdot \Delta)_{ij}u_j}{u_i} < 1.$$

Mit Lemma A.1.2 folgt schließlich $\| \, |A_c^{-1}| \cdot \Delta \, \|_u < 1$.   □

Satz 5.3.1 *Es seien* $[A] = [A_c - \Delta, A_c + \Delta] \in \mathbf{IR}^{n \times n}$ *streng regulär,* $Y = \{y \in \mathbb{R}^n : |y_j| = 1, j = 1, ..., n\}$ *und* $T_y = diag(y_1, ..., y_n)$. *Es seien weiter* $q \in \mathbb{R}^n$, $y \in Y$ *und*

$$M_y := \left(A_c - T_y \cdot \Delta\right)^{-1} \cdot \left(A_c + T_y \cdot \Delta\right).$$

Dann gilt für den Modulus-Algorithmus aus (5.22) angewandt auf M_y *und* q:
$$\lim_{k \to \infty} x^{(k)} = x^* \; mit \; x^* = f(x^*) := (E + M_y)^{-1}\left((E - M_y)|x^*| - q\right).$$

Beweis: Nach Satz 4.3.3 ist M_y eine P-Matrix. Nach Aufgabe 3.1.6 ist dann -1 kein Eigenwert von M_y. Daher ist $E + M_y$ regulär und der Modulus-Algorithmus ist definiert.

Für $B := A_c^{-1}T_y\Delta$ erhält man

$$\begin{aligned} D &:= (E + M_y)^{-1}(E - M_y) \\ &= \left(E + (E - B)^{-1}(E + B)\right)^{-1}\left(E - (E - B)^{-1}(E + B)\right) \\ &= \left((E - B)^{-1}(2E)\right)^{-1}\left((E - B)^{-1}(-2B)\right) \\ &= \tfrac{1}{2}E(E - B)(E - B)^{-1}(-2B) = -B = -A_c^{-1}T_y\Delta. \end{aligned}$$

Da die Intervallmatrix $[A]$ streng regulär ist, folgt aus Lemma 5.3.1 die Existenz eines Vektors $u \in \mathbb{R}^n$, $u > o$ mit $\| \, |A_c^{-1}| \cdot \Delta \, \|_u < 1$.

Zusammen mit Lemma A.1.2 und $|T_y| = E$ folgt dann

$$\left.\begin{aligned}
\|D\|_u &= \| - A_c^{-1}T_y\Delta\|_u = \| \, |A_c^{-1}T_y\Delta| \, \|_u \\
&\leq \| \, |A_c^{-1}| \cdot |T_y| \cdot \Delta\|_u = \| \, |A_c^{-1}| \cdot \Delta\|_u < 1.
\end{aligned}\right\} \tag{5.42}$$

Da M_y eine P-Matrix ist, besitzt $LCP(q, M_y)$ auf Grund von Satz 3.1.2 eine eindeutige Lösung, welche mit w und z bezeichnet sei. Nach Satz 5.2.1 ist dann $x^* := \frac{1}{2}(z - w)$ der einzige Fixpunkt von

$$f(x) = (E + M_y)^{-1}\Big((E - M_y)|x| - q\Big).$$

Da die skalierte Maximumnorm eine absolute und (daher auch) monotone Norm ist, folgt

$$\begin{aligned}
\|x^{(k+1)} - x^*\|_u &= \|f(x^{(k)}) - f(x^*)\|_u \\
&\leq \|(E + M_y)^{-1} \cdot (E - M_y)\|_u \cdot \| \, |x^{(k)}| - |x^*| \, \|_u \\
&= \|D\|_u \cdot \| \, | \, |x^{(k)}| - |x^*| \, | \, \|_u \leq \|D\|_u \cdot \| \, |x^{(k)} - x^*| \, \|_u \\
&= \|D\|_u \cdot \|x^{(k)} - x^*\|_u.
\end{aligned}$$

Man erhält

$$\|x^{(k)} - x^*\|_u \leq \Big(\|D\|_u\Big)^k \cdot \|x^{(0)} - x^*\|_u. \tag{5.43}$$

Aus (5.42) folgt $\lim_{k\to\infty} \Big(\|D\|_u\Big)^k = 0$ und somit $\lim_{k\to\infty} x^{(k)} = x^*$ auf Grund von (5.43). $\qquad\square$

Beispiel 5.3.2 Wir betrachten die Intervallmatrix

$$[A] = \begin{pmatrix} [2, 4] & [-2, 1] \\ [-1, 2] & [2, 4] \end{pmatrix}$$

aus Beispiel 4.3.5. Die Intervallmatrix

$$A_c^{-1} \cdot [A] = \frac{4}{37} \begin{pmatrix} 3 & \frac{1}{2} \\ -\frac{1}{2} & 3 \end{pmatrix} \cdot [A] = \frac{4}{37} \begin{pmatrix} [5.5, 13] & [-5, 5] \\ [-5, 5] & [5.5, 13] \end{pmatrix}$$

ist regulär, da jede Punktmatrix aus $A_c^{-1} \cdot [A]$ streng diagonaldominant mit positiven Diagonalelementen und somit als P-Matrix regulär ist. Siehe Satz 3.1.9. Nach Definition ist dann $[A]$ streng regulär.

Für $y = (-1, 1)^T$ erhielt man in Beispiel 4.3.5

$$M_y = \frac{2}{9} \begin{pmatrix} 1 & -4 \\ 5 & 7 \end{pmatrix}.$$

Auf Grund von Satz 5.3.1 konvergiert dann der Modulus-Algorithmus angewandt auf M_y und jedes $q \in \mathbb{R}^2$. $\qquad\square$

6

Innere-Punkte-Verfahren

Durch die bereits in Abschnitt 3.1.3 erwähnte Arbeit [54] von Klee und Minty aus dem Jahre 1972 entstand die Frage, ob lineare Programme grundsätzlich mit polynomialem Aufwand gelöst werden können. Eine positive Antwort hierauf gab 1979 L. Khachiyan in seiner Arbeit [51] mit seiner Ellipsoid-Methode. Diese Methode erwies sich in der Praxis leider als unvorteilhaft. Einen effektiveren Algorithmus, der das lineare Programm mit polynomialem Aufwand löst, veröffentlichte 1984 N. Karmarkar in seiner Arbeit [50].

Diese Arbeit kann als der Beginn der Innere-Punkte-Verfahren angesehen werden. Der wesentliche Unterschied eines Innere-Punkte-Verfahrens zum Simplex-Verfahren besteht darin, dass das Simplex-Verfahren auf dem Rand des zulässigen Bereichs die Ecken des Lösungspolyeders „abläuft", während sich ein Innere-Punkte-Verfahren einer Lösung vom Inneren des zulässigen Bereichs her nähert.

Die Idee, sich einer Lösung vom Inneren des zulässigen Bereichs her zu nähern, wurde auch auf das LCP angewandt. Bereits 1991 erschien das Buch [55] von M. Kojima, N. Megiddo, T. Noma und A. Yoshise mit dem Titel: „A Unified Approach to Interior Point Algorithms for Linear Complementarity Problems." In jenem Buch wird vorausgesetzt, dass M eine P_0-Matrix ist. Dabei wird M eine P_0-Matrix genannt, falls $\det M(J) \geq 0$ gilt für alle $J \subset \{1, ..., n\}$. Somit ist jede P-Matrix eine P_0-Matrix, aber nicht umgekehrt. In [55] wird auch gezeigt, dass (neben anderen Klassen von Matrizen) die positiv semidefiniten Matrizen P_0-Matrizen sind.

Das Problem, $LCP(q, M)$ zu lösen, wobei M eine P_0-Matrix ist, ist NP-vollständig.[1] Siehe Abschnitt 3.4 in [55]. Somit gehört das LCP zu einer Klasse von Problemen, bei denen man davon ausgehen muss, dass es keinen Algorithmus gibt, der $LCP(q, M)$ mit polynomialem Aufwand löst. Schränkt man allerdings die Matrizenklasse, zu der die Matrix M gehören soll, ein, so

---

[1] Für eine Einführung in die Komplexitätstheorie verweisen wir auf das Buch [109] von U. Schöning und auf den Artikel [39] von M. Grötschel.

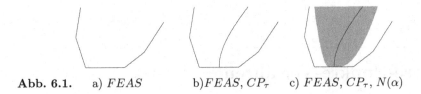

Abb. 6.1.   a) $FEAS$ b) $FEAS, CP_\tau$ c) $FEAS, CP_\tau, N(\alpha)$

kann ein Algorithmus angegeben werden, der $LCP(q, M)$ mit polynomialem Aufwand löst.

Beispielsweise ist die Klasse der positiv semidefiniten Matrizen eine solche Einschränkung. Siehe [55], aber auch [18] und [128]. Ein bis heute ungelöstes Problem hingegen ist die Frage, ob es einen Algorithmus gibt, der $LCP(q, M)$ mit polynomialem Aufwand löst, falls M eine P-Matrix ist. Siehe auch [69], [72].

6.1 Das Korrektor-Prädiktor-Verfahren von Potra

Wir betrachten das Korrektor-Prädiktor-Verfahren von F. Potra. Da wir uns auf das Wesentliche beschränken wollen, setzen wir voraus, dass M schiefsymmetrisch ist. Somit gilt

$$z^T M z = 0 \quad \text{für jedes } z \in \mathbb{R}^n \tag{6.1}$$

gemäß Beispiel 3.2.1 Unter dieser Voraussetzung vereinfachen sich gewisse Rechnungen. Für das Übertragen auf eine größere Klasse von Matrizen verweisen wir auf den Artikel [89].

Wir betrachten die Lösungsmenge

$$SOL(q, M) := \left\{ x = \begin{pmatrix} z \\ w \end{pmatrix} \in \mathbb{R}^{2n} : w \geq o, z \geq o, w = q + Mz, w^T z = 0 \right\},$$

den zulässigen Bereich

$$FEAS := \left\{ x = \begin{pmatrix} z \\ w \end{pmatrix} \in \mathbb{R}^{2n} : w \geq o, z \geq o, w = q + Mz \right\},$$

den zentralen Pfad

$$CP_\tau := \left\{ x = \begin{pmatrix} z \\ w \end{pmatrix} \in \mathbb{R}^{2n} : w > o, z > o, w * z = \tau e, w = q + Mz \right\},$$

mit

$$e = \begin{pmatrix} 1 \\ \vdots \\ 1 \end{pmatrix}, \quad w * z := \begin{pmatrix} w_1 \cdot z_1 \\ \vdots \\ w_n \cdot z_n \end{pmatrix}, \quad \tau = \tau(z, w) := \frac{1}{n} w^T z$$

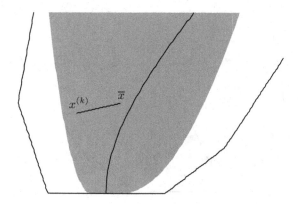

Abb. 6.2. Der Korrektor-Schritt: Hin zum zentralen Pfad

und eine Umgebung

$$N(\alpha) := \left\{ x = \begin{pmatrix} z \\ w \end{pmatrix} \in \mathbb{R}^{2n} : w > o, z > o, w = q + Mz, \|w * z - \tau e\|_2 \leq \alpha\tau \right\}$$

des zentralen Pfads. Diese Mengen wollen wir uns wie in Abb. 6.1 vorstellen. Der Punkt auf dem Rand des zulässigen Bereichs, in den der zentrale Pfad für $\tau \to 0$ mündet, ist eine Lösung von $LCP(q, M)$.

Das Korrektor-Prädiktor-Verfahren ist ein iteratives Verfahren, bei dem jeder Iterationsschritt aus einem Korrektor-Schritt und einem Prädiktor-Schritt besteht. Die Eingabe zum Korrektor-Schritt im $(k + 1)$-ten Iterationsschritt ist der Vektor

$$x^{(k)} = \begin{pmatrix} z^{(k)} \\ w^{(k)} \end{pmatrix},$$

der in $N(\alpha)$ liegt. Dann betrachtet man die Funktion $H(x) : \mathbb{R}^{2n} \to \mathbb{R}^{2n}$ mit

$$H_\tau(x) = H_\tau(z, w) := \begin{pmatrix} w * z - \tau e \\ w - Mz - q \end{pmatrix}, \tag{6.2}$$

wobei τ als Parameter aufgefasst wird. Da jeder Vektor $x \in CP_\tau$ die Gleichung $H_\tau(x) = o$ erfüllt, wendet man einen Newton-Schritt auf das nichtlineare Gleichungssystem $H_\tau(x) = o$ an. Dies bedeutet, dass $x^{(k)}$ zum zentralen Pfad hin korrigiert wird. Siehe Abb. 6.2. Die Newton-Formel ergibt

$$\overline{x} := x^{(k)} - \left(H'_{\tau^{(k)}}(x^{(k)}) \right)^{-1} \cdot H_{\tau^{(k)}}(x^{(k)}). \tag{6.3}$$

Die Eingabe zum Prädiktor-Schritt ist der Vektor $\overline{x}$ aus (6.3). Dieser Vektor wird im Prädiktor-Schritt auf einen neuen Vektor $x^{(k+1)}$ abgebildet, der wiederum in $N(\alpha)$ liegt, aber $\tau^{(k+1)} < \tau^{(k)}$ erfüllt. Siehe Abb. 6.3.

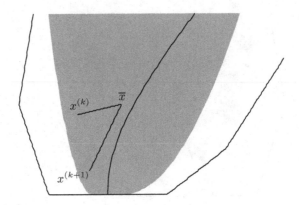

Abb. 6.3. Der Prädiktor-Schritt: Ausgehend von $\bar{x}$ wird $x^{(k+1)} \in N(\alpha)$ bestimmt mit $\tau^{(k+1)} < \tau^{(k)}$. Der Vektor $x^{(k+1)}$ liegt somit näher an der Lösung als $x^{(k)}$ und ist somit eine bessere Vorhersage der Lösung.

6.2 Der Aufwand des Verfahrens

Im nächsten Abschnitt werden wir zeigen, dass basierend auf der Kenntnis eines Startvektors

$$x^{(0)} = \begin{pmatrix} z^{(0)} \\ w^{(0)} \end{pmatrix} \in N(\alpha)$$

das Korrektor-Prädiktor-Verfahren eine Folge

$$x^{(k)} = \begin{pmatrix} z^{(k)} \\ w^{(k)} \end{pmatrix} \in N(\alpha)$$

erzeugt, die

$$\lim_{k \to \infty} \tau^{(k)} = 0$$

erfüllt. Wir werden in Satz 6.3.1 zeigen, dass man dann schließen kann, dass die Folge $\{x^{(k)}\}$ einen Häufungspunkt

$$x^* = \begin{pmatrix} z^* \\ w^* \end{pmatrix}$$

besitzt mit $w^* = q + Mz^*$, $w^* \geq o$, $z^* \geq o$, $(w^*)^{\mathrm{T}} z^* = 0$.

Bezüglich des Aufwands fragt man sich, wie schnell $\tau^{(k)}$ gegen 0 konvergiert. Wir werden in den nächsten Abschnitten zeigen, dass

$$\tau^{(k+1)} = (1 - \theta^*)\tau^{(k)} \quad \text{mit} \quad \theta^* \in (\frac{1}{5\sqrt{n}}, 1) \tag{6.4}$$

erfüllt ist. Damit kann man dann auf

$$\tau^{(k)} = (1 - \theta^*)\tau^{(k-1)} \leq (1 - \frac{1}{5\sqrt{n}})\tau^{(k-1)} \leq \cdots \leq (1 - \frac{1}{5\sqrt{n}})^k \tau^{(0)}$$

schließen. Ist also $\varepsilon \in (0, \tau^{(0)})$ vorgegeben, so gilt

$$\tau^{(k)} \leq \varepsilon \quad \Leftarrow \quad (1 - \frac{1}{5\sqrt{n}})^k \tau^{(0)} \leq \varepsilon \quad \Leftrightarrow \quad k \geq \frac{\ln \varepsilon - \ln \tau^{(0)}}{\ln(1 - \frac{1}{5\sqrt{n}})}.$$

Auf Grund des Mittelwertsatzes der Differentialrechnung gilt

$$|\ln(1 - \frac{1}{5\sqrt{n}})| = |\ln(5\sqrt{n} - 1) - \ln 5\sqrt{n}| = \ln 5\sqrt{n} - \ln(5\sqrt{n} - 1) \geq \frac{1}{5\sqrt{n}}.$$

Somit folgt

$$\left| \frac{\ln \varepsilon - \ln \tau^{(0)}}{\ln(1 - \frac{1}{5\sqrt{n}})} \right| = \frac{\ln \tau^{(0)} - \ln \varepsilon}{|\ln(1 - \frac{1}{5\sqrt{n}})|} \leq \ln \frac{\tau^{(0)}}{\varepsilon} \cdot 5\sqrt{n}.$$

Dies bedeutet, dass nach k Iterationsschritten

$$\frac{1}{n}(w^{(k)})^{\mathrm{T}} z^{(k)} \leq \varepsilon$$

gilt, falls

$$k \geq 5\sqrt{n} \cdot \ln \frac{\tau^{(0)}}{\varepsilon}$$

erfüllt ist. Man sagt auch, dass das Verfahren nach

$$O(\sqrt{n} \cdot \ln \frac{\tau^{(0)}}{\varepsilon})$$

Iterationsschritten endet. Für eine Einführung in die O-Notation verweisen wir auf [109].

6.3 Die Analyse des Korrektor-Prädiktor-Verfahrens

Wir benutzen die folgenden Bezeichnungen

$$W := diag(w_1, ..., w_n) \quad \text{für } w \in \mathbb{R}^n, \quad Z := diag(z_1, ..., z_n) \quad \text{für } z \in \mathbb{R}^n.$$

Damit gilt

$$w * z = WZe = ZWe.$$

Des Weiteren setzen wir

$$W^{\frac{1}{2}} := diag(\sqrt{w_1}, ..., \sqrt{w_n}) \quad \text{für } w \in \mathbb{R}^n, \, w > o,$$

und
$$Z^{\frac{1}{2}} := diag(\sqrt{z_1}, ..., \sqrt{z_n}) \quad \text{für } z \in \mathbb{R}^n, \, z > o,$$

bzw.

$$W^{-\frac{1}{2}} := (W^{\frac{1}{2}})^{-1} = diag(\frac{1}{\sqrt{w_1}}, ..., \frac{1}{\sqrt{w_n}}) \quad \text{für } w \in \mathbb{R}^n, \, w > o,$$

$$Z^{-\frac{1}{2}} := (Z^{\frac{1}{2}})^{-1} = diag(\frac{1}{\sqrt{z_1}}, ..., \frac{1}{\sqrt{z_n}}) \quad \text{für } z \in \mathbb{R}^n, \, z > o.$$

Die folgenden beiden Lemmata liefern uns für die folgenden Abschnitte Aussagen für die Matrix $H'_\tau(x)$ aus dem Newton-Verfahren (6.3).

Lemma 6.3.1 *Es seien* $w \in \mathbb{R}^n$, $w > o$, $z \in \mathbb{R}^n$, $z > o$ *und* $M \in \mathbb{R}^{n \times n}$. *Die Matrix* M *sei schiefsymmetrisch. Dann ist die Matrix*

$$H' := \begin{pmatrix} W & Z \\ -M & E \end{pmatrix}$$

regulär.

Beweis: Es sei

$$H' \cdot \begin{pmatrix} u \\ v \end{pmatrix} = o \tag{6.5}$$

mit $u \in \mathbb{R}^n$, $v \in \mathbb{R}^n$. Dann gilt

$$Wu + Zv = o \quad \text{und} \quad -Mu + v = o.$$

Da W regulär ist, folgt zunächst

$$u + W^{-1}Zv = o \tag{6.6}$$

und hieraus
$$v^T u + v^T W^{-1} Z v = 0.$$

Aus der Gleichung $-Mu + v = o$ kann man

$$v^T u = u^T v = u^T M u = 0$$

folgern, da M schiefsymmetrisch ist. Also gilt

$$0 = v^T W^{-1} Z v = \sum_{i=1}^{n} \frac{z_i}{w_i} v_i^2.$$

Wegen $w > o$ und $z > o$ folgt $v_i = 0$ für alle $i = 1, ..., n$. Das heißt, es ist $v = o$. Dies eingesetzt in (6.6) ergibt $u = o$. Das lineare Gleichungssystem (6.5) kann somit nur durch $\begin{pmatrix} u \\ v \end{pmatrix} = o$ gelöst werden. Daher ist die Matrix H' regulär. $\square$

Lemma 6.3.2 *Es seien* $w \in \mathbb{R}^n$, $w > o$, $z \in \mathbb{R}^n$, $z > o$, $a \in \mathbb{R}^n$ *und* $M \in \mathbb{R}^{n \times n}$. *Die Matrix* M *sei schiefsymmetrisch. Gibt es Vektoren* $u \in \mathbb{R}^n$ *und* $v \in \mathbb{R}^n$, *die*

$$Wu + Zv = a,$$
$$-Mu + v = o$$

erfüllen, so gelten die folgenden Aussagen:

1. $\|Du\|_2^2 + \|D^{-1}v\|_2^2 = \|\tilde{a}\|_2^2.$

2. $\|u * v\|_\infty \leq \dfrac{1}{4}\|\tilde{a}\|_2^2.$

3. $\|u * v\|_1 \leq \dfrac{1}{2}\|\tilde{a}\|_2^2.$

4. $\|u * v\|_2 \leq \dfrac{1}{2\sqrt{2}}\|\tilde{a}\|_2^2.$

Dabei ist $D = Z^{-\frac{1}{2}}W^{\frac{1}{2}} =: diag(d_1, ..., d_n)$ *und* $\tilde{a} = (ZW)^{-\frac{1}{2}}a$.

Beweis: Multipliziert man die Gleichung $Wu + Zv = a$ von links mit der Matrix $(ZW)^{-\frac{1}{2}}$, so erhält man zunächst

$$Du + D^{-1}v = \tilde{a}. \tag{6.7}$$

Aus der Gleichung $-Mu + v = o$ kann man

$$u^{\mathrm{T}}v = u^{\mathrm{T}}Mu = 0 \tag{6.8}$$

folgern, da M schiefsymmetrisch ist. Somit ist

$$\|\tilde{a}\|_2^2 = \|Du + D^{-1}v\|_2^2 = \|Du\|_2^2 + 2u^{\mathrm{T}}v + \|D^{-1}v\|_2^2 = \|Du\|_2^2 + \|D^{-1}v\|_2^2.$$

Dies ist die erste Aussage. Nun betrachten wir die i-te Komponente der Gleichung aus (6.7). Es ist $d_i u_i + d_i^{-1} v_i = \tilde{a}_i$. Wir definieren die Indexmengen

$$I_+ := \{i : u_i v_i \geq 0\} \quad \text{und} \quad I_- := \{i : u_i v_i < 0\}.$$

Dann gilt für $i \in I_+$

$$0 \leq 4u_i v_i \leq d_i^2 u_i^2 + 2u_i v_i + d_i^{-2} v_i^2 = (d_i u_i + d_i^{-1} v_i)^2 = \tilde{a}_i^2.$$

Also gilt

$$i \in I_+ \quad \Rightarrow \quad 0 \leq u_i v_i \leq \frac{1}{4}\tilde{a}_i^2. \tag{6.9}$$

Die Gleichung (6.8) lässt sich mit Hilfe der definierten Indexmengen I_+ und I_- umschreiben zu

$$0 = u^{\mathrm{T}}Mu = u^{\mathrm{T}}v = \sum_{i \in I_+} u_i v_i + \sum_{i \in I_-} u_i v_i,$$

was gleichbedeutend ist mit

$$\sum_{i \in I_-} |u_i v_i| = \sum_{i \in I_+} u_i v_i. \tag{6.10}$$

Nun folgt aus (6.10) und (6.9)

$$\|u * v\|_\infty \le \sum_{i \in I_+} u_i v_i \le \sum_{i=1}^{n} \frac{1}{4} \tilde{a}_i^2 = \frac{1}{4} \|\tilde{a}\|_2^2.$$

Dies ist die zweite Aussage. Die dritte Aussage folgt ebenfalls aus (6.10) und (6.9), denn es ist

$$\|u * v\|_1 = \sum_{i=1}^{n} |u_i v_i| = \sum_{i \in I_+} u_i v_i + \sum_{i \in I_-} |u_i v_i| = 2 \sum_{i \in I_+} u_i v_i \le 2 \sum_{i=1}^{n} \frac{1}{4} \tilde{a}_i^2 = \frac{1}{2} \|\tilde{a}\|_2^2.$$

Schließlich ist die vierte Aussage eine einfache Folgerung aus der zweiten und der dritten Aussage, weil für jeden Vektor $x \in \mathbb{R}^n$ die Beziehung $\|x\|_2^2 \le \|x\|_1 \cdot \|x\|_\infty$ gilt. □

Ausgestattet mit diesen Lemmata wenden wir uns nun dem Korrektor-Schritt und dann dem Prädiktor-Schritt zu.

6.3.1 Analyse des Korrektor-Schritts

Es sei

$$x^{(k)} := \begin{pmatrix} z^{(k)} \\ w^{(k)} \end{pmatrix} \in N(\alpha).$$

Die reelle Zahl α sollte man sich nicht zu groß vorstellen. Zumindest sollte

$$0 < \alpha < \frac{2\sqrt{2}}{1 + 2\sqrt{2}} \tag{6.11}$$

erfüllt sein. Die spezielle Wahl des rechten Ausdrucks wird erst später klar werden.

Der Korrektor-Schritt besteht aus einem Newton-Schritt angewandt auf das nichtlineare Gleichungssystem $H_\tau(x) = o$ mit $H_\tau(x)$ aus (6.2). Gemäß (6.3) ist

$$\begin{pmatrix} \overline{z} \\ \overline{w} \end{pmatrix} = \overline{x} = x^{(k)} + d, \tag{6.12}$$

wobei

$$d = -\left(H'_{\tau^{(k)}}(x^{(k)}) \right)^{-1} H_{\tau^{(k)}}(x^{(k)}). \tag{6.13}$$

Die Jacobi-Matrix der Funktion $H_\tau(x)$ ausgewertet an der Stelle $x^{(k)}$ lautet

$$H'_{\tau^{(k)}}(x^{(k)}) = \begin{pmatrix} W^{(k)} & Z^{(k)} \\ -M & E \end{pmatrix}.$$

Wegen $x^{(k)} \in N(\alpha)$ ist diese Matrix regulär auf Grund von Lemma 6.3.1. Somit ist der Vektor d in (6.13) wohldefiniert.

Wir wollen für den Vektor d eine Blockgestalt einführen und setzen

$$d = \begin{pmatrix} u \\ v \end{pmatrix}.$$

Damit wird (6.13) zu

$$H'_{\tau^{(k)}}(x^{(k)}) \begin{pmatrix} u \\ v \end{pmatrix} = -H_{\tau^{(k)}}(x^{(k)}),$$

was ausgeschrieben dann

$$\left. \begin{array}{r} W^{(k)}u + Z^{(k)}v = \tau^{(k)}e - w^{(k)} * z^{(k)}, \\ -Mu + v = o \end{array} \right\} \qquad (6.14)$$

bedeutet. Es ist nach (6.12)

$$\overline{z} * \overline{w} = (z^{(k)} + u) * (w^{(k)} + v) = z^{(k)} * w^{(k)} + z^{(k)} * v + w^{(k)} * u + u * v.$$

Wegen

$$W^{(k)}u = w^{(k)} * u \quad \text{und} \quad Z^{(k)}v = z^{(k)} * v$$

folgt dann aus (6.14)

$$\overline{w} * \overline{z} = \tau^{(k)}e + u * v.$$

Weiter erhält man

$$\overline{\tau} = \frac{\overline{w}^{\mathrm{T}}\overline{z}}{n} = \frac{1}{n}\sum_{i=1}^{n}\overline{w}_i\overline{z}_i = \frac{1}{n}\sum_{i=1}^{n}(\tau^{(k)} + u_iv_i) = \tau^{(k)} + \frac{u^{\mathrm{T}}v}{n} = \tau^{(k)} \qquad (6.15)$$

auf Grund von (6.8). Somit gilt

$$\|\overline{w} * \overline{z} - \overline{\tau}e\|_2 = \|u * v\|_2. \qquad (6.16)$$

Wie in Abschnitt 6.1 bereits beschrieben wurde, ist das Ergebnis des Korrektor-Schritts ein Vektor

$$\overline{x} = \begin{pmatrix} \overline{z} \\ \overline{w} \end{pmatrix},$$

der zum zentralen Pfad hin korrigiert wurde, aber weiterhin in der Umgebung $N(\alpha)$ liegt. Dazu werden wir nun $\|u * v\|_2$ abschätzen, um dann mit (6.16) eine Abschätzung für $\|\overline{w} * \overline{z} - \overline{\tau}e\|_2$ zu erhalten.

Mit Lemma 6.3.2 folgt für $a := \tau^{(k)} e - w^{(k)} * z^{(k)}$ aus (6.14)

$$\|u * v\|_2 \leq \frac{1}{2\sqrt{2}} \|(Z^{(k)} W^{(k)})^{-\frac{1}{2}}\|_2^2 \cdot \|\tau^{(k)} e - w^{(k)} * z^{(k)}\|_2^2. \tag{6.17}$$

Wegen $x^{(k)} \in N(\alpha)$ gilt

$$\sum_{i=1}^{n} (\tau^{(k)} - w_i^{(k)} z_i^{(k)})^2 = \|\tau^{(k)} e - w^{(k)} * z^{(k)}\|_2^2 \leq \alpha^2 \cdot (\tau^{(k)})^2. \tag{6.18}$$

Für jedes $i \in \{1, ..., n\}$ gilt also

$$|w_i^{(k)} z_i^{(k)} - \tau^{(k)}| \leq \alpha \cdot \tau^{(k)}.$$

Somit erhält man, da wegen (6.11) insbesondere $\alpha < 1$ erfüllt ist, für alle $i \in \{1, ..., n\}$

$$0 < (1 - \alpha)\tau^{(k)} \leq w_i^{(k)} z_i^{(k)}. \tag{6.19}$$

Aus (6.17), (6.18) und (6.19) folgt dann

$$\|u * v\|_2 \leq \frac{1}{2\sqrt{2}} \cdot \frac{1}{\min_{1 \leq i \leq n} w_i^{(k)} z_i^{(k)}} \cdot \alpha^2 \cdot (\tau^{(k)})^2 \leq \frac{\alpha^2}{2\sqrt{2}(1 - \alpha)} \cdot \tau^{(k)}. \tag{6.20}$$

Wenn man also

$$\overline{\alpha} := \frac{\alpha^2}{2\sqrt{2}(1 - \alpha)}, \tag{6.21}$$

setzt, so gilt wegen (6.16), (6.20) und (6.15)

$$\|\overline{w} * \overline{z} - \overline{\tau} e\|_2 \leq \overline{\alpha} \overline{\tau}. \tag{6.22}$$

Wegen (6.11) ist

$$\overline{\alpha} < \alpha \quad \Leftrightarrow \quad \frac{\alpha^2}{2\sqrt{2}(1 - \alpha)} < \alpha \quad \Leftrightarrow \quad \alpha < \frac{2\sqrt{2}}{1 + 2\sqrt{2}}.$$

Das bedeutet insbesondere, dass $N(\overline{\alpha}) \subseteq N(\alpha)$ gilt. Sobald also

$$\overline{w} = q + M\overline{z}, \quad \overline{w} > o, \quad \overline{z} > o \tag{6.23}$$

gezeigt ist, können wir zusammen mit (6.22) auf $\overline{x} \in N(\overline{\alpha})$ schließen. Dabei bedeutet $N(\overline{\alpha}) \subseteq N(\alpha)$ dann, dass wie in Abb. 6.2 angedeutet der Vektor $\overline{x}$ näher am zentralen Pfad liegt als der Vektor $x^{(k)}$.

Wir wenden uns nun dem Nachweis von (6.23) zu. Zunächst gilt wegen (6.22)

$$\sum_{i=1}^{n} (\overline{w}_i \overline{z}_i - \overline{\tau})^2 \leq \overline{\alpha}^2 \overline{\tau}^2.$$

Daher kann man für jedes $i \in \{1, ..., n\}$ auf

$$|\overline{w}_i \overline{z}_i - \overline{\tau}| \leq \overline{\alpha}\,\overline{\tau}$$

schließen. Wegen $\overline{\alpha} < \alpha < 1$ folgt für alle $i \in \{1, ..., n\}$

$$0 < (1 - \overline{\alpha})\overline{\tau} \leq \overline{w}_i \overline{z}_i.$$

Angenommen es existiert ein Index $i \in \{1, ..., n\}$ mit $\overline{z}_i < 0$ und $\overline{w}_i < 0$. Dies kann nur wahr sein für $u_i < 0$ und $v_i < 0$. Aber das kann nicht erfüllt sein, denn die Gleichung

$$w_i^{(k)} u_i + z_i^{(k)} v_i = \tau^{(k)} - z_i^{(k)} w_i^{(k)}$$

ist wegen $\overline{w} = w^{(k)} + v$ gleichbedeutend mit

$$u_i = \frac{1}{w_i^{(k)}} \left(\tau^{(k)} - z_i^{(k)} \overline{w}_i \right).$$

Also haben wir $\overline{w} > o$ und $\overline{z} > o$. Schließlich ist

$$\overline{w} = w^{(k)} + v = q + Mz^{(k)} + Mu = q + M\overline{z}.$$

6.3.2 Analyse des Prädiktor-Schritts

Auch der Prädiktor-Schritt besteht hauptsächlich aus dem Lösen eines linearen Gleichungssystems. Es ist

$$\overline{x} = \begin{pmatrix} \overline{z} \\ \overline{w} \end{pmatrix} \in N(\overline{\alpha}) \subseteq N(\alpha)$$

das Resultat des Korrektor-Schritts. Wegen $\overline{w} > o$ und $\overline{z} > o$ ist die Matrix

$$\overline{H} := \begin{pmatrix} \overline{W} & \overline{Z} \\ -M & E \end{pmatrix}$$

mit

$$\overline{W} = diag(\overline{w}_1, ..., \overline{w}_n) \quad \text{und} \quad \overline{Z} = diag(\overline{z}_1, ..., \overline{z}_n)$$

regulär auf Grund von Lemma 6.3.1. Somit hat das lineare Gleichungssystem

$$\overline{H} \cdot y = \begin{pmatrix} -\overline{w} * \overline{z} \\ o \end{pmatrix}$$

eine eindeutige Lösung, die wir mit

$$\begin{pmatrix} \overline{u} \\ \overline{v} \end{pmatrix}$$

bezeichnen. Also gilt

$$\left.\begin{array}{r} \overline{W}\overline{u} + \overline{Z}\overline{v} = -\overline{w} * \overline{z}, \\ -M\overline{u} + \overline{v} = o. \end{array}\right\} \tag{6.24}$$

Damit setzen wir

$$x^{(k+1)} = \begin{pmatrix} z^{(k+1)} \\ w^{(k+1)} \end{pmatrix} := \begin{pmatrix} \overline{z} + \theta \cdot \overline{u} \\ \overline{w} + \theta \cdot \overline{v} \end{pmatrix}$$

mit einem $\theta \in (0,1)$, welches später noch genauer eingegrenzt wird. Aus (6.24) folgt

$$z^{(k+1)} * w^{(k+1)} = \overline{z}*\overline{w}+\theta(\overline{w}*\overline{u}+\overline{z}*\overline{v})+\theta^2\overline{u}*\overline{v} = (1-\theta)\overline{z}*\overline{w}+\theta^2\overline{u}*\overline{v}. \tag{6.25}$$

Außerdem gilt dann

$$\tau^{(k+1)} = \frac{(z^{(k+1)})^{\mathrm{T}} w^{(k+1)}}{n} = \frac{1}{n}\sum_{i=1}^{n} z_i^{(k+1)} w_i^{(k+1)}$$

$$= \frac{1}{n}\sum_{i=1}^{n}\left((1-\theta)\overline{z}_i\overline{w}_i + \theta^2\overline{u}_i\overline{v}_i\right) = (1-\theta)\overline{\tau} + \theta^2\frac{\overline{u}^{\mathrm{T}}\overline{v}}{n}.$$

Da M schiefsymmetrisch ist, folgt aus (6.24) $\overline{u}^{\mathrm{T}}\overline{v} = \overline{u}^{\mathrm{T}}M\overline{u} = 0$. Wegen (6.15) gilt dann

$$\tau^{(k+1)} = (1-\theta)\overline{\tau} = (1-\theta)\tau^{(k)}. \tag{6.26}$$

Nun ist θ so zu wählen, dass $x^{(k+1)} \in N(\alpha)$ gilt. Mit (6.25) und (6.26) erhalten wir

$$\|z^{(k+1)} * w^{(k+1)} - \tau^{(k+1)}e\|_2 \le (1-\theta)\|\overline{z}*\overline{w} - \overline{\tau}e\|_2 + \theta^2\|\overline{u}*\overline{v}\|_2.$$

Mit Lemma 6.3.2 angewandt auf (6.24) können wir für $\|\overline{u}*\overline{v}\|_2$ die folgende Abschätzung angeben.

$$\|\overline{u}*\overline{v}\|_2 \le \frac{1}{2\sqrt{2}}\| - (\overline{Z}\,\overline{W})^{-\frac{1}{2}}\overline{w}*\overline{z}\|_2^2 = \frac{1}{2\sqrt{2}}\overline{w}^{\mathrm{T}}\overline{z} \le \overline{w}^{\mathrm{T}}\overline{z} = n\overline{\tau}.$$

Folglich gilt mit $\overline{x} \in N(\overline{\alpha})$ und (6.21)

$$\|z^{(k+1)} * w^{(k+1)} - \tau^{(k+1)}e\|_2 \le (1-\theta)\frac{\alpha^2}{2\sqrt{2}(1-\alpha)}\overline{\tau} + \theta^2 n\overline{\tau}.$$

Um auf

$$\|z^{(k+1)} * w^{(k+1)} - \tau^{(k+1)}e\|_2 \le \alpha\tau^{(k+1)} \tag{6.27}$$

schließen zu können, ist es also hinreichend, θ so zu bestimmen, dass

$$\left((1-\theta)\frac{\alpha^2}{2\sqrt{2}(1-\alpha)} + \theta^2 n\right)\overline{\tau} \le \alpha\tau^{(k+1)}$$

gilt. Mit (6.26), $\overline{\tau} > 0$ und $\theta \in (0,1)$ ergibt sich

$$\frac{\alpha^2}{2\sqrt{2}(1-\alpha)} + \frac{\theta^2}{1-\theta} \cdot n \le \alpha$$

bzw.

$$\frac{\theta^2}{1-\theta} \cdot n \le \Big(1 - \frac{\alpha}{2\sqrt{2}(1-\alpha)}\Big)\alpha.$$

Wir wählen nun speziell $\alpha = \frac{1}{2}$. Dieser Wert ist zulässig gemäß (6.11). Dann ist es hinreichend, ein θ zu finden, das

$$\frac{\theta^2}{1-\theta} \le \frac{1}{4n}$$

erfüllt. Letzteres ist genau dann der Fall, wenn

$$\theta \in \Big[-\frac{1}{8n} - \sqrt{\frac{1}{64n^2} + \frac{1}{4n}}, -\frac{1}{8n} + \sqrt{\frac{1}{64n^2} + \frac{1}{4n}}\Big].$$

Wir wählen

$$\theta^* := -\frac{1}{8n} + \sqrt{\frac{1}{64n^2} + \frac{1}{4n}} = \frac{\sqrt{1+16n}-1}{8n} = \frac{2}{\sqrt{1+16n}+1}.$$

Es gilt $\theta^* \in (0,1)$ und insbesondere

$$\theta^* > \frac{1}{5\sqrt{n}}. \tag{6.28}$$

Folglich gilt (6.27) für $\theta = \theta^*$ und $\alpha = \frac{1}{2}$. Um auf $x^{(k+1)} \in N(\frac{1}{2})$ schließen zu können, müssen wir noch

$$w^{(k+1)} > o, \quad z^{(k+1)} > o, \quad w^{(k+1)} = q + Mz^{(k+1)}$$

zeigen. Zunächst kann man wie im Korrektor-Schritt aus (6.27) auf

$$0 < (1-\alpha)\tau^{(k+1)} \le z_i^{(k+1)}w_i^{(k+1)} \quad \text{für alle } i \in \{1,...,n\} \tag{6.29}$$

schließen. Angenommen es existiert ein $i \in \{1,...,n\}$ mit $w_i^{(k+1)} < 0$ und $z_i^{(k+1)} < 0$. Dann folgt $\overline{u}_i < 0$ und $\overline{v}_i < 0$. Dies kann aber nicht sein, da aus (6.24)

$$\overline{w}_i\overline{u}_i = -\overline{z}_i(\overline{w}_i + \overline{v}_i) > -\overline{z}_i(\overline{w}_i + \theta^*\overline{v}_i) = -\overline{z}_iw_i^{(k+1)}$$

folgt. Somit gilt

$$w^{(k+1)} > o, \quad z^{(k+1)} > o. \tag{6.30}$$

Zuletzt ist

$$w^{(k+1)} = \overline{w} + \theta^* \overline{v} = q + M\overline{z} + \theta^* M\overline{u} = q + M z^{(k+1)}.$$

Es gilt also $x^{(k+1)} \in N(\frac{1}{2})$ mit $\tau^{(k+1)} = (1 - \theta^*)\tau^{(k)}$ und $\theta^* \in (\frac{1}{5\sqrt{n}}, 1)$. Dies hatten wir in (6.4) behauptet.

Wir haben das Korrektor-Prädiktor-Verfahren nochmals in Tabelle 6.1 in Pseudocode festgehalten. Dabei wollen wir betonen, dass bei einer praktischen Umsetzung auf dem Computer keine Matrizen invertiert, sondern entsprechende lineare Gleichungssysteme aufgelöst werden sollten.

Mit (6.4) haben wir gezeigt, dass

$$\lim_{k \to \infty} \tau^{(k)} = \frac{1}{n} \lim_{k \to \infty} (w^{(k)})^{\mathrm{T}} z^{(k)} = 0$$

gilt. Im folgenden Satz werden wir sehen, dass man dann auch auf die Lösbarkeit von $LCP(q, M)$ schließen kann.

Satz 6.3.1 *Es seien $q \in \mathbb{R}^n$, $M \in \mathbb{R}^{n \times n}$ mit $M = -M^T$ gegeben. Des Weiteren sei $\{x^{(k)}\}_{k=0}^{\infty}$ eine Folge von Vektoren mit*

$$x^{(k)} = \begin{pmatrix} z^{(k)} \\ w^{(k)} \end{pmatrix}, \quad w^{(k)} > o, \, z^{(k)} > o, \quad w^{(k)} = q + M z^{(k)}.$$

Gilt für $\tau^{(k)} := \frac{1}{n}(w^{(k)})^T z^{(k)}$ die Aussage

$$\lim_{k \to \infty} \tau^{(k)} = 0 \quad und \quad \tau^{(k+1)} < \tau^{(k)} \quad für \, alle \, k \geq 0,$$

so besitzt die Folge $\{x^{(k)}\}_{k=0}^{\infty}$ einen Häufungspunkt

$$x^* = \begin{pmatrix} z^* \\ w^* \end{pmatrix}$$

mit $w^* = q + M z^*$, $w^* \geq o$, $z^* \geq o$, $(w^*)^T z^* = 0$.

Beweis: Mit $w^{(k)} = q + M z^{(k)}$ und $w^{(0)} = q + M z^{(0)}$ folgt zunächst

$$w^{(k)} - w^{(0)} = M(z^{(k)} - z^{(0)}).$$

Hieraus erhält man, da M schiefsymmetrisch ist,

$$(z^{(k)} - z^{(0)})^{\mathrm{T}}(w^{(k)} - w^{(0)}) = 0.$$

Dies wiederum führt auf

$$(z^{(0)})^{\mathrm{T}} w^{(k)} + (z^{(k)})^{\mathrm{T}} w^{(0)} = (w^{(k)})^{\mathrm{T}} z^{(k)} + (w^{(0)})^{\mathrm{T}} z^{(0)}$$
$$= n \cdot \tau^{(k)} + n \cdot \tau^{(0)} < 2n\tau^{(0)}.$$

Tabelle 6.1. Korrektor-Prädiktor-Verfahren

Eingabe: $q \in \mathbb{R}^n$, $M \in \mathbb{R}^{n \times n}$ mit $M = -M^{\mathrm{T}}$, $\varepsilon > 0$ und

$$x^{(0)} = \begin{pmatrix} z^{(0)} \\ w^{(0)} \end{pmatrix} \in N(\tfrac{1}{2})$$

begin

$$\theta^* := \frac{2}{\sqrt{1 + 16n} + 1};$$
$$x^{(k+1)} := x^{(0)};$$
$$\tau^{(k+1)} := \tfrac{1}{n}(w^{(0)})^{\mathrm{T}} z^{(0)};$$

repeat

$$x^{(k)} \;\; := \;\; x^{(k+1)};$$
$$\tau^{(k)} := \tau^{(k+1)};$$

$$\overline{x} \;\; := \;\; x^{(k)} - \begin{pmatrix} W^{(k)} & Z^{(k)} \\ -M & E \end{pmatrix}^{-1} \begin{pmatrix} w^{(k)} * z^{(k)} - \tau^{(k)} \cdot e \\ o \end{pmatrix};$$

$$x^{(k+1)} \;\; := \;\; \overline{x} + \theta^* \cdot \begin{pmatrix} \overline{W} & \overline{Z} \\ -M & E \end{pmatrix}^{-1} \begin{pmatrix} -\overline{w} * \overline{z} \\ o \end{pmatrix};$$

$$\tau^{(k+1)} \;\; := \;\; (1 - \theta^*)\tau^{(k)}$$

until $\tau^{(k+1)} \leq \varepsilon$;
end.

Wegen $w^{(k)} > o$ und $z^{(k)} > o$ folgt dann für alle $i \in \{1, ..., n\}$

$$0 < w_i^{(k)} < \frac{2n}{z_i^{(0)}} \tau^{(0)} \quad \text{und} \quad 0 < z_i^{(k)} < \frac{2n}{w_i^{(0)}} \tau^{(0)}.$$

Die Folge $\{x^{(k)}\}_{k=0}^{\infty}$ ist also beschränkt und besitzt somit nach dem Satz von Bolzano–Weierstraß mindestens einen Häufungspunkt

$$x^* = \begin{pmatrix} z^* \\ w^* \end{pmatrix}.$$

Demnach existiert eine Teilfolge $\{x^{(k_p)}\}_{p=0}^{\infty}$ der Folge $\{x^{(k)}\}_{k=0}^{\infty}$ mit

$$\lim_{p \to \infty} \begin{pmatrix} z^{(k_p)} \\ w^{(k_p)} \end{pmatrix} = \begin{pmatrix} z^* \\ w^* \end{pmatrix},$$

und man erhält $w^* \geq o$, $z^* \geq o$ und $w^* = q + Mz^*$. Auf Grund von

$$\lim_{p \to \infty} \tau^{(k_p)} = 0$$

folgt dann wegen $w^* \geq o$, $z^* \geq o$

$$w_i^* \cdot z_i^* = 0 \quad \text{für alle } i \in \{1, ..., n\}.$$

Die Vektoren w^* und z^* bilden also eine Lösung von $LCP(q, M)$. $\quad \square$

Bemerkung 6.3.1 Mit Satz 6.3.1 erhalten wir insbesondere als Nebenresultat, dass $LCP(q, M)$ mit $M = -M^T$ lösbar ist, falls ein Vektor $x \in \mathbb{R}^{2n}$ bekannt ist, der in $N(\frac{1}{2})$ liegt. Dies ist aber lediglich ein Spezialfall eines klassischen Ergebnisses, welches besagt, dass $LCP(q, M)$ mit einer positiv semidefiniten Matrix M lösbar ist, falls Vektoren $w \geq o$ und $z \geq o$ bekannt sind, die $w = q + Mz$ erfüllen. Siehe Theorem 3.1.2 in [21].

Bemerkung 6.3.2 Wir wollen noch kurz erwähnen, wie man einen Startvektor erhält. Ist M schiefsymmetrisch, so lässt sich $LCP(q, M)$ in ein $LCP(\tilde{q}, \tilde{M})$ transformieren, zu dem ein Startvektor angegeben werden kann, der

$$w^{(0)} = \tilde{q} + \tilde{M}z^{(0)}, \quad w^{(0)} > o, z^{(0)} > o$$

erfüllt. Die Matrix $\tilde{M}$ ist wiederum schiefsymmetrisch, allerdings gilt $\tilde{M} \in \mathbb{R}^{2n \times 2n}$, falls $M \in \mathbb{R}^{n \times n}$. $LCP(\tilde{q}, \tilde{M})$ kann dann mit dem Korrektor-Prädiktor-Verfahren gelöst werden. Danach kann man dann eine Lösung von $LCP(q, M)$ angeben oder auf die Nichtlösbarkeit von $LCP(q, M)$ schließen. Wir verweisen auf Kapitel 5 in [55].

Wir wollen noch die so genannten unzulässigen Innere-Punkte-Verfahren erwähnen. Bei diesen Verfahren muss ein Startvektor

$$x^{(0)} = \begin{pmatrix} w^{(0)} \\ z^{(0)} \end{pmatrix}$$

lediglich $w^{(0)} > o$, $z^{(0)} > o$ erfüllen. Wir verweisen auf die Arbeiten [90], [91], [111], [112] und [127]. $\quad \square$

Bemerkung 6.3.3 In [55] wird eine Klasse von Matrizen behandelt, die mit $P_*(\kappa)$ bezeichnet wird. Es ist $M \in P_*(\kappa)$, falls

$$(1 + 4\kappa) \sum_{i \in I_+(z)} z_i(Mz)_i + \sum_{i \in I_-(z)} z_i(Mz)_i \geq 0 \quad \text{für jedes } z \in \mathbb{R}^n,$$

wobei

$$I_+(z) := \{i : z_i(Mz)_i > 0\}, \quad I_-(z) := \{i : z_i(Mz)_i < 0\}$$

und $\kappa \geq 0$ ist. Damit wird $P_* := \bigcup_{\kappa \geq 0} P_*(\kappa)$ gesetzt. Jede positiv semidefinite Matrix ist eine $P_*(0)$-Matrix und damit eine P_*-Matrix.

Eine weitere Klasse von Matrizen ist die Klasse der column sufficient Matrizen. Column sufficient wird eine Matrix M genannt, falls

$$z_i(Mz)_i \leq 0, \ i = 1, ..., n \quad \Rightarrow \quad z_i(Mz)_i = 0, \ i = 1, ..., n$$

erfüllt ist. Es gilt: Eine Matrix M ist genau dann column sufficient, wenn für jedes $q \in \mathbb{R}$ die Lösungsmenge $SOL(q, M)$ von $LCP(q, M)$ konvex ist. Siehe Theorem 3.5.8 in [21]. Da jede einelementige Menge konvex ist, ist jede P-Matrix column sufficient. Außerdem ist jede P_*-Matrix column sufficient. Siehe Lemma 3.2 in [55].

Eine Matrix M wird row sufficient genannt, falls M^{T} column sufficient ist. Ist eine Matrix M sowohl column sufficient als auch row sufficient, so wird M sufficient genannt. 1996 hat H. Väliaho in seinem Artikel [123] bewiesen, dass die Klasse der sufficient Matrizen und die Klasse der P_*-Matrizen identisch sind. Siehe auch [2]. $\square$

Bemerkung 6.3.4 Für $M \in \mathbb{R}^{n \times n}$ und $q \in \mathbb{R}^n$ nennt man

$$L = \sum_{i=1}^{n} \sum_{j=1}^{n} (\lceil \log_2(|m_{ij}| + 1) \rceil + 1) + \sum_{i=1}^{n} (\lceil \log_2(|q_i| + 1) \rceil + 1) + 2\lceil \log_2(n + 1) \rceil$$

die Bitlänge der Eingangsdaten für das $LCP(q, M)$. Dabei bezeichnet $\lceil r \rceil$ die kleinste ganze Zahl, die größer oder gleich $r \in \mathbb{R}$ ist. Sind die Einträge von M und q ganzzahlig, so wurde in [55] gezeigt, dass aus dem Abbruchkriterium

$$(w^{(k)})^{\mathrm{T}} z^{(k)} \leq 2^{-2L}$$

gefolgert werden kann, dass eine Lösung (w^*, z^*) von $LCP(q, M)$ existiert mit

$$w_i^* = 0 \ \text{ falls } \ w_i^{(k)} \leq 2^{-L},$$
$$z_i^* = 0 \ \text{ falls } \ z_i^{(k)} \leq 2^{-L}.$$

Allerdings wurde in [55] auch erwähnt, dass die Zahl $\varepsilon = 2^{-2L}$ viel zu klein für eine praktische Umsetzung ist.

Wir werden im nächsten Kapitel zeigen, dass man ohne Voraussetzung an M, q und ε anhand von

$$w^{(k)} \geq o, \quad z^{(k)} \geq o, \quad (w^{(k)})^{\mathrm{T}} z^{(k)} \leq \varepsilon, \quad \|w^{(k)} - q - Mz^{(k)}\|_\infty \leq \varepsilon$$

nicht auf die Lösbarkeit von $LCP(q, M)$ schließen kann. Die Vermutung, dass in einer Umgebung der numerischen Approximation $(w^{(k)}, z^{(k)})$ eine Lösung von $LCP(q, M)$ existiert, bedarf eines Beweises bzw. einer Verifikation. Dies führt auf die so genannten Verifikationsmethoden, die wir im nächsten Kapitel vorstellen. $\square$

Einschließungsmethoden von Lösungen

Unter einer Einschließung einer Lösung von $LCP(q, M)$ verstehen wir das Berechnen eines Intervallvektors

$$\binom{[w]}{[z]}, \quad [w] = ([\underline{w}_i, \overline{w}_i]) \in \mathbf{IR}^n, \; [z] = ([\underline{z}_i, \overline{z}_i]) \in \mathbf{IR}^n,$$

für den nachweislich $w^* \in [w]$ und $z^* \in [z]$ existieren mit

$$w^* = q + Mz^*, \quad w^* \geq o, z^* \geq o, \quad (w^*)^\mathrm{T} z^* = 0.$$

Im Hinblick auf die zweite Definition von $LCP(q, M)$ ist eine Einschließung einer Lösung von $LCP(q, M)$ auch durch das Berechnen eines Intervallvektors $[z] \in \mathbf{IR}^n$ erfolgt, für den nachweislich ein $z^* \in [z]$ existiert mit

$$q + Mz^* \geq o, \quad z^* \geq o, \quad (q + Mz^*)^\mathrm{T} z^* = 0.$$

Einschließungsverfahren motiviert man durch die Frage, wie weit eine Näherungslösung von einer exakten Lösung entfernt ist.

Beispiel 7.0.1 Es seien $q \in \mathbb{R}^n$ und $M \in \mathbb{R}^{n \times n}$. Die Matrix M sei symmetrisch und positiv definit. Nach Satz 3.1.2 und Satz 3.1.8 besitzt $LCP(q, M)$ eine eindeutige Lösung, die mit z^* bezeichnet sei. Weiter sei $z^{(k)}$ die k-te Iterierte des PSOR-Verfahrens. Wir werden im nächsten Abschnitt Fehlerschranken kennen lernen, die

$$\|z^* - z^{(k)}\|_\infty \leq c \cdot f(z^{(k)}) \tag{7.1}$$

erfüllen. Dabei ist c eine Konstante, die nur von M abhängt, und $f : \mathbb{R}^n \to \mathbb{R}$ ist eine stetige Funktion mit

$$\lim_{k \to \infty} f(z^{(k)}) = 0.$$

Mit (7.1) erhält man die Einschließung

$$z^* \in [z] := \begin{pmatrix} [z_1^{(k)} - c \cdot f(z^{(k)}), z_1^{(k)} + c \cdot f(z^{(k)})] \\ \vdots \\ [z_n^{(k)} - c \cdot f(z^{(k)}), z_n^{(k)} + c \cdot f(z^{(k)})] \end{pmatrix}.$$

Wählt man beim PSOR-Verfahren als Abbruchkriterium $f(z^{(k)}) < \frac{\varepsilon}{c}$, so bekommt man eine scharfe Einschließung. $\square$

Leider ist es keine triviale Aufgabe, die Konstante c in (7.1) explizit zu berechnen. Daher ist die Einschließung einer Lösung von $LCP(q, M)$ wie in Beispiel 7.0.1 beschrieben nur selten praktisch umsetzbar.

Überhaupt ist Vorsicht geboten bei der praktischen Umsetzung der Algorithmen auf einem Computer.

Beispiel 7.0.2 Wir betrachten den Lemke-Algorithmus implementiert auf einem Computer. Auf Grund von Rundungsfehlern wird man den Fall

$$'z_0' \in \mathrm{BVF}_k \quad \text{und} \quad q_t^{(k)} = 0$$

auf einem Computer wie folgt abfragen:

$$'z_0' \in \mathrm{BVF}_k \quad \text{und} \quad |q_t^{(k)}| < \varepsilon.$$

Dies bedeutet, dass man alle Zahlen, die betragsmäßig kleiner als eine vorgegebene Zahl $\epsilon > 0$ sind, mit 0 identifiziert. Dies kann allerdings zu falschen Ergebnissen führen, wie das folgende Beispiel zeigt.

Wir betrachten $LCP(q, M)$ mit

$$M = \frac{1}{2} \begin{pmatrix} -1 & 1 \\ -5 & 5 \end{pmatrix}, \quad q = \begin{pmatrix} -\varepsilon \\ -3\varepsilon \end{pmatrix}.$$

Der Lemke-Algorithmus beginnt mit dem Tableau

BVF$_0$	w_1	w_2	z_1	z_2	z_0	$q^{(0)}$
$'w_1'$	1	0	$\frac{1}{2}$	$-\frac{1}{2}$	-1	$-\varepsilon$
$'w_2'$	0	1	$\frac{5}{2}$	$-\frac{5}{2}$	$\boxed{-1}$	-3ε

und es wird wegen $q_2^{(0)} = -3\varepsilon < -\varepsilon = q_1^{(0)}$ als Pivotzeilenindex $t = 2$ gewählt. Nach einem Gauß–Jordan-Schritt erhält man

BVF$_1$	w_1	w_2	z_1	z_2	z_0	$q^{(1)}$
$'w_1'$	1	-1	-2	$\boxed{2}$	0	2ε
$'z_0'$	0	-1	$-\frac{5}{2}$	$\frac{5}{2}$	1	3ε

Es hat $'w_2'$ das Basisvariablenfeld verlassen und es wird $j_0 = 4$ als Pivotspalte gewählt. Wegen

$$\frac{2\varepsilon}{2} = \varepsilon < \frac{6}{5}\varepsilon = \frac{3\varepsilon}{\frac{5}{2}}$$

wird $i_0 = 1$ als Pivotzeile gewählt. Nach einem Gauß–Jordan-Schritt erhält man

BVF$_2$	w_1 w_2 z_1 z_2 z_0	$q^{(2)}$
$'z_2'$	* * * 1 0	ε
$'z_0'$	* * * 0 1	$\frac{1}{2}\varepsilon$

Dabei interessieren uns die mit * gekennzeichneten Werte nicht mehr, denn es ist $z_0 = \frac{1}{2}\varepsilon < \varepsilon$. Interpretiert man bei einer Implementierung $\frac{1}{2}\varepsilon$ als 0, so würde ein Programm als Näherungslösung

$$\tilde{w} = \begin{pmatrix} 0 \\ 0 \end{pmatrix}, \quad \tilde{z} = \begin{pmatrix} 0 \\ \varepsilon \end{pmatrix}$$

ausgeben. Für diese Vektoren gilt

$$\tilde{w} \geq o, \, \tilde{z} \geq o, \quad \tilde{w}^{\mathrm{T}}\tilde{z} = 0, \quad \|\tilde{w} - M\tilde{z} - q\|_\infty = \frac{1}{2}\varepsilon < \varepsilon.$$

Hieraus die Schlussfolgerung zu ziehen, dass in einer Umgebung von $(\tilde{w}, \tilde{z})$ eine Lösung von $LCP(q, M)$ existiert, ist allerdings falsch, denn dieses LCP besitzt keine Lösung. Siehe Aufgabe 1.2.2   □

Das Vektorenpaar $(\tilde{w}, \tilde{z})$, $\tilde{w} \in \mathbb{R}^n$, $\tilde{z} \in \mathbb{R}^n$ nennt man eine ε-Näherungslösung von $LCP(q, M)$, falls

$$\tilde{w} \geq o, \, \tilde{z} \geq o, \quad \tilde{w}^{\mathrm{T}}\tilde{z} \leq \varepsilon, \quad \|\tilde{w} - q - M\tilde{z}\|_\infty \leq \varepsilon \qquad (7.2)$$

gilt. Man ist versucht, aus (7.2) zu folgern, dass in dem Intervallvektor

$$\begin{pmatrix} [w] \\ [z] \end{pmatrix} := \begin{pmatrix} [\tilde{w}_1 - \varepsilon, \tilde{w}_1 + \varepsilon] \\ \vdots \\ [\tilde{w}_n - \varepsilon, \tilde{w}_n + \varepsilon] \\ [\tilde{z}1 - \varepsilon, \tilde{z}_1 + \varepsilon] \\ \vdots \\ [\tilde{z}_n - \varepsilon, \tilde{z}_n + \varepsilon] \end{pmatrix} \qquad (7.3)$$

eine Lösung von $LCP(q, M)$ liegt. Im Allgemeinen ist diese Schlussfolgerung aber falsch, wie Beispiel 7.0.2 gezeigt hat. Insofern kann ohne weitere Argumentation bzw. Zusatzarbeit aus (7.2) lediglich vermutet werden, dass in (7.3) eine Lösung von $LCP(q, M)$ liegt.

Ein Verfahren, welches tatsächlich beweist, dass die Vermutung wahr ist, nennt man ein Verifikationsverfahren. Erst wenn ein Verifikationsverfahren erfolgreich war, ist eine Einschließung einer Lösung von $LCP(q, M)$ erfolgt. Wir verweisen auf Abschnitt 7.2.

Im nächsten Abschnitt wollen wir zunächst die Fehlerschranken von R. Mathias und J.-S. Pang bzw. von X. Chen und S. Xiang vorstellen.

7.1 Fehlerschranken

1990 haben R. Mathias und J.-S. Pang Fehlerschranken für $LCP(q, M)$ angegeben, wobei M eine P-Matrix ist. Ist M eine P-Matrix, so gilt nach Satz 3.1.1

$$\max_{1 \leq i \leq n} z_i(Mz)_i > 0 \quad \text{falls } z \neq o.$$

Für

$$c(M) := \min_{\|z\|_\infty = 1} \left\{ \max_{1 \leq i \leq n} z_i(Mz)_i \right\} \tag{7.4}$$

gilt dann $c(M) > 0$. Des Weiteren benutzen R. Mathias und J.-S. Pang die Funktion

$$r(z) := \inf\{z, q + Mz\} = \begin{pmatrix} \min\{z_1, q_1 + (Mz)_1\} \\ \vdots \\ \min\{z_n, q_1 + (Mz)_n\} \end{pmatrix}. \tag{7.5}$$

Offensichtlich gilt

$$r(z) = o \quad \Leftrightarrow \quad z \geq o, \; q + Mz \geq o, \; (q + Mz)^{\mathrm{T}} z = 0. \tag{7.6}$$

Für eine Folge $\{z^{(k)}\}$, die gegen eine Lösung von $LCP(q, M)$ konvergiert, gilt dann auf Grund der Stetigkeit von $r(z)$

$$\lim_{k \to \infty} r(z^{(k)}) = o.$$

Das Ergebnis von R. Mathias und J.-S. Pang bezüglich der Fehlerschranke lautet wie folgt.

Satz 7.1.1 *Es seien $q \in \mathbb{R}^n$ und $M \in \mathbb{R}^{n \times n}$. Die Matrix M sei eine P-Matrix, und die eindeutige Lösung von $LCP(q, M)$ sei mit z^* bezeichnet. Dann gilt für jedes $z \in \mathbb{R}^n$*

$$\|z - z^*\|_\infty \leq \frac{1 + \|M\|_\infty}{c(M)} \cdot \|r(z)\|_\infty.$$

Dabei ist $c(M)$ bzw. $r(z)$ wie in (7.4) bzw. (7.5) definiert.

Der Beweis wird sich später aus Satz 7.1.2 und Satz 7.1.3 ergeben, wobei Satz 7.1.3 besagen wird, dass die Fehlerschranke aus Satz 7.1.2 von X. Chen und S. Xiang aus dem Jahre 2006 schärfer ist als die Fehlerschranke aus Satz 7.1.1.

Als Vorbereitung für Satz 7.1.2 betrachten wir das folgende Lemma.

Lemma 7.1.1 *Für $x, y, x^*, y^* \in \mathbb{R}$ gilt*

$$\min\{x, y\} - \min\{x^*, y^*\} = (1 - d) \cdot (x - x^*) + d \cdot (y - y^*)$$

mit

$$d = \begin{cases} 0 & \textit{falls } y \geq x, \ y^* \geq x^*, \\ 1 & \textit{falls } y \leq x, \ y^* \leq x^*, \\ \dfrac{\min\{x, y\} - \min\{x^*, y^*\} + x^* - x}{y - y^* + x^* - x} & \textit{sonst.} \end{cases}$$

Außerdem gilt $d \in [0, 1]$.

Beweis: Dass die Aussage für die ersten beiden Fälle richtig ist, ist offensichtlich. Es bleiben zwei weitere Fälle:

3. Fall: $y < x, \ y^* \geq x^*$ oder $y \leq x, \ y^* > x^*$.

4. Fall: $y \geq x, \ y^* < x^*$ oder $y > x, \ y^* \leq x^*$.

In beiden Fällen gilt

$$y - y^* + x^* - x = y - x - (y^* - x^*) \neq 0,$$

und somit hat man

$$(1 - d) \cdot (x - x^*) = \frac{y - y^* - (\min\{x, y\} - \min\{x^*, y^*\})}{y - y^* + x^* - x}(x - x^*)$$

sowie

$$d \cdot (y - y^*) = \frac{\min\{x, y\} - \min\{x^*, y^*\} + x^* - x}{y - y^* + x^* - x}(y - y^*).$$

Addiert man diese beiden Ausdrücke, so hebt sich der Term $(y - y^*) \cdot (x - x^*)$ im Zähler weg, und man erhält

$$(1 - d) \cdot (x - x^*) + d \cdot (y - y^*) = \frac{(\min\{x, y\} - \min\{x^*, y^*\})(y - y^* - (x - x^*))}{y - y^* + x^* - x}$$

$$= \min\{x, y\} - \min\{x^*, y^*\}.$$

Zuletzt ist noch $d \in [0, 1]$ zu zeigen. Im 3. Fall ergibt sich

$$d = \frac{\min\{x, y\} - \min\{x^*, y^*\} + x^* - x}{y - y^* + x^* - x} = \frac{x - y}{x - y + (y^* - x^*)}$$

und somit $d \in [0,1]$. Im 4. Fall ergibt sich

$$d = \frac{\min\{x,y\} - \min\{x^*,y^*\} + x^* - x}{y - y^* + x^* - x} = \frac{x^* - y^*}{y - x + x^* - y^*}$$

und somit $d \in [0,1]$.   □

Das Ergebnis von X. Chen und S. Xiang bezüglich der Fehlerschranke lautet wie folgt.

Satz 7.1.2 *Es seien $q \in \mathbb{R}^n$ und $M \in \mathbb{R}^{n \times n}$. Die Matrix M sei eine P-Matrix, und die eindeutige Lösung von $LCP(q,M)$ sei mit z^* bezeichnet. Es bezeichne $\|\cdot\|$ eine beliebige Vektornorm bzw. die durch sie induzierte Matrixnorm. Weiter bezeichne $D = diag(d_1, ..., d_n)$ eine Diagonalmatrix mit $d_i \in [0,1]$, d.h. $d \in [0,1]^n$. Dann gilt für jedes $z \in \mathbb{R}^n$*

$$\|z - z^*\| \leq \max_{d \in [0,1]^n} \|(E - D + DM)^{-1}\| \cdot \|r(z)\|.$$

Dabei ist $r(z)$ wie in (7.5) definiert.

Beweis: Wegen (7.6) ist $r(z) = r(z) - r(z^*)$. Für jedes $i \in \{1, .., n\}$ gilt also

$$r_i(z) = \min\{z_i, q_i + (Mz)_i\} - \min\{z_i^*, q_i + (Mz^*)_i\}.$$

Mit Lemma 7.1.1 gilt dann für jedes $i \in \{1, .., n\}$

$$r_i(z) = (1 - d_i) \cdot (z_i - z_i^*) + d_i \cdot (M(z - z^*))_i$$

mit $d_i \in [0,1]$. Dies bedeutet

$$r(z) = (E - D + DM)(z - z^*).$$

Da M eine P-Matrix ist, folgt mit Aufgabe 3.1.1, dass auch $E - D + DM$ eine P-Matrix ist. Die Matrix $E - D + DM$ ist also insbesondere regulär, und wir erhalten

$$z - z^* = (E - D + DM)^{-1}r(z),$$

woraus dann schließlich die Behauptung folgt.   □

Mit dem folgenden Satz haben X. Chen und S. Xiang gezeigt, dass ihre Fehlerabschätzung besser ist als die von R. Mathias und J.-S. Pang.

Satz 7.1.3 *Es seien $M \in \mathbb{R}^{n \times n}$ eine P-Matrix und $D = diag(d_1, ..., d_n)$ eine Diagonalmatrix mit $d_i \in [0,1]$, d.h. $d \in [0,1]^n$. Dann gilt*

$$\max_{d \in [0,1]^n} \|(E - D + DM)^{-1}\|_\infty \leq \frac{\max\{1, \|M\|_\infty\}}{c(M)}.$$

Dabei ist $c(M)$ wie in (7.4) definiert.

Beweis: Wir betrachten zunächst den Spezialfall $d \in (0,1]^n$. Somit ist D regulär.

Es sei $H := (E - D + DM)^{-1}$ und i_0 sei ein Index, der

$$\sum_{j=1}^{n} |H_{i_0 j}| = \|(E - D + DM)^{-1}\|_\infty$$

erfüllt. Definiert man $y := (E - D + DM)^{-1}p$ mit $p := (\mathrm{sgn}H_{i_0 1}, ..., \mathrm{sgn}H_{i_0 n})^{\mathrm{T}}$, so gilt

$$p = (E - D + DM)y \quad \text{bzw.} \quad My = D^{-1}p + y - D^{-1}y$$

und insbesondere

$$\|(E - D + DM)^{-1}\|_\infty = \|y\|_\infty. \tag{7.7}$$

Auf Grund der Definition von $c(M)$ ist dann

$$0 < c(M) \cdot \|y\|_\infty^2 \leq \max_{1 \leq i \leq n} y_i (My)_i = \max_{1 \leq i \leq n} y_i \left(\frac{p_i}{d_i} + y_i - \frac{y_i}{d_i} \right). \tag{7.8}$$

Ist j ein Index, der

$$y_j \left(\frac{p_j}{d_j} + y_j - \frac{y_j}{d_j} \right) = \max_{1 \leq i \leq n} y_i \left(\frac{p_i}{d_i} + y_i - \frac{y_i}{d_i} \right) \tag{7.9}$$

erfüllt, so unterscheiden wir drei Fälle.

1. Fall: $|y_j| \leq 1$. Dann gilt

$$c(M) \cdot \|y\|_\infty^2 \leq |My|_j \leq \|My\|_\infty \leq \|M\|_\infty \cdot \|y\|_\infty.$$

Dies führt über (7.7) auf

$$\|(E - D + DM)^{-1}\|_\infty = \|y\|_\infty \leq \frac{\|M\|_\infty}{c(M)}.$$

2. Fall: $y_j > 1$. Dann gilt wegen (7.9) und (7.8)

$$\frac{p_j}{d_j} + y_j - \frac{y_j}{d_j} > 0,$$

was dann mit $d_j \in (0,1]$ auf

$$p_j > y_j - d_j y_j \geq 0$$

führt. Auf Grund der Definition von p muss dann $p_j = 1$ gelten. Wegen $d_j \in (0,1]$ und $y_j > 1$ hat man dann

$$1 - y_j \leq d_j(1 - y_j) \quad \text{bzw.} \quad 1 + d_j y_j - y_j \leq d_j \quad \text{bzw.} \quad \frac{p_j}{d_j} + y_j - \frac{y_j}{d_j} \leq 1.$$

Insgesamt erhält man $0 < (My)_j \leq 1$. Man erhält also in (7.8)

$$c(M) \cdot \|y\|_\infty^2 \leq y_j \leq \|y\|_\infty$$

und dann mit (7.7)

$$\|(E - D + DM)^{-1}\|_\infty = \|y\|_\infty \leq \frac{1}{c(M)}.$$

3. Fall: $y_j < -1$. Dann gilt wegen (7.9) und (7.8)

$$\frac{p_j}{d_j} + y_j - \frac{y_j}{d_j} < 0,$$

was dann mit $d_j \in (0,1]$ auf

$$p_j < y_j - d_j y_j \leq 0$$

führt. Auf Grund der Definition von p muss dann $p_j = -1$ gelten. Wegen $d_j \in (0,1]$ und $y_j < -1$ hat man dann

$$d_j(1 + y_j) \geq 1 + y_j \quad \text{bzw.} \quad -1 + d_j y_j - y_j \geq -d_j \quad \text{bzw.} \quad \frac{p_j}{d_j} + y_j - \frac{y_j}{d_j} \geq -1.$$

Insgesamt erhält man $-1 \leq (My)_j < 0$. Man erhält also in (7.8)

$$c(M) \cdot \|y\|_\infty^2 \leq -y_j \leq \|y\|_\infty$$

und dann mit (7.7)

$$\|(E - D + DM)^{-1}\|_\infty = \|y\|_\infty \leq \frac{1}{c(M)}.$$

Fasst man alle drei Fälle zusammen, so gilt

$$\|(E - D + DM)^{-1}\|_\infty = \|y\|_\infty \leq \frac{\max\{1, \|M\|_\infty\}}{c(M)}.$$

Nun betrachten wir den Fall $d \in [0,1]^n$. Dazu setzen wir $d_\varepsilon := \inf\{d + \varepsilon e, e\}$ mit $\varepsilon \in (0,1]$. Dann gilt auf Grund des ersten Falles

$$\|(E - D + DM)^{-1}\|_\infty = \lim_{\varepsilon \to 0} \|(E - D_\varepsilon + D_\varepsilon M)^{-1}\|_\infty \leq \frac{\max\{1, \|M\|_\infty\}}{c(M)}.$$

Dies war zu zeigen. $\square$

Beispiel 7.1.1 Es sei

$$M = \begin{pmatrix} 2 & 0 \\ 0 & 1 \end{pmatrix}.$$

Dann ist

$$c(M) = \min_{\|x\|_\infty = 1} \{\max\{2x_1^2, x_2^2\}\}.$$

Für $x_1 = 0$, $x_2 = 1$ ist $\max\{2x_1^2, x_2^2\} = 1$. Wegen

$$|x_1| = 1 \quad \Rightarrow \quad \max\{2x_1^2, x_2^2\} \geq 2$$

und

$$|x_2| = 1 \quad \Rightarrow \quad \max\{2x_1^2, x_2^2\} \geq 1,$$

folgt $c(M) = 1$ und somit

$$\frac{\max\{1, \|M\|_\infty\}}{c(M)} = 2 \quad \text{sowie} \quad \frac{1 + \|M\|_\infty}{c(M)} = 3.$$

Für $D = diag(d_1, d_2)$ mit $d_i \in [0,1]$, $i = 1, 2$ gilt

$$E - D + DM = \begin{pmatrix} 1 + d_1 & 0 \\ 0 & 1 \end{pmatrix},$$

was dann auf $\|(E - D + DM)^{-1}\|_\infty = 1$ führt. $\qquad\qquad\qquad\square$

In den Arbeiten von R. Mathias und J.-S. Pang bzw. von X. Chen und S. Xiang werden auch Fehlerschranken angegeben für Unterklassen von P-Matrizen. Wir wollen hier nicht näher darauf eingehen und verweisen auf die Arbeiten [17] und [68].

7.2 Verifikationsverfahren

Bevor wir ein Verifikationsverfahren für das LCP vorstellen, wollen wir zunächst die wesentliche Idee eines Verifikationsverfahrens an einem Beispiel erläutern.

Beispiel 7.2.1 Gegeben sei die stetige Funktion $g(x) = 3x - 1$ auf dem Intervall $[x] := [\underline{x}, \overline{x}] = [0.33, 0.34]$. Es ist

$$g(\underline{x}) < 0 \quad \text{und} \quad g(\overline{x}) > 0. \qquad\qquad (7.10)$$

Mit dem Zwischenwertsatz folgt dann, dass es ein $x^* \in [x]$ geben muss mit $g(x^*) = 0$. Sobald also (7.10) gezeigt ist, hat sich die Vermutung, dass im Intervall $[x]$ eine Nullstelle von g liegt, bewahrheitet. Man sagt auch, dass durch (7.10) im Intervall $[x]$ die Existenz einer Nullstelle von g verifiziert wurde. $\qquad\qquad\qquad\square$

Wir betrachten eine stetige Funktion $g : \mathbb{R}^n \to \mathbb{R}^n$, von der wir zeigen wollen, dass eine Nullstelle im Intervallvektor

$$[x] := \begin{pmatrix} [\underline{x}_1, \overline{x}_1] \\ \vdots \\ [\underline{x}_n, \overline{x}_n] \end{pmatrix}$$

liegt. Dazu setzen wir zunächst voraus, dass wir für beliebig, aber fest gewähltes $\hat{x} \in [x]$ eine Intervallmatrix $G(\hat{x}, [x]) \in \mathbb{IR}^{n \times n}$ kennen, so dass für jedes $y \in [x]$ eine Matrix

$$G(\hat{x}, y) \in G(\hat{x}, [x])$$

existiert, die

$$g(y) - g(\hat{x}) = G(\hat{x}, y) \cdot (y - \hat{x}) \tag{7.11}$$

erfüllt. Die Matrix $G(\hat{x}, y)$ nennt man Steigungsmatrix und die Intervallmatrix $G(\hat{x}, [x])$ nennt man eine Intervall-Steigungsmatrix. Eine Intervall-Steigungsmatrix muss nicht eindeutig sein, wie das folgende Beispiel zeigt.

Beispiel 7.2.2 Wir betrachten die Funktion $g(x) = x^2$, $x \in [x]$. Mit dem Mittelwertsatz der Differentialrechnung gilt für $\hat{x}, y \in [x]$

$$y^2 - \hat{x}^2 = g(y) - g(\hat{x}) = g'(\xi)(y - \hat{x}) = 2\xi(y - \hat{x})$$

mit einem $\xi \in [x]$. Man kann also einerseits $G(\hat{x}, [x]) = 2 \cdot [x]$ wählen. Andererseits gilt

$$y^2 - \hat{x}^2 = (y + \hat{x}) \cdot (y - \hat{x}).$$

Somit kann man auch $G(\hat{x}, [x]) = [x] + \hat{x}$ wählen. $\square$

Um eine Intervall-Steigungsmatrix definieren zu können, braucht man als Voraussetzung lediglich die Stetigkeit von g. Die Funktion g braucht nicht differenzierbar zu sein. Dies wird sich im Hinblick auf das Anwenden beim LCP als nützlich erweisen. Für eine weitergehende Untersuchung von Steigungsmatrizen verweisen wir auf [41] und [108].

Ist $R \in \mathbb{R}^{n \times n}$ eine reguläre Matrix, so definieren wir den so genannten Krawczyk-Operator aus [57]

$$K(\hat{x}, R, [x]) := \hat{x} - R \cdot g(\hat{x}) + (E - R \cdot G(\hat{x}, [x])) \cdot ([x] - \hat{x}). \tag{7.12}$$

Dabei ist die Intervallrechnung wie in Abschnitt 4.3 zu verstehen. Der folgende Satz geht zurück auf die Arbeit [70] von R. Moore.

Satz 7.2.1 *Gilt $K(\hat{x}, R, [x]) \subseteq [x]$, so existiert ein $\xi \in K(\hat{x}, R, [x])$, welches $g(\xi) = o$ erfüllt.*

Beweis: Wir betrachten die stetige Funktion

$$r(y) := y - R \cdot g(y), \quad y \in [x].$$

Dann gilt mit (7.11) für jedes $y \in [x]$

$$r(y) = \hat{x} - R \cdot g(\hat{x}) + (E - R \cdot G(\hat{x}, y)) \cdot (y - \hat{x})$$
$$\in K(\hat{x}, R, [x]) \subseteq [x]. \tag{7.13}$$

Somit bildet die stetige Funktion $r(y)$ die nichtleere, kompakte und konvexe Menge $[x]$ in sich ab. Nach dem Fixpunktsatz von Brouwer (siehe Satz A.2.1) existiert dann ein $\xi \in [x]$ mit $\xi = r(\xi)$. Da R regulär ist, folgt $g(\xi) = o$. Andererseits folgt mit $\xi = r(\xi)$ aus (7.13) $\xi = r(\xi) \in K(\hat{x}, R, [x])$. $\qquad\square$

Im Hinblick auf das LCP müssen wir jetzt eine geeignete Funktion $g : \mathbb{R}^n \to \mathbb{R}^n$ und eine entsprechende Intervallmatrix $G(\hat{x}, [x])$ finden.

Eine geeignete Funktion $g : \mathbb{R}^n \to \mathbb{R}^n$ ist

$$g(x) := (E + M) \cdot x - (E - M) \cdot |x| + q, \tag{7.14}$$

denn mit Korollar 5.2.1 folgt, dass

$$w := |x^*| - x^*, \quad z := |x^*| + x^*$$

eine Lösung von $LCP(q, M)$ ist, falls $g(x^*) = o$ gilt. Die Funktion g aus (7.14) ist nicht die einzige geeignete Funktion. Für weitere Funktionen, deren Nullstelle in Verbindung mit einer Lösung von $LCP(q, M)$ gebracht werden kann, verweisen wir auf die Arbeiten [35], [67] und [84].

Bezüglich einer entsprechenden Intervall-Steigungsmatrix $G(\hat{x}, [x])$, die zur Funktion g aus (7.14) passt, haben wir den folgenden Satz.

Satz 7.2.2 *Es seien $M \in \mathbb{R}^{n \times n}$ und $q \in \mathbb{R}^n$. Weiter seien $[x] = ([\underline{x}_j, \overline{x}_j]) \in \mathrm{IR}^n$ und $\hat{x} \in [x]$. Dann gilt für die Funktion g aus (7.14) und die in Tabelle 7.1 definierte Matrix $G(\hat{x}, [x])$: Für jedes $y \in [x]$ existiert eine Matrix $G(\hat{x}, y) \in G(\hat{x}, [x])$ mit (7.11).*

Beweis: Für $y \in [x]$ ist

$$g(y) - g(\hat{x}) = \sum_{j=1}^{n} (y_j - \hat{x}_j)(E_{\cdot j} + M_{\cdot j}) - \sum_{j=1}^{n} (|y_j| - |\hat{x}_j|)(E_{\cdot j} - M_{\cdot j})$$
$$= \sum_{j=1}^{n} \Big((y_j - \hat{x}_j)(E_{\cdot j} + M_{\cdot j}) - (|y_j| - |\hat{x}_j|)(E_{\cdot j} - M_{\cdot j}) \Big).$$

Tabelle 7.1. Algorithmus zur Berechnung von $G(\hat{x}, [x])$

---

for $j := 1$ **to** n **do begin**

if $\underline{x}_j \geq 0$ **then** $G(\hat{x}, [x]).j := 2 \cdot M_{.j}$

else if $\overline{x}_j \leq 0$ **then** $G(\hat{x}, [x]).j := 2 \cdot E_{.j}$

else if $\hat{x}_j \geq 0$ **then** $G(\hat{x}, [x]).j := E_{.j} + M_{.j} - [\dfrac{\hat{x}_j + \underline{x}_j}{\hat{x}_j - \underline{x}_j}, 1] \cdot (E_{.j} - M_{.j})$

else $G(\hat{x}, [x]).j := E_{.j} + M_{.j} - [-1, \dfrac{\overline{x}_j + \hat{x}_j}{\overline{x}_j - \hat{x}_j}] \cdot (E_{.j} - M_{.j})$

end.

Im Folgenden sei $j \in \{1, ..., n\}$ beliebig, aber fest gewählt. Dann ist $G(\hat{x}, [x]).j$ gemäß Tabelle 7.1 bestimmt. Wir werden nun durch Fallunterscheidung zeigen, dass ein Spaltenvektor $G(\hat{x}, y).j \in G(\hat{x}, [x]).j$ existiert, der

$$(y_j - \hat{x}_j)(E_{.j} + M_{.j}) - (|y_j| - |\hat{x}_j|)(E_{.j} - M_{.j}) = (y_j - \hat{x}_j)G(\hat{x}, y).j$$

erfüllt. Denn dann kann man

$$g(y) - g(\hat{x}) = \sum_{j=1}^{n}(y_j - \hat{x}_j) \cdot G(\hat{x}, y).j = G(\hat{x}, y) \cdot (y - \hat{x})$$

mit $G(\hat{x}, y) \in G(\hat{x}, [x])$ schließen.

1. Fall: $\underline{x}_j \geq 0$. Dann ist insbesondere $\hat{x}_j \geq 0$ sowie $y_j \geq 0$, und es folgt

$$(y_j - \hat{x}_j)(E_{.j} + M_{.j}) - (|y_j| - |\hat{x}_j|)(E_{.j} - M_{.j}) = 2(y_j - \hat{x}_j) \cdot M_{.j}.$$

In diesem Fall setzen wir

$$G(\hat{x}, y).j := 2 \cdot M_{.j}.$$

Gemäß Tabelle 7.1 ist dann $G(\hat{x}, y).j = G(\hat{x}, [x]).j$.

2. Fall: $\underline{x}_j \leq 0$. Dann ist insbesondere $\hat{x}_j \leq 0$ sowie $y_j \leq 0$, und es folgt

$$(y_j - \hat{x}_j)(E_{.j} + M_{.j}) - (|y_j| - |\hat{x}_j|)(E_{.j} - M_{.j}) = 2(y_j - \hat{x}_j) \cdot E_{.j}.$$

In diesem Fall setzen wir

$$G(\hat{x}, y).j := 2 \cdot E_{.j}.$$

Gemäß Tabelle 7.1 ist dann $G(\hat{x}, y).j = G(\hat{x}, [x]).j$.

3. Fall: $\underline{x}_j < 0 < \overline{x}_j$.

Unterfall 3.1: $\hat{x}_j < 0$ und $y_j \geq 0$. Dann gilt

$$(|y_j| - |\hat{x}_j|)(E_{\cdot j} - M_{\cdot j}) = \frac{y_j + \hat{x}_j}{y_j - \hat{x}_j}(y_j - \hat{x}_j)(E_{\cdot j} - M_{\cdot j}).$$

In diesem Fall setzen wir

$$G(\hat{x}, y)_{\cdot j} := E_{\cdot j} + M_{\cdot j} - \frac{y_j + \hat{x}_j}{y_j - \hat{x}_j}(E_{\cdot j} - M_{\cdot j}).$$

Betrachtet man die Funktion

$$h(t) := \frac{t + \hat{x}_j}{t - \hat{x}_j}, \quad t \in [0, \overline{x}_j]$$

und deren Ableitung

$$h'(t) = \frac{(t - \hat{x}_j) - (t + \hat{x}_j)}{(t - \hat{x}_j)^2} = \frac{-2\hat{x}_j}{(t - \hat{x}_j)^2} > 0,$$

so erhält man

$$-1 = h(0) \leq \frac{y_j + \hat{x}_j}{y_j - \hat{x}_j} \leq h(\overline{x}_j) = \frac{\overline{x}_j + \hat{x}_j}{\overline{x}_j - \hat{x}_j}.$$

Also gilt

$$G(\hat{x}, y)_{\cdot j} \in E_{\cdot j} + M_{\cdot j} - [-1, \frac{\overline{x}_j + \hat{x}_j}{\overline{x}_j - \hat{x}_j}] \cdot (E_{\cdot j} - M_{\cdot j}).$$

Gemäß Tabelle 7.1 ist dann $G(\hat{x}, y)_{\cdot j} \in G(\hat{x}, [x])_{\cdot j}$.

Unterfall 3.2: $\hat{x}_j < 0$ und $y_j < 0$. Dann können wir wie im 2. Fall

$$G(\hat{x}, y)_{\cdot j} := 2 \cdot E_{\cdot j}$$

setzen. Wegen

$$2 \cdot E_{\cdot j} \in E_{\cdot j} + M_{\cdot j} - [-1, \frac{\overline{x}_j + \hat{x}_j}{\overline{x}_j - \hat{x}_j}] \cdot (E_{\cdot j} - M_{\cdot j})$$

ist $G(\hat{x}, y)_{\cdot j} \in G(\hat{x}, [x])_{\cdot j}$ gemäß Tabelle 7.1.

Unterfall 3.3: $\hat{x}_j \geq 0$ und $y_j < 0$. Dann gilt

$$(|y_j| - |\hat{x}_j|)(E_{\cdot j} - M_{\cdot j}) = \frac{-y_j - \hat{x}_j}{y_j - \hat{x}_j}(y_j - \hat{x}_j)(E_{\cdot j} - M_{\cdot j}).$$

In diesem Fall setzen wir

$$G(\hat{x}, y)_{\cdot j} := E_{\cdot j} + M_{\cdot j} - \frac{\hat{x}_j + y_j}{\hat{x}_j - y_j}(E_{\cdot j} - M_{\cdot j}).$$

Es ist[1]

$$\frac{\hat{x}_j + \underline{x}_j}{\hat{x}_j - \underline{x}_j} \leq \frac{\hat{x}_j + y_j}{\hat{x}_j - y_j} < 1$$

für $y_j \in [\underline{x}_j, 0)$. Also gilt

$$G(\hat{x}, y)._j \in E._j + M._j - [\frac{\hat{x}_j + \underline{x}_j}{\hat{x}_j - \underline{x}_j}, 1] \cdot (E._j - M._j).$$

Gemäß Tabelle 7.1 ist dann $G(\hat{x}, y)._j \in G(\hat{x}, [x])._j$.

Unterfall 3.4: $\hat{x}_j \geq 0$ und $y_j \geq 0$. Dann können wir wie im 1. Fall

$$G(\hat{x}, y)._j := 2 \cdot M._j$$

setzen. Wegen

$$2 \cdot M._j \in E._j + M._j - [\frac{\hat{x}_j + \underline{x}_j}{\hat{x}_j - \underline{x}_j}, 1] \cdot (E._j - M._j)$$

ist $G(\hat{x}, y)._j \in G(\hat{x}, [x])._j$ gemäß Tabelle 7.1.   □

Zur Verifikation einer Lösung von $LCP(q, M)$ haben wir nun folgendes Vorgehen. Gegeben sind $q \in \mathbb{R}^n$ und $M \in \mathbb{R}^{n \times n}$. Es sei $g(\tilde{x}) \approx 0$ mit

$$g(x) = (E + M) \cdot x - (E - M) \cdot |x| + q.$$

Beispielsweise sei $|g(\tilde{x})| \leq \varepsilon$ mit einem vorgegebenen $\varepsilon > 0$. Dann setzen wir

$$[x] := \begin{pmatrix} [\tilde{x}_1 - \varepsilon, \tilde{x}_1 + \varepsilon] \\ \vdots \\ [\tilde{x}_n - \varepsilon, \tilde{x}_n + \varepsilon] \end{pmatrix} \in \mathbf{IR}^n.$$

Als Nächstes wählen wir ein $\hat{x} \in [x]$. Meistens wählt man $\hat{x} := \tilde{x}$. Dann berechnen wir die Intervall-Steigungsmatrix $G(\hat{x}, [x])$ gemäß Tabelle 7.1. Nach Wahl einer regulären Matrix R berechnen wir den Krawczyk-Operator $K(\hat{x}, R, [x])$ aus (7.12) unter Verwendung der Intervallrechnung aus Abschnitt 4.3. Gilt dann $K(\hat{x}, R, [x]) \subseteq [x]$, so existiert nach Satz 7.2.1 ein $x^* \in K(\hat{x}, R, [x])$ mit $g(x^*) = o$. Dann setzen wir für $[K] := K(\hat{x}, R, [x])$

$$[w] := abs([K]) - [K], \quad [z] := abs([K]) + [K].$$

Dabei ist $abs([K]) = (abs([K_j])$ und

$$abs([a, b]) := \begin{cases} [0, \max\{|a|, |b|\}], & \text{falls } 0 \in [a, b], \\ [\min\{|a|, |b|\}, \max\{|a|, |b|\}], & \text{falls } 0 \notin [a, b]. \end{cases}$$

Gemäß Korollar 5.2.1 existieren dann $w^* \in [w]$ und $z^* \in [z]$, die $LCP(q, M)$ lösen.

---

[1] Man vergleiche $\frac{7}{6} < \frac{4}{3} \Leftrightarrow 7 \cdot 3 < 4 \cdot 6$.

Beispiel 7.2.3 Wir betrachten $M = -1$ und $q = 1$. Dann ist

$$g(x) = (E + M) \cdot x - (E - M) \cdot |x| + q = -2|x| + 1.$$

Es sei $\varepsilon = 0.1$ gewählt. Dann ist wegen $g(0.45) = 0.1$ die Zahl $\tilde{x} := 0.45$ eine ε-Näherung einer Nullstelle von g. Wir setzen

$$[x] := [\tilde{x} - \varepsilon, \tilde{x} + \varepsilon] = [0.35, 0.55] \quad \text{und} \quad \hat{x} := \tilde{x} = 0.45.$$

Dann ergibt sich gemäß Tabelle 7.1 $G(\hat{x}, [x]) = -2$. Als R wählen wir die Inverse von $G(\hat{x}, [x])$, also $R := -\frac{1}{2}$. Dann gilt

$$K(\hat{x}, R, [x]) = 0.45 + \frac{1}{2}(-2 \cdot 0.45 + 1) + 0 = 0.5 \in [x].$$

Nach Satz 7.2.1 ist dann $\xi = \frac{1}{2}$ eine Nullstelle von g, und

$$w := |\frac{1}{2}| - \frac{1}{2} = 0, \quad z := |\frac{1}{2}| + \frac{1}{2} = 1$$

bilden dann nach Korollar 5.2.1 eine Lösung von $LCP(q, M)$. $\qquad\square$

In Beispiel 7.2.3 bestand das Intervall $K(\hat{x}, R, [x])$ lediglich aus dem Punkt $\frac{1}{2}$. Im nächsten Beispiel ist $K(\hat{x}, R, [x])$ ein echtes Intervall.

Beispiel 7.2.4 Wir betrachten $M = \frac{1}{2}$ und $q = -\frac{1}{10}$. Dann ist

$$g(x) = (E + M) \cdot x - (E - M) \cdot |x| + q = \frac{3}{2}x - \frac{1}{2}|x| - \frac{1}{10}.$$

Es sei $\varepsilon = 0.1$ gewählt. Dann ist wegen $g(\frac{1}{20}) = -\frac{1}{20}$ die Zahl $\tilde{x} := \frac{1}{20}$ eine ε-Näherung einer Nullstelle von g. Wir setzen

$$[x] := [\tilde{x} - \varepsilon, \tilde{x} + \varepsilon] = [-\frac{1}{20}, \frac{3}{20}] \quad \text{und} \quad \hat{x} := \tilde{x} = \frac{1}{20}.$$

Dann ergibt sich unter Verwendung von (4.56) gemäß Tabelle 7.1

$$G(\hat{x}, [x]) = 1 + \frac{1}{2} - [\frac{\frac{1}{20} - \frac{1}{20}}{\frac{1}{20} + \frac{1}{20}}, 1](1 - \frac{1}{2}) = [1, \frac{3}{2}].$$

Als R wählen wir die Inverse des Mittelpunktes von $G(\hat{x}, [x])$, also $R := \frac{4}{5}$. Dann gilt

$$K(\hat{x}, R, [x]) = \frac{1}{20} - \frac{4}{5}(-\frac{1}{20}) + (1 - \frac{4}{5} \cdot [1, \frac{3}{2}]) \cdot ([-\frac{1}{20}, \frac{3}{20}] - \frac{1}{20})$$

$$= \frac{9}{100} + [-\frac{1}{5}, \frac{1}{5}] \cdot [-\frac{1}{10}, \frac{1}{10}] = \frac{9}{100} + [-\frac{1}{50}, \frac{1}{50}]$$

$$= [\frac{7}{100}, \frac{11}{100}] \subseteq [x].$$

Nach Satz 7.2.1 liegt im Intervall $[\frac{7}{100}, \frac{11}{100}]$ eine Nullstelle von g. Wir bilden

$$[w] := abs([\frac{7}{100}, \frac{11}{100}]) - [\frac{7}{100}, \frac{11}{100}] = [-0.04, 0.04]$$

und

$$[z] := abs([\frac{7}{100}, \frac{11}{100}]) + [\frac{7}{100}, \frac{11}{100}] = [0.14, 0.22].$$

Nach Korollar 5.2.1 existieren $w^* \in [w]$ und $z^* \in [z]$, die eine Lösung von $LCP(q, M)$ bilden. Wegen $z^* \geq \underline{z} = 0.14 > 0$ können wir wegen der Komplementarität sogar auf $w^* = 0$ schließen.

Da $M = \frac{1}{2}$ eine P-Matrix ist, besitzt $LCP(q, M)$ eine eindeutige Lösung. Sie lautet $w^* = 0$, $z^* = \frac{2}{10}$.   □

Es soll jetzt aber nicht der Eindruck entstehen, dass die Abfrage

$$K(\hat{x}, R, [x]) \subseteq [x]$$

immer erfolgreich ist, falls in $[x]$ eine Nullstelle von g liegt. Dazu betrachten wir das folgende Beispiel.

Beispiel 7.2.5 Wir betrachten $M = -1$ und $q = 0$. Dann ist

$$g(x) = (E + M) \cdot x - (E - M) \cdot |x| + q = -2|x|.$$

Die einzige Nullstelle von g ist die 0. Es sei $\varepsilon = 0.1$ gewählt. Dann ist wegen $g(0.05) = -0.1$ die Zahl $\tilde{x} := 0.05$ eine ε-Näherung einer Nullstelle von g. Wir setzen

$$[x] := [\tilde{x} - \varepsilon, \tilde{x} + \varepsilon] = [-0.05, 0.15] \quad \text{und} \quad \hat{x} := \tilde{x} = 0.05.$$

Dann ergibt sich unter Verwendung von (4.56) gemäß Tabelle 7.1

$$G(\hat{x}, [x]) = 1 - 1 - [\frac{0.05 - 0.05}{0.05 + 0.05}, 1] \cdot 2 = [-2, 0].$$

Als R wählen wir die Inverse des Mittelpunktes von $G(\hat{x}, [x])$, also $R := -1$. Dann gilt

$$K(\hat{x}, R, [x]) = 0.05 + (-0.1) + (1 + [-2, 0]) \cdot ([-0.05, 0.15] - 0.05)$$

$$= -0.05 + [-1, 1] \cdot [-0.1, 0.1] = -0.05 + [-0.1, 0.1]$$

$$= [-0.15, 0.05] \not\subseteq [x].$$

Satz 7.2.1 ist somit nicht anwendbar, obwohl die Nullstelle von g im Intervall $[x]$ liegt.   □

Es ist sehr mühsam, die Bedingung $K(\hat{x}, R, [x]) \subseteq [x]$ per Hand nachzuprüfen. Daher ist es wünschenswert, diese Arbeit an einen Computer zu delegieren. Dies geschieht im folgenden Abschnitt.

7.3 Praktische Umsetzung

Die Mächtigkeit der Intervallrechnung wird eigentlich erst durch den Einsatz eines Rechners sichtbar (siehe auch [58]). Die Beispiele 7.3.2 und 7.3.3, die für dieses Buch auf einem Rechner gerechnet worden sind, wurden in PASCAL-XSC ([53]) implementiert. Man hätte auch C-XSC ([52]) oder INTLAB ([95]) benutzen können.

PASCAL-XSC ist eine Erweiterung der Programmiersprache PASCAL. Die wesentliche Erweiterung ist die Bereitstellung einer Variable vom Typ *interval*. Sind drei Variablen $[a]$, $[b]$, $[c]$ vom Typ *interval*, so sind die Operationen (4.56) vordefiniert und die Intervallgrenzen von $[c] := [a] * [b]$ mit $* \in \{+, -, \cdot, /\}$ werden automatisch in die richtige Richtung gerundet, falls die Intervallgrenzen gerundet werden müssen.

Beispielsweise wird $\underline{a} + \underline{b}$ bzw. $\overline{a} + \overline{b}$ nach unten bzw. nach oben zur nächsten Maschinenzahl gerundet. Sind also $\underline{a}$, $\underline{b}$, $\overline{a}$, $\overline{b}$ Maschinenzahlen, so gilt $a + b \in [a] + [b] = [\underline{c}, \overline{c}]$ für alle reellen Zahlen $a \in [\underline{a}, \overline{a}]$, $b \in [\underline{b}, \overline{b}]$. Dadurch hat man für jedes $a \in [\underline{a}, \overline{a}]$ und für jedes $b \in [\underline{b}, \overline{b}]$ ihre Summe in $[\underline{c}, \overline{c}]$ eingeschlossen, wobei $\underline{c}$ und $\overline{c}$ wiederum Maschinenzahlen sind.

Gewarnt durch Beispiel 4.3.1 müssen/wollen wir uns nun Gedanken machen, wie die Verifikationsmethoden modifiziert werden müssen, falls die Eingabedaten Zahlenwerte verwenden, die auf einem Rechner nicht dargestellt werden können.

Beispiel 7.3.1 Gegeben sei die Funktion

$$g(x) = 3x - \sqrt{2}, \quad x \in \mathbb{R},$$

und es soll gezeigt werden, dass im Intervall $[x] := [\underline{x}, \overline{x}] = [0.47, 0.48]$ eine Nullstelle von g liegt. Da man $\sqrt{2}$ nicht als endliche Dezimalzahl darstellen kann, kann ein Computer den auf den Zwischenwertsatz abzielenden Test

$$g(\underline{x}) \cdot g(\overline{x}) \leq 0$$

nicht exakt durchführen. Daher schließt man die Zahl $\sqrt{2}$ vorab in einem Intervall ein. Beispielsweise

$$\sqrt{2} \in [1.4142, 1.4143] =: [a].$$

Dann hat man für jedes $a \in [a]$ eine Funktion $g(x; a)$, die noch von einem Parameter a abhängt, dessen Wert in einem gegebenen Intervall liegt. Gelingt es, für jedes $a \in [a]$

$$g(\underline{x}; a) \cdot g(\overline{x}; a) \leq 0 \tag{7.15}$$

nachzuweisen, so folgt nach dem Zwischenwertsatz, dass für jedes $a \in [a]$ (insbesondere für $a = \sqrt{2}$) ein $x^* \in [x]$ existiert mit $g(x^*; a) = 0$.

Mit (4.56) erhält man

$$g(\underline{x}; [a]) = 3 \cdot 0.47 - [a] = [-0.0043, -0.0042] \qquad (7.16)$$

und

$$g(\overline{x}; [a]) = 3 \cdot 0.48 - [a] = [0.0257, 0.0258]. \qquad (7.17)$$

Wegen $g(\underline{x}; a) \in g(\underline{x}; [a])$ und $g(\overline{x}; a) \in g(\overline{x}; [a])$ ist (7.15) gezeigt. Dabei können die Rechnungen (7.16) und (7.17) mit PASCAL-XSC auf einem Rechner durchgeführt werden.   □

Beispiel 7.3.1 hat uns gezeigt, dass unser Verifikationsverfahren auf Funktionen ausgedehnt werden muss, die noch zusätzlich von Parametern abhängen, deren Werte in Intervallen variieren, d.h. wir betrachten eine Familie von Funktionen $g(\cdot; a) : \mathbb{R}^n \to \mathbb{R}^n$ mit $a \in [a] \in \mathbf{IR}^m$. Kann man beispielsweise bei $LCP(q, M)$ die Eingangsdaten q und M nicht explizit bestimmen und lediglich in Intervalle einschließen, so lautet die modifizierte Version von (7.14)

$$g(x; q, M) := (E + M) \cdot x - (E - M) \cdot |x| + q, \quad q \in [q], \quad M \in [M]. \qquad (7.18)$$

Setzt man $m := n + n^2$ und

$$[a] = ([q_1], ..., [q_n], [m_{11}], [m_{12}], ..., [m_{nn}])^{\mathrm{T}}, \qquad (7.19)$$

so hat man die Darstellung $g(\cdot; a) : \mathbb{R}^n \to \mathbb{R}^n$ mit $a \in [a] \in \mathbf{IR}^m$. Für eine solche Funktion werden wir nun den Krawczyk-Operator und Satz 7.2.1 verallgemeinern.

Dazu setzen wir zunächst voraus, dass wir für beliebig, aber fest gewähltes $\hat{x} \in [x]$ eine Intervallmatrix $G(\hat{x}, [x]; [a]) \in \mathbf{IR}^{n \times n}$ kennen, so dass für jedes $y \in [x]$ und jedes $a \in [a]$ eine Matrix

$$G(\hat{x}, y; a) \in G(\hat{x}, [x]; [a])$$

existiert, die

$$g(y; a) - g(\hat{x}; a) = G(\hat{x}, y; a) \cdot (y - \hat{x}) \qquad (7.20)$$

erfüllt. Ist $R \in \mathbb{R}^{n \times n}$ eine reguläre Matrix, so betrachten wir den modifizierten Krawczyk-Operator

$$K(\hat{x}, R, [x]; [a]) := \hat{x} - R \cdot g(\hat{x}; [a]) + (E - R \cdot G(\hat{x}, [x]; [a])) \cdot ([x] - \hat{x}). \qquad (7.21)$$

Dabei ist $g(\hat{x}; [a])$ über (4.56) auszurechnen. Für die Funktion $g(x; a)$ aus (7.18) ist mit (7.19)

$$g(x; [a]) = (E + [M]) \cdot x - (E - [M]) \cdot |x| + [q]. \qquad (7.22)$$

Tabelle 7.2. Algorithmus zur Berechnung von $G(\hat{x}, [x]; [a])$

{ es ist $[a] = ([q_1], ..., [q_n], [m_{11}], [m_{12}], ..., [m_{nn}])^T$ }

for $j := 1$ **to** n **do begin**

if $\underline{x}_j \geq 0$ **then** $G(\hat{x}, [x]; [a])_{\cdot j} := 2 \cdot [M_{\cdot j}]$

else if $\overline{x}_j \leq 0$ **then** $G(\hat{x}, [x]; [a])_{\cdot j} := 2 \cdot E_{\cdot j}$

else if $\hat{x}_j \geq 0$ **then** $G(\hat{x}, [x]; [a])_{\cdot j} := E_{\cdot j} + [M_{\cdot j}] - [\dfrac{\hat{x}_j + \underline{x}_j}{\hat{x}_j - \underline{x}_j}, 1] \cdot (E_{\cdot j} - [M_{\cdot j}])$

else $G(\hat{x}, [x]; [a])_{\cdot j} := E_{\cdot j} + [M_{\cdot j}] - [-1, \dfrac{\overline{x}_j + \hat{x}_j}{\overline{x}_j - \hat{x}_j}] \cdot (E_{\cdot j} - [M_{\cdot j}])$

end.

Satz 7.3.1 *Gilt* $K(\hat{x}, R, [x]; [a]) \subseteq [x]$, *so existiert für jedes* $a \in [a]$ *ein* $\xi \in K(\hat{x}, R, [x]; [a])$ *mit* $g(\xi; a) = o$.

Beweis: Es sei $a \in [a]$ beliebig, aber fest gewählt. Dann betrachten wir die stetige Funktion

$$r(y) := y - R \cdot g(y; a), \quad y \in [x].$$

Dann gilt mit (7.20) für jedes $y \in [x]$

$$\begin{aligned} r(y) &= \hat{x} - R \cdot g(\hat{x}; a) + (E - R \cdot G(\hat{x}, y; a)) \cdot (y - \hat{x}) \\ &\in K(\hat{x}, R, [x]; [a]) \subseteq [x]. \end{aligned} \tag{7.23}$$

Somit bildet die stetige Funktion die nichtleere, kompakte und konvexe Menge $[x]$ in sich ab. Nach dem Fixpunktsatz von Brouwer (siehe Satz A.2.1) existiert dann ein $\xi \in [x]$ mit $\xi = r(\xi)$. Da R regulär ist, folgt $g(\xi; a) = o$. Andererseits folgt mit $\xi = r(\xi)$ aus (7.23) $\xi = r(\xi) \in K(\hat{x}, R, [x]; [a])$. $\qquad \square$

Für die Berechnung von $G(\hat{x}, [x]; [a])$ für die Funktion $g(x; a)$ aus (7.18) benutzen wir den Algorithmus aus Tabelle 7.2. Dass dieser Algorithmus das Gewünschte liefert, folgt aus Satz 7.2.2 und der einfachen Tatsache $a \in [a]$.

Beispiel 7.3.2 Wir betrachten $LCP(q, M)$ mit

$$q = \begin{pmatrix} -\sqrt{8} \\ -\sqrt{2} \end{pmatrix} \quad \text{und} \quad M = \begin{pmatrix} -\ln 3 & \pi \\ e & \sqrt{2} \end{pmatrix}. \tag{7.24}$$

Sämtliche Komponenten bzw. Elemente von q bzw. von M sind auf einem Computer nicht als endliche Dezimalzahl darstellbar. Mit Hilfe von PASCAL-XSC kann man diese Zahlen in Intervalle einschließen.

Die Zuweisung

```
procedure Exakte_Werte_einschliessen;
var
    wert: interval;
    M   : imatrix[1..2,1..2];
    q   : ivector[1..2];
begin

wert:=-sqrt(8);
writeln(wert);
wert:=-sqrt(2);
writeln(wert);
wert:=- ln(3);
writeln(wert);
wert:=4*arctan(1);
writeln(wert);
wert:=exp(1);
writeln(wert);
wert:=sqrt(2);
writeln(wert);

end;
```

liefert die Ausgabe

```
[ -2.828427124746191E+000, -2.828427124746190E+000 ]
[ -1.414213562373096E+000, -1.414213562373095E+000 ]
[ -1.098612288668110E+000, -1.098612288668109E+000 ]
[  3.141592653589793E+000,  3.141592653589794E+000 ]
[  2.718281828459045E+000,  2.718281828459046E+000 ]
[  1.414213562373095E+000,  1.414213562373096E+000 ]
```

Dies bedeutet, dass für q und M aus (7.24)

$$q \in [q] := \begin{pmatrix} [-2.828427124746191, -2.828427124746190] \\ [-1.414213562373096, -1.414213562373095] \end{pmatrix}$$

sowie $M \in [M]$ mit

$$[M._1] := \begin{pmatrix} [-1.098612288668110, -1.098612288668109] \\ [2.718281828459045, 2.718281828459046] \end{pmatrix}$$

und

$$[M._2] := \begin{pmatrix} [3.141592653589793, 3.141592653589794] \\ [1.414213562373095, 1.414213562373096] \end{pmatrix}$$

gilt.

Wir setzen

$$[a] := ([q_1], [q_2], [m_{11}], [m_{12}], [m_{21}], [m_{22}])^{\mathrm{T}}.$$

Um einen Testintervallvektor $[x] \in \mathbf{IR}^2$ zu erhalten, den wir vielversprechend auf

$$K(\hat{x}, R, [x]; [a]) \subseteq [x] \qquad (7.25)$$

testen, besorgen wir uns eine Näherung für $LCP(q, M)$, wobei $q \in [q]$ sowie $M \in [M]$ beliebig, aber fest gewählt sind. In diesem Beispiel haben wir $q = \underline{q}$ sowie $M = \underline{M}$ gewählt. Meistens wählt man $q = q_c$ sowie $M = M_c$. Siehe (4.59).

Auf die Funktion

$$g(x) = (E + M) \cdot x - (E - M) \cdot |x| + q, \quad x \in \mathbb{R}^n$$

wenden wir ein modifiziertes Newton-Verfahren an; und zwar

$$\begin{cases} x^{(0)} \in \mathbb{R}^n \text{ beliebig,} \\ x^{(k+1)} := x^{(k)} - (G(x^{(k)}))^{-1} \cdot g(x^{(k)}), \quad k = 0, 1, 2, \dots \end{cases}$$

mit

$$(G(x^{(k)}))_{\cdot j} := \left\{ \begin{array}{l} 2 \cdot M_{\cdot j} \quad \text{falls } x_j^{(k)} \geq 0, \\ 2 \cdot E_{\cdot j} \quad \text{falls } x_j^{(k)} < 0, \end{array} \right\} \quad j = 1, \dots, n.$$

In diesem Beispiel erhalten wir für $x^{(0)} = \binom{1}{2}$ und dem Abbruchkriterium

$$\|x^{(k+1)} - x^{(k)}\|_1 \leq 0.0000001$$

als Ergebnis

$$x^{(3)} = \begin{pmatrix} 2.193922006632686E - 002 \\ 4.578302847437080E - 001 \end{pmatrix}.$$

Für

$$[x] := \begin{pmatrix} [0.021939, 0.02194] \\ [0.45783, 0.45784] \end{pmatrix}$$

erhält man

$$K(\hat{x}, R, [x]; [a]) = \begin{pmatrix} [2.1939220066326E - 002, 2.1939220066328E - 002] \\ [4.57830284743707E - 001, 4.57830284743709E - 001] \end{pmatrix},$$

wobei als $\hat{x}$ der Mittelpunkt von $[x]$ und für R eine Approximation der Inversen des Mittelpunktes von $G(\hat{x}, [x]; [a])$ gewählt wurde. In PASCAL-XSC gibt es dafür eine vordefinierte Routine namens MatInv.

Es ist also

$$K(\hat{x}, R, [x]; [a]) \subseteq [x]$$

erfüllt, und es folgt mit Satz 7.3.1, dass für jedes $a \in [a]$ ein $\xi \in K(\hat{x}, R, [x]; [a])$ existiert mit $g(\xi; a) = o$. Insbesondere für

$$a = (-\sqrt{8}, -\sqrt{2}, -\ln 3, \pi, e, \sqrt{2})^{\mathrm{T}}.$$

Wie vor Beispiel 7.2.3 erläutert, erhalten wir dann mit Korollar 5.2.1 zwei Intervallvektoren $[w]$ und $[z]$, die eine Lösung von $LCP(q, M)$ einschließen mit q und M aus (7.24). Wegen $\underline{z} > o$ kann man sogar $[w] = o$ folgern. Man erhält

$$\begin{pmatrix} [w] \\ [z] \end{pmatrix} = \begin{pmatrix} 0 \\ 0 \\ [4.387844013265277E - 002, 4.387844013265413E - 002] \\ [9.156605694874149E - 001, 9.156605694874165E - 001] \end{pmatrix}.$$

Der exakte Wert, der $LCP(q, M)$ löst und in dem obigen Intervallvektor enthalten ist, lautet

$$w = o, \quad z = -M^{-1}q = \frac{1}{\sqrt{2} \cdot \ln 3 + \pi \cdot e} \begin{pmatrix} \pi \cdot \sqrt{2} - 4 \\ e \cdot \sqrt{8} + \sqrt{2} \cdot \ln 3 \end{pmatrix}.$$

Der Leser möge sich an dieser Stelle einmal fragen, welchem Rechner er vertraut, wenn er die Komponenten von z mit endlichen Dezimalzahlen approximieren will.

Der Vollständigkeit wegen wollen wir noch erwähnen, dass auch

$$w = \begin{pmatrix} \pi - \sqrt{8} \\ 0 \end{pmatrix}, \quad z = \begin{pmatrix} 0 \\ 1 \end{pmatrix}$$

eine Lösung von $LCP(q, M)$ bilden. $\square$

Beispiel 7.3.3 Wir betrachten $LCP(q, M)$ mit

$$q = \begin{pmatrix} \sin(1) \\ \vdots \\ \sin(n) \end{pmatrix}$$

und

$$M = M^{\mathrm{T}} \quad \text{mit} \quad M = \begin{pmatrix} n & \dfrac{1}{2} & \dfrac{1}{3} & \cdots & \cdots & \dfrac{1}{n-1} & \dfrac{1}{n} \\ \dfrac{1}{2} & n & \dfrac{1}{3} & \cdots & \cdots & \vdots & \vdots \\ \vdots & \dfrac{1}{3} & \ddots & \ddots & \dfrac{1}{n-1} & & \vdots \\ \dfrac{1}{n-1} & \cdots\cdots\cdots & \dfrac{1}{n-1} & n & \dfrac{1}{n} \\ \dfrac{1}{n} & \dfrac{1}{n} & \cdots\cdots & \cdots & \dfrac{1}{n} & n \end{pmatrix}.$$

Für jede Zeile i gilt

$$\sum_{j=1, j\neq i}^{n} m_{ij} = \sum_{j=1}^{i-1} \frac{1}{i} + \sum_{j=i+1}^{n} \frac{1}{j} < n.$$

M ist somit streng diagonaldominant mit positiven Diagonalelementen. Nach Satz 3.1.9 ist M dann eine P-Matrix. $LCP(q, M)$ hat somit eine eindeutige Lösung (w, z). Mit unserer Verifikationsmethode erhalten wir für $n = 10$ $w \in [w]$ sowie $z \in [z]$ mit

$$[w] = \begin{pmatrix} [8.877459782469340E - 001, 8.877459782469350E - 001] \\ [9.555724202647192E - 001, 9.555724202647202E - 001] \\ [1.873950014989049E - 001, 1.873950014989053E - 001] \\ 0 \\ 0 \\ 0 \\ [6.895240257091523E - 001, 6.895240257091531E - 001] \\ [1.018484644424234E + 000, 1.018484644424236E + 000] \\ [4.385918603396573E - 001, 4.385918603396577E - 001] \\ 0 \end{pmatrix}$$

und

$$[z] = \begin{pmatrix} 0 \\ 0 \\ 0 \\ [7.287461557629638E - 002, 7.287461557629649E - 002] \\ [9.349928693907295E - 002, 9.349928693907303E - 002] \\ [2.464373209720830E - 002, 2.464373209720833E - 002] \\ 0 \\ 0 \\ 0 \\ [5.249193474281117E - 002, 5.249193474281122E - 002] \end{pmatrix}.$$

Für $n = 20$ erhalten wir $w \in [w]$ sowie $z \in [z]$ mit

$$[w] = \begin{pmatrix} [8.769374110989215E - 001, 8.769374110989230E - 001] \\ [9.447638531167067E - 001, 9.447638531167082E - 001] \\ [1.765864343508928E - 001, 1.765864343508933E - 001] \\ 0 \\ 0 \\ 0 \\ [6.855710572726437E - 001, 6.855710572726451E - 001] \\ [1.016232226352055E + 000, 1.016232226352058E + 000] \\ [4.376620925508458E - 001, 4.376620925508465E - 001] \\ 0 \\ 0 \\ 0 \\ [4.409817358727348E - 001, 4.409817358727353E - 001] \\ [1.010340841324968E + 000, 1.010340841324970E + 000] \\ [6.690842741600191E - 001, 6.690842741600201E - 001] \\ 0 \\ 0 \\ 0 \\ [1.653773190837734E - 001, 1.653773190837736E - 001] \\ [9.276703546774075E - 001, 9.276703546774082E - 001] \end{pmatrix}$$

und

$$[z] = \begin{pmatrix} 0 \\ 0 \\ 0 \\ [3.652334526667856E - 002, 3.652334526667864E - 002] \\ [4.673151594118413E - 002, 4.673151594118421E - 002] \\ [1.253195300226029E - 002, 1.253195300226032E - 002] \\ 0 \\ 0 \\ 0 \\ [2.610762821688179E - 002, 2.610762821688186E - 002] \\ [4.905392380453331E - 002, 4.905392380453337E - 002] \\ [2.583247547961569E - 002, 2.583247547961573E - 002] \\ 0 \\ 0 \\ 0 \\ [1.353864841810451E - 002, 1.353864841810454E - 002] \\ [4.734897225660982E - 002, 4.734897225660987E - 002] \\ [3.683361660973415E - 002, 3.683361660973419E - 002] \\ 0 \\ 0 \end{pmatrix}.$$

Unsere Verifikationsmethode war in diesem Beispiel auch für $n = 500$ erfolgreich. Wir sehen aber davon ab, die Intervallvektoren $[w]$, $[z] \in \mathbf{IR}^{500}$ hier abzudrucken. □

Für weitere Verifikationsmethoden für das LCP verweisen wir auf die Arbeiten [3], [4], [5] und [100].

A

Hilfsmittel

A.1 Matrixnormen

Eine Abbildung $\|\cdot\| : \mathbb{C}^n \to \mathbb{R}$ nennt man eine Vektornorm, wenn die folgenden drei Eigenschaften erfüllt sind:

1. $\|x\| \geq 0$ für alle $x \in \mathbb{C}^n$, und es ist $\|x\| = 0$ genau dann, wenn $x = o$.
2. $\|\lambda \cdot x\| = |\lambda| \cdot \|x\|$ für alle $\lambda \in \mathbb{C}$ und alle $x \in \mathbb{C}^n$.
3. $\|x + y\| \leq \|x\| + \|y\|$ für alle $x, y \in \mathbb{C}^n$.

Bekannte Beispiele sind:

1. Die Euklidnorm: $\|x\|_2 := \sqrt{\sum_{j=1}^{n} |x_j|^2}$.

2. Die Einsnorm: $\|x\|_1 := \sum_{j=1}^{n} |x_j|$.

3. Die Maximumnorm: $\|x\|_\infty := \max_{1 \leq j \leq n} |x_j|$.

Dabei sind die ersten beiden Beispiele Spezialfälle der so genannten P-Normen:

$$\|x\|_p := \sqrt[p]{\sum_{j=1}^{n} |x_j|^p} .$$

Mit diesen Normen ausgestattet kann man sich beliebig viele weitere Vektornormen definieren. Ist $\|\cdot\|$ eine Vektornorm und $U \in \mathbb{C}^{n \times n}$ nichtsingulär, so ist $\|\cdot\|_U$ mit

$$\|x\|_U := \|U \cdot x\|$$

ebenfalls eine Vektornorm. Ein wichtiger Spezialfall ist die skalierte Maximumnorm: Ist $u \in \mathbb{R}^n$ mit $u > o$, so nennt man

$$\|x\|_u := \max_{1 \leq i \leq n} \frac{|x_i|}{u_i}$$

die skalierte Maximumnorm. Setzt man $U := diag(\frac{1}{u_1}, ..., \frac{1}{u_n})$, so ist

$$\|x\|_u = \|Ux\|_\infty.$$

Die skalierte Maximumnorm hat mit den P-Normen gemeinsam, dass sie allesamt offensichtlich absolute und monotone Normen sind[1], d.h. für all diese Normen gilt offensichtlich

$$\|x\| = \|\,|x|\,\| \quad \text{und} \quad |x| \le |y| \Rightarrow \|x\| \le \|y\| \quad \text{für alle } x, y \in \mathbb{C}^n.$$

Nicht jede Vektornorm ist absolut bzw. monoton.

Beispiel A.1.1 Wir betrachten die nichtsinguläre Matrix

$$U = \begin{pmatrix} -1 & 1 \\ 0 & 1 \end{pmatrix}$$

und die Vektornorm $\|x\| := \|Ux\|_\infty$. Dann gilt für $x = \begin{pmatrix} -1 \\ 1 \end{pmatrix}$

$$\|x\| = \|Ux\|_\infty = \|\begin{pmatrix} 2 \\ 1 \end{pmatrix}\|_\infty = 2 \neq 1 = \|\begin{pmatrix} 0 \\ 1 \end{pmatrix}\|_\infty = \|U \cdot |x|\|_\infty = \|\,|x|\,\|. \square$$

Jede Vektornorm $\|\cdot\|$ definiert eine Matrixnorm durch

$$\|A\| := \sup_{x \neq o} \frac{\|A \cdot x\|}{\|x\|}, \quad A \in \mathbb{C}^{n \times n}.$$

Diese Matrixnorm nennt man auch die durch die Vektornorm $\|\cdot\|$ induzierte Matrixnorm. Offensichtlich gilt für eine von einer Vektornorm induzierten Matrixnorm

$$\|A\| = 0 \Leftrightarrow A = O, \quad \|Ax\| \le \|A\| \cdot \|x\|, \quad \|AB\| \le \|A\| \cdot \|B\|.$$

In den folgenden drei Lemmata werden wir für gewisse Matrixnormen jeweils eine konkrete Formel angeben.

Lemma A.1.1 *Für die durch die Einsnorm bzw. Maximumnorm induzierte Matrixnorm gilt:*

$$\|A\|_1 = \max_{1 \le j \le n} \sum_{i=1}^n |a_{ij}| \tag{A.1}$$

bzw.

$$\|A\|_\infty = \max_{1 \le i \le n} \sum_{j=1}^n |a_{ij}|. \tag{A.2}$$

---

[1] Man kann sogar zeigen, dass eine Vektornorm genau dann absolut ist, wenn sie monoton ist. Wir wollen auf den Beweis dieser Äquivalenz nicht eingehen und verweisen diesbezüglich auf Abschnitt 3.2 in [60].

Beweis: Es sei $x \in \mathbb{C}^n$. Dann ist

$$\|A \cdot x\|_1 = \sum_{i=1}^{n} \left| \sum_{j=1}^{n} a_{ij} x_j \right| \leq \sum_{i=1}^{n} \sum_{j=1}^{n} |a_{ij}| \cdot |x_j| = \sum_{j=1}^{n} |x_j| \sum_{i=1}^{n} |a_{ij}|$$

$$\leq \max_{1 \leq j \leq n} \sum_{i=1}^{n} |a_{ij}| \cdot \|x\|_1.$$

Daher gilt für alle $x \in \mathbb{C}^n$ mit $x \neq o$

$$\frac{\|A \cdot x\|_1}{\|x\|_1} \leq \max_{1 \leq j \leq n} \sum_{i=1}^{n} |a_{ij}|. \tag{A.3}$$

Wir werden nun einen Vektor $x \neq o$ angeben, für den in (A.3) Gleichheit gilt. Damit ist dann (A.1) gezeigt. Ist k ein Index mit

$$\max_{1 \leq j \leq n} \sum_{i=1}^{n} |a_{ij}| = \sum_{i=1}^{n} |a_{ik}|,$$

so wählen wir $x = E_{\cdot k}$ und erhalten

$$\|x\|_1 = \|E_{\cdot k}\|_1 = 1 \quad \text{und} \quad \|A \cdot x\|_1 = \|A_{\cdot k}\|_1 = \sum_{i=1}^{n} |a_{ik}| = \max_{1 \leq j \leq n} \sum_{i=1}^{n} |a_{ij}|.$$

Um (A.2) zu zeigen, sei wiederum $x \in \mathbb{C}^n$. Dann ist

$$\|A \cdot x\|_\infty = \max_{1 \leq i \leq n} \left| \sum_{j=1}^{n} a_{ij} x_j \right| \leq \max_{1 \leq i \leq n} \left\{ \left(\max_{1 \leq j \leq n} |x_j| \right) \cdot \sum_{j=1}^{n} |a_{ij}| \right\}$$

$$= \max_{1 \leq i \leq n} \sum_{j=1}^{n} |a_{ij}| \cdot \|x\|_\infty.$$

Daher gilt für alle $x \in \mathbb{C}^n$ mit $x \neq o$

$$\frac{\|A \cdot x\|_\infty}{\|x\|_\infty} \leq \max_{1 \leq i \leq n} \sum_{j=1}^{n} |a_{ij}|. \tag{A.4}$$

Wir werden nun einen Vektor $x \neq o$ angeben, für den in (A.4) Gleichheit gilt. Damit ist dann (A.2) gezeigt. Ist k ein Index mit

$$\max_{1 \leq i \leq n} \sum_{j=1}^{n} |a_{ij}| = \sum_{j=1}^{n} |a_{kj}|,$$

so wählen wir

$$x_j := \left\{ \begin{array}{ll} \dfrac{\overline{a}_{kj}}{|a_{kj}|}, & a_{kj} \neq 0, \\ 1, & a_{kj} = 0, \end{array} \right\} \quad j = 1, ..., n.$$

Dabei bezeichnet hier $\overline{a}_{kj}$ die zu a_{kj} konjugiert komplexe Zahl. Dann ist $|x_j| = 1$ für alle $j = 1, ..., n$, und wir erhalten $\|x\|_\infty = 1$ sowie

$$\left| \sum_{j=1}^{n} a_{ij} x_j \right| \leq \sum_{j=1}^{n} |a_{ij}| \leq \sum_{j=1}^{n} |a_{kj}| \quad \text{für alle } i = 1, ..., n$$

und

$$\sum_{j=1}^{n} a_{kj} x_j = \sum_{j=1}^{n} |a_{kj}|,$$

da $a_{kj} \cdot \overline{a}_{kj} = |a_{kj}|^2$ gilt. Somit ist

$$\|A \cdot x\|_\infty = \max_{1 \leq i \leq n} \left| \sum_{j=1}^{n} a_{ij} x_j \right| = \sum_{j=1}^{n} |a_{kj}| = \max_{1 \leq i \leq n} \sum_{j=1}^{n} |a_{ij}|. \qquad \square$$

Lemma A.1.2 *Es seien* $\| \cdot \|$ *eine beliebige Vektornorm und* $\| \cdot \|_{ind}$ *die von* $\| \cdot \|$ *induzierte Matrixnorm. Ist* $U \in \mathbb{C}^{n \times n}$ *nichtsingulär, so gilt für die durch die Vektornorm* $\| \cdot \|_U$ *induzierte Matrixnorm:*

$$\|A\|_U = \|UAU^{-1}\|_{ind}.$$

Für die skalierte Maximumnorm gilt speziell: Ist $u \in \mathbb{R}^n$ *mit* $u > o$*, so gilt*

$$\|A\|_u = \max_{1 \leq i \leq n} \sum_{j=1}^{n} \frac{|a_{ij}| \cdot u_j}{u_i}$$

und demnach:

$$\|A\|_u = \| \, |A| \, \|_u \quad \text{und} \quad |A| \leq |B| \Rightarrow \|A\|_u \leq \|B\|_u \quad \text{für alle } A, B \in \mathbb{C}^{n \times n}.$$

Beweis: Es ist

$$\|A\|_U = \sup_{x \neq o} \frac{\|Ax\|_U}{\|x\|_U} = \sup_{x \neq o} \frac{\|UAU^{-1}Ux\|}{\|Ux\|} = \sup_{y \neq o} \frac{\|UAU^{-1}y\|}{\|y\|} = \|UAU^{-1}\|_{ind}.$$

Sei nun $u \in \mathbb{R}^n$ mit $u > o$. Für $x \in \mathbb{C}^n$ ist $\|x\|_u = \|Ux\|_\infty$ mit $U := diag(\frac{1}{u_1}, ..., \frac{1}{u_n})$. Daher folgt

$$\|A\|_u = \|UAU^{-1}\|_\infty = \|(\frac{a_{ij} \cdot u_j}{u_i})\|_\infty = \max_{1 \leq i \leq n} \sum_{j=1}^{n} \frac{|a_{ij}| \cdot u_j}{u_i}. \qquad \square$$

Ist $A \in \mathbb{C}^{n \times n}$, so nennt man

$$\rho(A) := \max\{|\lambda| : \lambda \text{ ist ein Eigenwert von } A\}$$

den Spektralradius von A. Er spielt bei der Bestimmung von $\|A\|_2$ eine zentrale Rolle, wie wir im folgenden Lemma sehen werden.

Lemma A.1.3 *Für die durch die Euklidnorm induzierte Matrixnorm gilt:*

$$\|A\|_2 = \sqrt{\rho(A^H A)}. \tag{A.5}$$

Beweis: Die Matrix $A^H A$ ist hermitesch und wegen

$$x^H A^H A x = \|Ax\|_2^2 \geq 0$$

positiv semidefinit. Somit folgt aus der Linearen Algebra, dass $A^H A$ ausschließlich reelle Eigenwerte $0 \leq \lambda_1 \leq \lambda_2 \leq \ldots \leq \lambda_n$ besitzt und dass es eine Matrix $S \in \mathbb{C}^{n \times n}$ gibt mit $S^H S = E$ und $S^H (A^H A) S = diag(\lambda_1, \ldots, \lambda_n)$. Dann gilt für $x \in \mathbb{C}^n$ mit $y := S^H x$

$$\|Ax\|_2^2 = (Ax)^H Ax = y^H S^H (A^H A) Sy = \sum_{j=1}^n \lambda_j y_j^2 \leq \lambda_n y^H y = \lambda_n x^H x = \lambda_n \|x\|_2^2.$$

Daher gilt für alle $x \in \mathbb{C}^n$, $x \neq o$

$$\frac{\|Ax\|_2}{\|x\|_2} \leq \sqrt{\lambda_n} = \sqrt{\rho(A^H A)}. \tag{A.6}$$

Wir werden nun einen Vektor $x \neq o$ angeben, für den in (A.6) Gleichheit gilt. Damit ist dann (A.5) gezeigt. Wir betrachten einen Eigenvektor u zum Eigenwert λ_n von $A^H A$. Dann ist $u \neq o$ und

$$\|Au\|_2^2 = u^H A^H A u = \lambda_n u^H u = \lambda_n \|u\|_2^2 \quad \text{bzw.} \quad \frac{\|Au\|_2}{\|u\|_2} = \sqrt{\lambda_n}. \qquad \square$$

Ist A symmetrisch, so erhält man als Spezialfall

$$\|A\|_2 = \sqrt{\rho(A^2)} = \sqrt{(\rho(A))^2} = \rho(A).$$

Es stellt sich die Frage, ob man für andere Matrixnormen auch allgemeine Aussagen in Bezug auf $\rho(A)$ machen kann. Die folgenden beiden Lemmata geben Antworten hierauf.

Lemma A.1.4 *Es seien $A \in \mathbb{C}^{n \times n}$ und $\| \cdot \|$ eine durch eine Vektornorm induzierte Matrixnorm. Dann gilt $\rho(A) \leq \|A\|$.*

Beweis: Es seien λ ein Eigenwert von A und x ein dazugehörender Eigenvektor. Dann gilt $x \neq o$ und

$$|\lambda| \cdot \|x\| = \|Ax\| \leq \|A\| \cdot \|x\| \quad \text{bzw.} \quad |\lambda| \leq \|A\|.$$

Da λ ein beliebiger Eigenwert von A ist, folgt $\rho(A) \leq \|A\|$. $\qquad \square$

Lemma A.1.5 *Es seien $A \in \mathbb{C}^{n \times n}$ und $\varepsilon > 0$. Dann existiert eine Vektornorm, die eine Matrixnorm $\| \cdot \|$ induziert, die*

$$\|A\| \leq \rho(A) + \varepsilon$$

erfüllt.

Beweis: Wir benutzen die aus der Linearen Algebra bekannte Jordan-Normalform: Es seien λ_i, $i = 1, ..., k$ die Eigenwerte von A mit ihren (algebraischen) Vielfachheiten $\delta(\lambda_i)$, $i = 1, ..., k$. Dann existiert eine nichtsinguläre Matrix T, so dass $T^{-1}AT = J$ mit

$$
J = \begin{pmatrix}
\boxed{C_{\nu_1^{(1)}}} & & & & & O \\
 & \ddots & & & & \\
 & & \boxed{C_{\nu_{\delta(\lambda_1)}^{(1)}}} & & & \\
 & & & \ddots & & \\
 & & & & \boxed{C_{\nu_1^{(k)}}} & \\
 & & & & & \ddots \\
O & & & & & \boxed{C_{\nu_{\delta(\lambda_k)}^{(k)}}}
\end{pmatrix}
$$

gilt. Dabei gibt es zu jedem λ_i, $i = 1, ..., k$ insgesamt $\delta(\lambda_i)$ natürliche Zahlen $\nu_j^{(i)}$, $j = 1, ..., \delta(\lambda_i)$ mit

$$
C_{\nu_j^{(i)}} = \begin{pmatrix}
\lambda_i & 1 & 0 & \cdots & 0 \\
0 & \lambda_i & \ddots & \ddots & \vdots \\
\vdots & \ddots & \ddots & 1 & 0 \\
\vdots & & \ddots & \lambda_i & 1 \\
0 & \cdots & \cdots & 0 & \lambda_i
\end{pmatrix} \in \mathbb{C}^{\nu_j^{(i)} \times \nu_j^{(i)}} \quad \text{falls} \quad \nu_j^{(i)} > 1
$$

und $C_{\nu_j^{(i)}} = \lambda_i$ falls $\nu_j^{(i)} = 1$. Mit $D_\varepsilon := diag(\varepsilon, \varepsilon^2, ..., \varepsilon^n)$ gilt dann

$$
\|D_\varepsilon^{-1} J D_\varepsilon\|_\infty \leq \rho(A) + \varepsilon. \tag{A.7}
$$

Wählt man als Vektornorm die Norm $\| \cdot \|$ mit

$$
\|x\| := \|(T D_\varepsilon)^{-1} x\|_\infty,
$$

so liefert die durch diese Vektornorm induzierte Matrixnorm auf Grund von Lemma A.1.2 und (A.7) das Gewünschte. $\square$

Wichtige Anwendungen dieses Lemmas sind die folgenden drei Lemmata.

Lemma A.1.6 *Es sei* $A \in \mathbb{C}^{n \times n}$. *Dann gilt*

$$
\lim_{k \to \infty} A^k = O \Leftrightarrow \rho(A) < 1.
$$

Beweis: Ist $\rho(A) < 1$, so existiert auf Grund von Lemma A.1.5 eine Vektornorm, so dass für die induzierte Matrixnorm $\| \cdot \|$ die Aussage $\|A\| < 1$ gilt.

Dann folgt

$$\|A^k\| \le \|A\|^k \to 0 \quad \text{für } k \to \infty.$$

Sei umgekehrt λ ein Eigenwert von A. Dann existiert ein zugehöriger Eigenvektor $x \ne o$ und es gilt

$$A^k x = \lambda^k x, \quad x \ne o. \tag{A.8}$$

Angenommen $|\lambda| \ge 1$. Dann kann wegen (A.8) nicht $\lim_{k \to \infty} A^k = O$ gelten.   □

Lemma A.1.7 *Es seien $B, C \in \mathbb{R}^{n \times n}$ mit $|C| \le B$. Dann gilt $\rho(C) \le \rho(B)$.*

Beweis: Es sei $\varepsilon > 0$ beliebig, aber fest. Dann setzen wir $\sigma := \rho(B)$ sowie

$$B_1 := \frac{1}{\sigma + \varepsilon} B \quad \text{und} \quad C_1 := \frac{1}{\sigma + \varepsilon} C.$$

Hieraus folgen $\rho(B_1) < 1$ und $|C_1|^k \le B_1^k$ für $k = 1, 2, \dots$. Mit Lemma A.1.6 folgt nun $\lim_{k \to \infty} B_1^k = O$, woraus dann wiederum $\lim_{k \to \infty} C_1^k = O$ folgt. Lemma A.1.6 angewandt auf C_1 liefert dann $\rho(C_1) < 1$ und somit $\rho(C) < \sigma + \varepsilon$. Mit $\varepsilon \to 0$ folgt dann die Behauptung.   □

Lemma A.1.8 *Es sei $A \in \mathbb{C}^{n \times n}$ mit $\rho(A) < 1$. Dann existiert $(E - A)^{-1}$ und es gilt*

$$(E - A)^{-1} = \sum_{j=0}^{\infty} A^j.$$

Beweis: Die Eigenwerte von $E - A$ lauten $1 - \lambda_i$, $i = 1, \dots, n$, wobei λ_i, $i = 1, \dots, n$ die Eigenwerte von A sind. Wegen $\rho(A) < 1$ ist 1 kein Eigenwert von A. Daher ist 0 kein Eigenwert von $E - A$ und $E - A$ ist somit invertierbar. Es ist

$$(E - A)(E + A + A^2 + \dots + A^k) = E - A^{k+1}$$

bzw.

$$E + A + A^2 + \dots + A^k = (E - A)^{-1} - (E - A)^{-1} A^{k+1}.$$

Wegen $\rho(A) < 1$ folgt dann die Behauptung auf Grund von Lemma A.1.6.   □

Zum Abschluss dieses Abschnitts über Matrixnormen wollen wir noch anmerken, dass nicht jede Matrixnorm, die durch eine absolute bzw. monotone Vektornorm induziert wurde, selbst absolut bzw. monoton sein muss.

Beispiel A.1.2 Wir betrachten die Euklidnorm, die offensichtlich absolut bzw. monoton ist. Nach Lemma A.1.3 gilt für die induzierte Matrixnorm $\|A\|_2 = \sqrt{\rho(A^H A)}$. Für

$$D = \begin{pmatrix} -1 & 1 \\ -1 & -1 \end{pmatrix}$$

erhält man $\|D\|_2 = \sqrt{2} \ne 2 = \| \, |D| \, \|_2$.   □

A.2 Fixpunktsatz von Brouwer, Lemma von Farkas

Ist $f : \mathbb{R}^n \to \mathbb{R}^n$ gegeben, und existiert ein $x \in \mathbb{R}^n$ mit $x = f(x)$, so nennt man x einen Fixpunkt von f. Ein mathematischer Satz, der Voraussetzungen angibt, unter denen die Existenz eines Fixpunktes garantiert wird, nennt man einen Fixpunktsatz.

Satz A.2.1 (Fixpunktsatz von Brouwer) *Es seien* $\emptyset \neq K \subseteq \mathbb{R}^n$ *und* $f : K \to K$. *K sei beschränkt, abgeschlossen sowie konvex und f sei stetig. Dann besitzt f einen Fixpunkt* $x^* \in K$.

Auf einen Beweis wollen wir hier verzichten und verweisen diesbezüglich auf [37]. Dort werden sogar mehrere Beweise geführt. Weitere (andere) Beweise findet man in [8] und [45].

Satz A.2.2 (Satz von Perron, Frobenius) *Es sei* $A \in \mathbb{R}^{n \times n}$ *und* $A \geq O$. *Dann ist $\rho(A)$ ein Eigenwert von A. Des Weiteren existiert ein* $x \in \mathbb{R}^n$, $x \geq o$, $x \neq o$ *mit* $Ax = \rho(A)x$.

Beweis: 1: Fall: Es sei $A > O$. Dann betrachten wir die Menge

$$K := \{x \in \mathbb{R}^n : x \geq o, \ \sum_{j=1}^{n} x_j = 1\}$$

und die Funktion

$$f(x) := \frac{1}{\sum_{j=1}^{n} (Ax)_j} \cdot Ax, \quad x \in K.$$

K ist nichtleer, abgeschlossen, beschränkt sowie konvex, und wegen $A > O$ ist die Funktion $f(x)$, $x \in K$ wohldefiniert und stetig. Außerdem gilt $f(K) \subseteq K$. Der Fixpunktsatz von Brouwer (Satz A.2.1) garantiert nun die Existenz eines $x^* \in K$ mit $x^* = f(x^*)$. Daher ist

$$Ax^* = \lambda^* x^* \quad \text{mit} \quad \lambda^* := \sum_{j=1}^{n} (Ax^*)_j. \tag{A.9}$$

Wegen $A > O$ und $x^* \in K$ folgt außerdem $Ax^* > o$, was dann wegen (A.9) zunächst $\lambda^* > 0$ und dann $x^* > o$ impliziert. Für die Matrix $D := diag(x_1^*, ..., x_n^*)$ gilt dann wegen Lemma A.1.4 und Lemma A.1.2 (falls man als Vektornorm die Maximumnorm zu Grunde legt)

$$\rho(A) \leq \|A\|_{D^{-1}} = \|D^{-1}AD\|_\infty = \max_{1 \leq i \leq n} \frac{(Ax^*)_i}{x_i^*} = \lambda^*.$$

Mit $\lambda^* \leq \rho(A)$ folgt schließlich $\lambda^* = \rho(A)$.

2. Fall: Es sei $A \geq O$. Dann betrachten wir die Matrix $A(t) := A + t \cdot F$, wobei F die Matrix bezeichne, bei der jedes Element 1 ist. Für $t > 0$ ist dann

$A(t) > O$, und es folgt mit dem 1. Fall, dass es einen Vektor $u(t) \in K$, $u(t) > o$ gibt mit

$$A(t)u(t) = \rho(A(t))u(t).$$

Da die Eigenwerte einer Matrix stetig von den Elementen der Matrix abhängen, gilt[2]

$$A(t) \to A \quad \text{und} \quad \rho(A(t)) \to \rho(A)$$

für $t \to +0$. Des Weiteren ist K abgeschlossen und beschränkt. Daher existiert ein Häufungspunkt $u \in K$ von $u(t)$ für $t \to +0$. Jeder solche Häufungspunkt u erfüllt dann $u \geq o$, $u \neq o$ und $Au = \rho(A)u$. $\qquad\square$

Lemma A.2.1 *Es seien $A, H, N \in \mathbb{R}^{n \times n}$ mit $A = H - N$. Weiter seien A und H regulär mit $H^{-1}N \geq O$ sowie $A^{-1}N \geq O$. Dann gilt $\rho(H^{-1}N) < 1$.*

Beweis: Es ist $H^{-1}N \geq O$. Nach dem Satz von Perron, Frobenius (Satz A.2.2) existiert ein Vektor

$$x \geq o, \, x \neq o \quad \text{mit} \quad H^{-1}Nx = \rho(H^{-1}N)x. \tag{A.10}$$

Außerdem sind A und H regulär. Dann ist

$$A^{-1}N = (H - N)^{-1}N = \Big(H(E - H^{-1}N)\Big)^{-1} N = (E - H^{-1}N)^{-1}H^{-1}N.$$

Aus (A.10) folgt nun einerseits

$$(E - H^{-1}N)x = (1 - \rho(H^{-1}N))x$$

bzw.

$$(E - H^{-1}N)^{-1}x = \frac{1}{1 - \rho(H^{-1}N)}x.$$

Andererseits folgt aus (A.10) zusammen mit $A^{-1}N \geq O$

$$o \leq A^{-1}Nx = (E - H^{-1}N)^{-1}H^{-1}Nx = \frac{\rho(H^{-1}N)}{1 - \rho(H^{-1}N)}x.$$

Somit gilt $\rho(H^{-1}N) < 1$. $\qquad\square$

Satz A.2.3 (Lemma von Farkas) *Es seien $A \in \mathbb{R}^{m \times n}$ und $b \in \mathbb{R}^m$. Dann hat*

$$Ax = b, \quad x \geq o \tag{A.11}$$

genau dann eine Lösung, wenn für jedes $u \in \mathbb{R}^m$ mit $u^T A \geq o^T$ auch $u^T b \geq 0$ folgt.

---

[2] Siehe etwa Satz 3.1.2 in [82]. Jedoch wird auch dort auf ein starkes Hilfsmittel aus der Funktionentheorie zurückgegriffen: Der Satz von Rouché.

Beweis: i) Es sei $\tilde{x}$ eine Lösung von (A.11). Dann gilt

$$u^{\mathrm{T}}b = u^{\mathrm{T}}A\tilde{x} \geq 0$$

für alle u mit $u^{\mathrm{T}}A \geq o^{\mathrm{T}}$.

ii) Wir setzen voraus, dass jedes $u \in \mathbb{R}^m$ mit $u^{\mathrm{T}}A \geq o^{\mathrm{T}}$ auch $u^{\mathrm{T}}b \geq 0$ erfüllt, und nehmen an, (A.11) habe keine Lösung. Dann gilt

$$b \notin K := \{y = Ax,\ x \geq o\} \subseteq \mathbb{R}^m.$$

Da K abgeschlossen und nichtleer ist, existiert aus Stetigkeitsgründen ein $m \in K$ mit

$$\|b - m\|_2 = \min_{y \in K} \|b - y\|_2.$$

Es gilt

$$(b - m)^{\mathrm{T}}(y - m) \leq 0 \text{ für alle } y \in K. \tag{A.12}$$

Gäbe es nämlich ein $\tilde{y} \in K$ mit $(b - m)^{\mathrm{T}}(\tilde{y} - m) > 0$, so wäre, da K konvex ist,

$$y(\lambda) := m + \lambda(\tilde{y} - m) \in K \text{ für alle } \lambda \in [0, 1],$$

und es würde gelten

$$\|b - y(\lambda)\|_2^2 = \|b - m\|_2^2 - 2\lambda(b - m)^{\mathrm{T}}(\tilde{y} - m) + \lambda^2\|\tilde{y} - m\|_2^2$$
$$= \|b - m\|_2^2 + F(\lambda).$$

Da $F(0) = 0$ und $F'(0) = -2(b - m)^{\mathrm{T}}(\tilde{y} - m) < 0$ ist, gilt für hinreichend kleine $\lambda > 0$

$$F(\lambda) < 0, \quad \|b - y(\lambda)\|_2 < \|b - m\|_2.$$

Dies steht im Widerspruch zur Definition von m. Daher gilt (A.12).
Da $o \in K$ und $2m \in K$, folgt aus (A.12)

$$(b - m)^{\mathrm{T}}m = 0, \quad (b - m)^{\mathrm{T}}y \leq 0 \text{ für alle } y \in K. \tag{A.13}$$

Setzen wir $u := m - b$, so gilt also $u^{\mathrm{T}}y \geq 0$ für alle $y \in K$. Da $A_{\cdot i} \in K$ für alle $i = 1, ..., n$ ist, gilt speziell

$$u^{\mathrm{T}}A_{\cdot i} \geq 0, \quad i = 1, ..., n$$

bzw. $u^{\mathrm{T}}A \geq o^{\mathrm{T}}$. Andererseits gilt wegen (A.13)

$$u^{\mathrm{T}}b = b^{\mathrm{T}}u = b^{\mathrm{T}}(m - b) = (b - m)^{\mathrm{T}}(m - b) = -\|u\|_2^2 < 0,$$

denn es ist $u \neq o$ wegen $m \in K$, $b \notin K$. Es gibt also einen Vektor $u \in \mathbb{R}^m$, welcher sowohl $u^{\mathrm{T}}A \geq o^{\mathrm{T}}$ als auch $u^{\mathrm{T}}b < 0$ erfüllt. Dies ist nach Voraussetzung nicht möglich. Daher ist die Annahme falsch und (A.11) lösbar. $\qquad\square$

A.3 Stochastische Differentialgleichungen

Es sei $(\Omega, \mathfrak{A}, P)$ ein Wahrscheinlichkeitsraum.

Definition A.3.1 *Ein stochastischer Prozess ist eine Funktion $X(t, \omega) : \mathbb{R} \times \Omega \to \mathbb{R}$, die die folgenden beiden Bedingungen erfüllt.*

1. *Für festes t ist $X(t, \cdot) : \Omega \to \mathbb{R}$ eine Zufallsvariable. Für $X(t, \cdot)$ schreibt man auch X_t.*
2. *Für festes $\omega \in \Omega$ ist $X(\cdot, \omega) : \mathbb{R} \to \mathbb{R}$ eine Funktion im herkömmlichen Sinn. Man spricht auch von der Realisierung $X(\cdot, \omega)$ für $\omega \in \Omega$ bzw. vom Pfad.*

Man beachte, dass bei der Definition keinerlei Annahmen über den Wahrscheinlichkeitsraum $(\Omega, \mathfrak{A}, P)$ vorausgesetzt werden. Wichtig ist nur, dass alle Zufallsvariablen X_t auf demselben Raum definiert sind.

Beispiel A.3.1 (Der Wiener-Prozess.) Der Wiener-Prozess wird mit W bezeichnet und ist für $t \geq 0$ definiert. Die Definition des Wiener-Prozesses ergibt sich aus der von N. Wiener eingeführten mathematischen Beschreibung der Brownschen Bewegung, die in der Physik die zufällige Bewegung eines auf einer Wasseroberfläche schwimmenden Teilchens beschreibt. Der Wiener Prozess hat folgende Eigenschaften:

1. $W_0 = 0$.
2. Für $0 \leq s < t$ ist $W_t - W_s \sim N(0, t - s)$, insbesondere folgt $W_t \sim N(0, t)$. Dabei bezeichnet $N(0, t - s)$ die Normalverteilung mit Erwartungswert 0 und Varianz $t - s$.
3. Der Prozess hat unabhängige Zuwächse (Änderungen), d.h. für bel. $0 \leq r < s \leq t < u$ sind die Zufallsgrößen $W_s - W_r$ und $W_u - W_t$ unabhängig.
4. W_t ist stetig in t.

Eigenschaft 1. ist lediglich eine Festlegung des Ursprungs des Koordinatensystems. Die Eigenschaft 2. bedeutet, dass die Streuung der Werte der Pfade $W(t, \omega)$ größer wird, wenn t größer wird. Der Mittelwert ist dabei zu jedem Zeitpunkt gleich 0. Die Eigenschaft 3. besagt, dass man aus der Kenntnis eines Teilstückes eines Pfades auf einem Intervall keinerlei Vorhersagen über den Verlauf auf einem anderen Intervall machen kann. Der Pfad kann sich also zu jedem Zeitpunkt mit exakt der gleichen Wahrscheinlichkeit nach oben oder unten bewegen, egal welchen Verlauf er bis zu diesem Zeitpunkt genommen hat.   □

Beispiel A.3.2 (Der Itô-Prozess) Ein Itô-Prozess wird eine Lösung einer so genannten Itô-stochastischen Differentialgleichung

$$dX_t = a(X_t, t)dt + b(X_t, t)dW_t \tag{A.14}$$

genannt. Dabei ist die obige Schreibweise nur symbolisch für die Integralgleichung

$$X_t = X_{t_0} + \int\limits_{t_0}^{t} a(X_s, s)ds + \int\limits_{t_0}^{t} b(X_s, s)dW_s.$$

Das zweite Integral ist ein Itô-Integral über einen Wiener-Prozess W_t, welches wie folgt definiert ist. Sei $F(t, \omega)$ ein stochastischer Prozess, der auf demselben Wahrscheinlichkeitsraum $(\Omega, \mathfrak{A}, P)$ definiert ist wie W. Wähle $N \in \mathbb{N}$ und eine Folge von Zeiten $\tau_i^{(N)}$, $i = 0, 1, ..., N$ mit

$$t_0 = \tau_0^{(N)} < \tau_1^{(N)} < ... < \tau_N^{(N)} = t_1$$

mit $\lim\limits_{N \to \infty} \delta(N) = 0$, wobei $\delta(N) = \max\{\tau_i^{(N)} - \tau_{i-1}^{(N)} : i = 1, ..., N\}$. Für jedes $\omega \in \Omega$ wird

$$I^{(N)}(F)(\omega) := \sum_{i=0}^{N-1} F(\tau_i^{(N)}, \omega) \cdot (W(\tau_{i+1}^{(N)}, \omega) - W(\tau_i^{(N)}, \omega))$$

gesetzt und $\int\limits_{t_0}^{t_1} F(t)dW_t$ definiert zu

$$\int\limits_{t_0}^{t_1} F(t)dW_t := \lim_{N \to \infty} I^{(N)}(F)(\omega).$$

Dabei ist der Limes nicht pfadweise zu verstehen, sondern als Zufallsvariable basierend auf dem Begriff der Quadrat-Mittel-Konvergenz, der wie folgt definiert ist. Eine Folge von Zufallsvariablen X_N konvergiert im Quadrat-Mittel-Sinne gegen eine Zufallsvariable X, falls

$$\lim_{N \to \infty} E(|X_N - X|^2) = 0$$

gilt. E bezeichnet dabei den Erwartungswert.   □

Als zentrales Hilfsmittel bei der Herleitung der Black-Scholes-(Un)gleichung wird die Itô-Formel benutzt, die im folgenden Satz festgehalten ist. Die Formel kann als Kettenregel aufgefasst werden.

Satz A.3.1 (Itô-Formel) X_t *sei eine Lösung von (A.14) und* $g(x, t)$ *sei eine Funktion mit stetigen partiellen Ableitungen* $\frac{\partial g}{\partial t}$, $\frac{\partial g}{\partial x}$, $\frac{\partial^2 g}{\partial x^2}$. *Dann ist* $Y_t :=$ $g(X_t, t)$ *eine Lösung der stochastischen Differentialgleichung*

$$dY_t = \left(\frac{\partial g}{\partial t} + a\frac{\partial g}{\partial x} + \frac{1}{2}b^2\frac{\partial^2 g}{\partial x^2} \right)dt + b\frac{\partial g}{\partial x}dW_t$$

(mit dem gleichen Wiener-Prozess).

Für einen Beweis von Satz A.3.1 und für eine tiefergehende Einführung in den Itô-Kalkül verweisen wir auf das Buch [27] von T. Deck.

Lösungen der Aufgaben

Aufgabe 1.2.1: Betrachtet wird $LCP(q, M)$ mit

$$M = \begin{pmatrix} 2 & 7 \\ 6 & 5 \end{pmatrix}, \quad q = \begin{pmatrix} -4 \\ -5 \end{pmatrix}.$$

1. Fall: $z = o$. Dann gilt $w = q = \begin{pmatrix} -4 \\ -5 \end{pmatrix} \not\geq o$. Dieser Fall führt auf keine Lösung.
2. Fall: $w = o$. Dann betrachten wir das Tableau:

z_1	z_2	q
-2	-7	-4
-6	-5	-5

$\rightsquigarrow$

z_1	z_2	q
2	7	4
0	16	7

Es folgt $z_2 = \frac{7}{16}$ und damit dann $z_1 = \frac{15}{32}$. Somit ist

$$w = \begin{pmatrix} 0 \\ 0 \end{pmatrix}, \quad z = \frac{1}{32} \begin{pmatrix} 15 \\ 14 \end{pmatrix}$$

eine Lösung von $LCP(q, M)$.
3. Fall: $w_1 = 0$, $z_2 = 0$. Dann betrachten wir das Tableau:

z_1	w_2	q
-2	0	-4
-6	1	-5

Es folgt $z_1 = 2$ und damit dann $w_2 = 7$. Somit ist

$$w = \begin{pmatrix} 0 \\ 7 \end{pmatrix}, \quad z = \begin{pmatrix} 2 \\ 0 \end{pmatrix}$$

eine zweite Lösung von $LCP(q, M)$.
4. Fall: $z_1 = 0$, $w_2 = 0$. Wir betrachten das Tableau:

w_1	z_2	q
1	-7	-4
0	-5	-5

Es folgt $z_2 = 1$ und damit dann $w_1 = 3$. Somit ist

$$w = \begin{pmatrix} 3 \\ 0 \end{pmatrix}, \quad z = \begin{pmatrix} 0 \\ 1 \end{pmatrix}$$

eine dritte Lösung von $LCP(q, M)$.

Aufgabe 1.2.2: Betrachtet wird $LCP(q, M)$ mit

$$M = \frac{1}{2} \begin{pmatrix} -1 & 1 \\ -5 & 5 \end{pmatrix}, \quad q = \begin{pmatrix} -\varepsilon \\ -3\varepsilon \end{pmatrix}, \quad \varepsilon > 0.$$

1. Fall: $z = o$. Dann gilt $w = q = \begin{pmatrix} -\varepsilon \\ -3\varepsilon \end{pmatrix} \not\geq o$. Dieser Fall führt auf keine Lösung.

2. Fall: $w = o$. Dann betrachten wir das Tableau:

z_1	z_2	q
1	−1	-2ε
5	−5	-6ε

$\rightsquigarrow$

z_1	z_2	q
1	−1	-2ε
0	0	4ε

Dieses lineare Gleichungssystem hat keine Lösung.

3. Fall: $w_1 = 0$, $z_2 = 0$. Dann betrachten wir das Tableau:

z_1	w_2	q
1	0	-2ε
5	1	-6ε

Es folgt $z_1 = -2\varepsilon$ und damit dann $w_2 = 4\varepsilon$. Somit führt dieser Fall auf keine Lösung.

4. Fall: $z_1 = 0$, $w_2 = 0$. Wir betrachten das Tableau:

w_1	z_2	q
1	−1	-2ε
0	−5	-6ε

Es folgt $z_2 = \frac{6}{5}\varepsilon$ und damit dann $w_1 = -\frac{4}{5}\varepsilon$. Somit führt dieser Fall auf keine Lösung.

Aufgabe 1.2.3: Betrachtet wird $LCP(q, M)$ mit

$$M = \begin{pmatrix} 1 & 2 \\ 1 & 0 \end{pmatrix}, \quad q = \begin{pmatrix} -1 \\ 0 \end{pmatrix}.$$

1. Fall: $z = o$. Dann gilt $w = q = \begin{pmatrix} -1 \\ 0 \end{pmatrix} \not\geq o$. Dieser Fall führt auf keine Lösung.

2. Fall: $w = o$. Dann gilt

$$z = -M^{-1} \cdot q = \frac{1}{2} \begin{pmatrix} 0 & -2 \\ -1 & 1 \end{pmatrix} \cdot \begin{pmatrix} -1 \\ 0 \end{pmatrix} = \frac{1}{2} \begin{pmatrix} 0 \\ 1 \end{pmatrix}.$$

Somit ist

$$w = \begin{pmatrix} 0 \\ 0 \end{pmatrix}, \quad z = \frac{1}{2} \begin{pmatrix} 0 \\ 1 \end{pmatrix}$$

eine Lösung von $LCP(q, M)$.

3. Fall: $w_1 = 0$, $z_2 = 0$. Also betrachte das Tableau:

z_1	w_2	q
-1	0	-1
-1	1	0

Es folgt $z_1 = 1$ und damit dann $w_2 = 1$. Somit ist

$$w = \begin{pmatrix} 0 \\ 1 \end{pmatrix}, \quad z = \begin{pmatrix} 1 \\ 0 \end{pmatrix}$$

eine Lösung von $LCP(q, M)$.

4. Fall: $z_1 = 0$, $w_2 = 0$. Also betrachte das Tableau:

w_1	z_2	q
1	-2	-1
0	0	0

Dieses lineare Gleichungssystem hat unendlich viele Lösungen. Wir können $z_2 = t$ mit $t \geq 0$ wählen. Daraus folgt dann

$$w_1 = -1 + 2t \overset{!}{\geq} 0.$$

Somit ist für jedes $t \geq \frac{1}{2}$

$$w = \begin{pmatrix} 2t - 1 \\ 0 \end{pmatrix}, \quad z = \begin{pmatrix} 0 \\ t \end{pmatrix}$$

eine Lösung von $LCP(q, M)$.

Aufgabe 1.2.4:

```
program basisvariablenfelder;
use  mv_ari;
function zweihoch(n:integer):integer;
begin
if n=0 then zweihoch:=1
            else zweihoch:=2*zweihoch(n-1);
end;

procedure haupt(n,k:integer);
var Y                 : rmatrix[1..k,1..n];
    i,j,spalte,ende : integer;
begin

Y[1,1]:=1; Y[2,1]:=-1;

spalte:=1; ende:=2;
```

```
while spalte < n do
begin {while}
      spalte:=spalte+1;

      {bisherige Daten uebertragen}
      for i:= ende+1 to 2*ende do
      for j:= 1 to spalte -1 do Y[i,j]:=Y[i-ende,j];

      {letzte Spalte auffuellen}
      for i:= 1 to ende do Y[i,spalte]:=1;
      for i:= ende +1 to 2*ende do Y[i,spalte]:=-1;

      ende := 2*ende;

end{while};

  for i:= 1 to k do begin
      write('( ');
      for j:= 1 to n do if Y[i,j]=1 then write('w',j,' ')
                                 else write('z',j,' ');
      writeln(')');
    end;
end;


var n,k : integer;

begin
writeln('Geben Sie die Dimension ein !');
read(n);
k:=zweihoch(n);
haupt(n,k);
end.
```

Aufgabe 2.4.1: Es ist $w \geq o$, $z \geq o$ und

$$q + Mz = \begin{pmatrix} 3 \\ -2 \\ -3 \end{pmatrix} + \begin{pmatrix} 0 & 0 & -2 \\ 1 & 1 & 1 \\ -2 & 3 & 0 \end{pmatrix} \cdot \begin{pmatrix} 0 \\ 1 \\ 1 \end{pmatrix} = \begin{pmatrix} 1 \\ 0 \\ 0 \end{pmatrix} = w.$$

Zuletzt gilt $w^{\mathrm{T}} z = 0$. Somit lösen w und z das LCP.

Für den Lemke-Algorithmus ergibt sich allerdings

w_1	w_2	w_3	z_1	z_2	z_3	z_0	$q^{(0)}$
1	0	0	0	0	2	–1	3
0	1	0	–1	–1	–1	–1	–2
0	0	1	2	–3	0	$\boxed{-1}$	–3

Es ist $q_3^{(0)} = \min\limits_{1\leq i\leq 3} q_i^{(0)}$. Somit ist $t = 3$ und das erste Pivotelement lautet $a_{37}^{(0)}$. Nach einem Gauß–Jordan-Schritt erhält man

BVF_1	w_1	w_2	w_3	z_1	z_2	z_3	z_0	$q^{(1)}$	$q_i^{(1)}/a_{ij_0}^{(1)} : a_{ij_0}^{(1)} > 0$
$'w_1'$	1	0	–1	–2	3	$\boxed{2}$	0	6	3
$'w_2'$	0	1	–1	–3	2	–1	0	1	–
$'z_0'$	0	0	–1	–2	3	0	1	3	–

Es ist $q_t^{(1)} > 0$. $'w_3'$ hat das Basisvariablenfeld verlassen. Somit wird $j_0 = 3 + 3 = 6$. Als Pivotzeilenindex ergibt sich $i_0 = 1$. Somit ist das zweite Pivotelement $a_{16}^{(1)}$. Nach einem Gauß–Jordan-Schritt erhält man

BVF_2	w_1	w_2	w_3	z_1	z_2	z_3	z_0	$q^{(2)}$
$'z_3'$	$\frac{1}{2}$	0	$-\frac{1}{2}$	–1	$\frac{3}{2}$	1	0	3
$'w_2'$	$\frac{1}{2}$	1	$-\frac{3}{2}$	–4	$\frac{7}{2}$	0	0	4
$'z_0'$	0	0	–1	–2	3	0	1	3

Es ist $q_t^{(2)} > 0$. $'w_1'$ hat das Basisvariablenfeld verlassen. Somit wird $j_0 = 3 + 1 = 4$. Für diese Pivotzeile gilt jedoch

$$A_{\cdot j_0}^{(2)} = \begin{pmatrix} -1 \\ -4 \\ -2 \end{pmatrix} < o.$$

Daher endet der Lemke-Algorithmus durch Ray-Termination.

Aufgabe 2.4.2: Es ist $w \geq o$, $z \geq o$ und

$$q + Mz = \begin{pmatrix} -5 \\ 1 \\ -9 \end{pmatrix} + \begin{pmatrix} 2 & 3 & 1 \\ -2 & 0 & 3 \\ 4 & -2 & 1 \end{pmatrix} \cdot \begin{pmatrix} 2 \\ 0 \\ 1 \end{pmatrix} = o = w.$$

Wegen $w^T z = 0$ lösen w, z das LCP.

Der Lemke-Algorithmus liefert allerdings

w_1	w_2	w_3	z_1	z_2	z_3	z_0	$q^{(0)}$
1	0	0	−2	−3	−1	−1	−5
0	1	0	2	0	−3	−1	1
0	0	1	−4	2	−1	$\boxed{-1}$	−9

Es ist $q_3^{(0)} = \min\limits_{1 \le i \le 3} q_i^{(0)}$. Somit ist $t = 3$ und das erste Pivotelement lautet $a_{37}^{(0)}$.
Nach einem Gauß–Jordan-Schritt erhält man

BVF$_1$	w_1	w_2	w_3	z_1	z_2	z_3	z_0	$q^{(1)}$	$q_i^{(1)}/a_{ij_0}^{(1)} : a_{ij_0}^{(1)} > 0$
$'w_1'$	1	0	−1	2	−5	0	0	4	−
$'w_2'$	0	1	−1	6	−2	−2	0	10	−
$'z_0'$	0	0	−1	4	−2	$\boxed{1}$	1	9	9

Es ist $q_t^{(1)} > 0$. $'w_3'$ hat das Basisvariablenfeld verlassen. Somit wird $j_0 = 3 + 3 = 6$. Als Pivotzeilenindex ergibt sich $i_0 = 3$. Somit wird $'z_0'$ das Basisvariablenfeld verlassen. Nach einem Gauß–Jordan-Schritt erhält man

BVF$_2$	w_1	w_2	w_3	z_1	z_2	z_3	z_0	$q^{(2)}$
$'w_1'$	1	0	*	*	*	0	*	4
$'w_2'$	0	1	*	*	*	0	*	28
$'z_3'$	0	0	*	*	*	1	*	9

Somit bilden

$$w = \begin{pmatrix} 4 \\ 28 \\ 0 \end{pmatrix} \quad \text{und} \quad z = \begin{pmatrix} 0 \\ 0 \\ 9 \end{pmatrix}$$

eine Lösung von $LCP(q, M)$.

Aufgabe 2.4.3: Wir betrachten das $LCP(q, M)$ mit

$$M = \begin{pmatrix} 1 & 2 & 0 \\ 0 & 1 & 2 \\ 2 & 0 & 1 \end{pmatrix}, \quad q = \begin{pmatrix} -1 \\ -1 \\ -1 \end{pmatrix}.$$

Der Lemke-Algorithmus beginnt mit

w_1	w_2	w_3	z_1	z_2	z_3	z_0	$q^{(0)}$
1	0	0	-1	-2	0	$\boxed{-1}$	-1
0	1	0	0	-1	-2	-1	-1
0	0	1	-2	0	-1	-1	-1

Es ist $\min_{1\leq i\leq 3} q_i^{(0)}$ nicht eindeutig bestimmt. Wie in der Aufgabenstellung erwünscht, wählen wir den kleinsten Index. Somit ist $t = 1$ und $a_{17}^{(0)}$ wird Pivotelement. Nach einem Gauß–Jordan-Schritt erhält man

BVF$_1$	w_1	w_2	w_3	z_1	z_2	z_3	z_0	$q^{(1)}$	$q_i^{(1)}/a_{ij_0}^{(1)} : a_{ij_0}^{(1)} > 0$
$'z_0'$	-1	0	0	1	2	0	1	1	1
$'w_2'$	-1	1	0	$\boxed{1}$	1	-2	0	0	0
$'w_3'$	-1	0	1	-1	2	-1	0	0	–

Es ist $q_t^{(1)} > 0$. $'w_1'$ hat das Basisvariablenfeld verlassen. Somit wird $j_0 = 3 + 1 = 4$. Der Pivotzeilenindex ist durch (2.12) eindeutig definiert. Es ist $i_0 = 2$. Somit wird $a_{24}^{(1)}$ Pivotelement und nach einem Gauß–Jordan-Schritt erhält man

BVF$_2$	w_1	w_2	w_3	z_1	z_2	z_3	z_0	$q^{(2)}$	$q_i^{(2)}/a_{ij_0}^{(2)} : a_{ij_0}^{(2)} > 0$
$'z_0'$	0	-1	0	0	1	2	1	1	1
$'z_1'$	-1	1	0	1	$\boxed{1}$	-2	0	0	0
$'w_3'$	-2	1	1	0	3	-3	0	0	0

Es ist $q_t^{(2)} > 0$. $'w_2'$ hat das Basisvariablenfeld verlassen. Somit wird $j_0 = 3 + 2 = 5$. Diesmal ist der Pivotzeilenindex nicht eindeutig durch (2.12) bestimmt. Wie in der Aufgabenstellung erwünscht, wählen wir den kleinsten Index, der (2.12) erfüllt. Somit ist $i_0 = 2$ und es wird $a_{25}^{(2)}$ Pivotelement. Nach einem Gauß–Jordan-Schritt erhält man

BVF$_3$	w_1	w_2	w_3	z_1	z_2	z_3	z_0	$q^{(3)}$	$q_i^{(3)}/a_{ij_0}^{(3)} : a_{ij_0}^{(3)} > 0$
$'z_0'$	1	-2	0	-1	0	4	1	1	1
$'z_2'$	-1	1	0	1	1	-2	0	0	–
$'w_3'$	$\boxed{1}$	-2	1	-3	0	3	0	0	0

Es ist $q_t^{(3)} > 0$. $'z_1'$ hat das Basisvariablenfeld verlassen. Somit wird $j_0 = 1$. Der Pivotzeilenindex ist durch (2.12) eindeutig definiert. Es ist $i_0 = 3$. Somit wird $a_{31}^{(3)}$ Pivotelement und nach einem Gauß–Jordan-Schritt erhält man

BVF$_4$	w_1	w_2	w_3	z_1	z_2	z_3	z_0	$q^{(4)}$	$q_i^{(4)}/a_{ij_0}^{(4)} : a_{ij_0}^{(4)} > 0$
$'z_0'$	0	0	–1	2	0	1	1	1	1
$'z_2'$	0	–1	1	–2	1	$\boxed{1}$	0	0	0
$'w_1'$	1	–2	1	–3	0	3	0	0	0

Es ist $q_t^{(4)} > 0$. $'w_3'$ hat das Basisvariablenfeld verlassen. Somit wird $j_0 = 3 + 3 = 6$. Wiederum ist der Pivotzeilenindex nicht eindeutig durch (2.12) bestimmt. Wie in der Aufgabenstellung erwünscht, wählen wir den kleinsten Index, der (2.12) erfüllt. Somit ist $i_0 = 2$ und es wird $a_{26}^{(4)}$ Pivotelement. Nach einem Gauß–Jordan-Schritt erhält man

BVF$_5$	w_1	w_2	w_3	z_1	z_2	z_3	z_0	$q^{(5)}$	$q_i^{(5)}/a_{ij_0}^{(5)} : a_{ij_0}^{(5)} > 0$
$'z_0'$	0	1	–2	4	–1	0	1	1	1
$'z_3'$	0	–1	1	–2	1	1	0	0	–
$'w_1'$	1	$\boxed{1}$	–2	3	–3	0	0	0	0

Es ist $q_t^{(5)} > 0$. $'z_2'$ hat das Basisvariablenfeld verlassen. Somit wird $j_0 = 2$. Der Pivotzeilenindex ist durch (2.12) eindeutig definiert. Es ist $i_0 = 3$. Somit wird $a_{32}^{(5)}$ Pivotelement und nach einem Gauß–Jordan-Schritt erhält man

BVF$_6$	w_1	w_2	w_3	z_1	z_2	z_3	z_0	$q^{(6)}$	$q_i^{(6)}/a_{ij_0}^{(6)} : a_{ij_0}^{(6)} > 0$
$'z_0'$	–1	0	0	1	2	0	1	1	1
$'z_3'$	1	0	–1	$\boxed{1}$	–2	1	0	0	0
$'w_2'$	1	1	–2	3	–3	0	0	0	0

Es ist $q_t^{(6)} > 0$. $'w_1'$ hat das Basisvariablenfeld verlassen. Somit wird $j_0 = 3 + 1 = 4$. Wiederum ist der Pivotzeilenindex nicht eindeutig durch (2.12) bestimmt. Wie in der Aufgabenstellung erwünscht, wählen wir den kleinsten Index, der (2.12) erfüllt. Somit ist $i_0 = 2$ und es wird $a_{24}^{(6)}$ Pivotelement.

Nach einem Gauß–Jordan-Schritt erhält man

BVF_7	w_1	w_2	w_3	z_1	z_2	z_3	z_0	$q^{(7)}$	$q_i^{(7)}/a_{ij_0}^{(7)} : a_{ij_0}^{(7)} > 0$
$'z_0'$	-2	0	1	0	4	-1	1	1	1
$'z_1'$	1	0	-1	1	-2	1	0	0	$-$
$'w_2'$	-2	1	$\boxed{1}$	0	3	-3	0	0	0

Es ist $q_t^{(7)} > 0$. $'z_3'$ hat das Basisvariablenfeld verlassen. Somit wird $j_0 = 3$. Der Pivotzeilenindex ist durch (2.12) eindeutig definiert. Es ist $i_0 = 3$. Somit wird $a_{33}^{(7)}$ Pivotelement und nach einem Gauß–Jordan-Schritt erhält man

BVF_8	w_1	w_2	w_3	z_1	z_2	z_3	z_0	$q^{(8)}$	$q_i^{(8)}/a_{ij_0}^{(8)} : a_{ij_0}^{(8)} > 0$
$'z_0'$	0	-1	0	0	1	2	1	1	1
$'z_1'$	-1	1	0	1	$\boxed{1}$	-2	0	0	0
$'w_3'$	-2	1	1	0	3	-3	0	0	0

Es ist also $\mathrm{BVF}_2 = \mathrm{BVF}_8$, und die Basisvariablenfelder wiederholen sich ab jetzt. Es gilt

$$\mathrm{BVF}_{k+6} = \mathrm{BVF}_k, \quad k \geq 2.$$

Es kommt zu einem Zyklus und der Lemke-Algorithmus terminiert somit nicht.

Aufgabe 2.4.4: Es sei $q_t = \min\limits_{1 \leq i \leq m+n} q_i$. Wegen $q \ngeq o$ gilt dann $q_t < 0$, wobei t nicht eindeutig definiert zu sein braucht.
1. Fall: $t \in \{1, ..., m\}$. Dann erhält man aus dem Tableau

$$(A^{(0)} \mid q^{(0)}) = \left(E_{\cdot 1} \cdots E_{\cdot m+n} \begin{array}{cc} O & -A \\ -B & O \end{array} -e \Big| q^{(0)} \right)$$

nach einem Gauß–Jordan-Schritt mit Pivotelement $a_{t\,m+n+1}^{(0)}$ das Tableau

$$\left(E_{\cdot 1} \cdots E_{\cdot t-1} -e\; E_{\cdot t+1} \cdots E_{\cdot m+n} \begin{array}{cc} O & * \\ -B & * \end{array} E_{\cdot t} \Big| q^{(1)} \right)$$

und das Basisvariablenfeld

$$\mathrm{BVF}_1 = ('w_1', ..., 'w_{t-1}', 'z_0', 'w_{t+1}', ..., 'w_{m+n}').$$

Wegen $t \in \{1, ..., m\}$ wird eine Spalte aus der Blockmatrix $\begin{pmatrix} O \\ -B \end{pmatrix}$ Pivotspalte. Wegen $B \geq O$ endet der Lemke-Algorithmus in Ray-Termination.

2. Fall: $t \in \{m+1, ..., m+n\}$. Dann erhält man aus dem Tableau

$$(A^{(0)} \mid q^{(0)}) = \left(E_{.1} \cdots E_{.m+n} \; \begin{matrix} O & -A \\ -B & O \end{matrix} \; -e \middle| q^{(0)} \right)$$

nach einem Gauß–Jordan-Schritt mit Pivotelement $a^{(0)}_{t\,m+n+1}$ das Tableau

$$\left(E_{.1} \cdots E_{.t-1} \; -e \; E_{.t+1} \cdots E_{.m+n} \; \begin{matrix} * & -A \\ * & O \end{matrix} \; E_{.t} \middle| q^{(1)} \right)$$

und das Basisvariablenfeld

$$\mathrm{BVF}_1 = ('w_1\,', ...,\,' w_{t-1}\,','\, z_0\,','\, w_{t+1}\,', ...,\,' w_{m+n}\,').$$

Wegen $t \in \{m+1, ..., m+n\}$ wird eine Spalte aus der Blockmatrix $\begin{pmatrix} -A \\ O \end{pmatrix}$ Pivotspalte. Wegen $A \geq O$ endet der Lemke-Algorithmus durch Ray-Termination.

Aufgabe 2.4.5: Mit

$$\mathrm{BVF}_1 = ('w_1\,', ...,\,' w_{t-1}\,','\, z_0\,','\, w_{t+1}\,', ...,\,' w_n\,')$$

wird $'z_t\,' \in \mathrm{BVF}_2$ gelten. Für $'z_t\,'$ wird ein $'w_i\,'$, $i \in \{1, ..., n\}$, $i \neq t$ das Basisvariablenfeld BVF_1 verlassen müssen. Dann wird $'z_i\,' \in \mathrm{BVF}_3$ gelten. Somit gilt $\mathrm{BVF}_1 \neq \mathrm{BVF}_3$.

Aufgabe 2.5.1:

x_1	x_2	x_3	b	E		
0	2	-1	2 :	1	0	0
1	2	0	4 :	0	1	0
2	1	4	5 :	0	0	1

$\rightsquigarrow$

x_1	x_2	x_3				
0	2	-1	2 :	1	0	0
1	2	0	4 :	0	1	0
0	-3	4	-3 :	0	-2	1

$\rightsquigarrow$

x_1	x_2	x_3				
0	0	$\frac{5}{3}$	0 :	1	$-\frac{4}{3}$	$\frac{2}{3}$
1	0	$\frac{8}{3}$	2 :	0	$-\frac{1}{3}$	$\frac{2}{3}$
0	1	$-\frac{4}{3}$	1 :	0	$\frac{2}{3}$	$-\frac{1}{3}$

$\rightsquigarrow$

x_1	x_2	x_3				
0	0	1	0 :	$\frac{3}{5}$	$-\frac{4}{5}$	$\frac{2}{5}$
1	0	0	2 :	$-\frac{8}{5}$	$\frac{9}{5}$	$-\frac{2}{5}$
0	1	0	1 :	$\frac{4}{5}$	$-\frac{2}{5}$	$\frac{1}{5}$

Somit ist

$$x^* = \begin{pmatrix} 2 \\ 1 \\ 0 \end{pmatrix} \quad \text{und} \quad A^{-1} = \frac{1}{5}\begin{pmatrix} -8 & 9 & -2 \\ 4 & -2 & 1 \\ 3 & -4 & 2 \end{pmatrix}.$$

Aufgabe 2.6.1: Wir betrachten $LCP(q, M)$ mit

$$M = \begin{pmatrix} 2 & 1 \\ 0 & 1 \end{pmatrix} \quad \text{und} \quad q = \begin{pmatrix} -1 \\ 0 \end{pmatrix}.$$

Es ist $q \not\geq o$ und $\min\{q_1, q_2\} = \min\{-1\} = -1$. Der erste Pivotzeilenindex lautet $t = 1$. Wir erhalten

$$(A^{(1)} \,|\, q^{(1)}) = \begin{pmatrix} -1 & 0 & 2 & 1 & 1 & | & 1 \\ -1 & 1 & 2 & 0 & 0 & | & 1 \end{pmatrix}$$

nach einem Gauß–Jordan-Schritt mit Pivotelement $a_{15}^{(0)}$. Von jetzt an betrachten wir die erweiterten Tableaus. Als erstes erweitertes Tableau erhalten wir

BVF_1	w_1 w_2 z_1 z_2 z_0	$(q^{(1)} \,\vdots\, (B^{(1)})^{-1})$
$'z_0'$	-1 $\;0$ $\;2$ $\;1$ $\;1$	$1 \,\vdots\, 1 \qquad 0$
$'w_2'$	-1 $\;1$ $\;2$ $\;0$ $\;0$	$1 \,\vdots\, 0 \qquad 1$

$'w_1\,'$ hat das Basisvariablenfeld verlassen. Daher ist $j_0 = 2 + 1 = 3$ der neue Pivotspaltenindex. Die Indizes, für die in (2.12) das Minimum angenommen werden, lauten $J = \{1, 2\}$. Es ist $t = 1 \in J$. Daher wählen wir $i_0 = 1$. Nach einem Gauß–Jordan-Schritt mit Pivotelement $a_{13}^{(1)}$ erhält man

BVF_2	w_1 w_2 z_1 z_2 z_0	
$'z_1'$	$-\frac{1}{2}$ $\;0$ $\;1$ $\;\frac{1}{2}$ $\;\frac{1}{2}$	$\frac{1}{2} \,\vdots\, \frac{1}{2}\; 0$
$'w_2'$	0 $\;1$ $\;0$ -1 -1	$0 \,\vdots\, -1\; 1$

Man erhält, dass

$$w = o \quad \text{und} \quad z = \frac{1}{2}\begin{pmatrix} 1 \\ 0 \end{pmatrix}$$

$LCP(q, M)$ lösen.

Aufgabe 2.6.2: Wir betrachten $LCP(q, M)$ mit

$$M = \begin{pmatrix} 2 & 0 & 0 \\ -3 & 1 & 0 \\ -3 & -1 & 2 \end{pmatrix} \quad \text{und} \quad q = \begin{pmatrix} -1 \\ 1 \\ 1 \end{pmatrix}.$$

Es ist $q \not\geq o$ und $\min\{q_1, q_2, q_3\} = \min\{-1\} = -1$. Der erste Pivotzeilenindex lautet $t = 1$. Wir erhalten

$$(A^{(1)} \mid q^{(1)}) = \begin{pmatrix} -1 & 0 & 0 & 2 & 0 & 0 & 1 & 1 \\ -1 & 1 & 0 & 5 & -1 & 0 & 0 & 2 \\ -1 & 0 & 1 & 5 & 1 & -2 & 0 & 2 \end{pmatrix}$$

nach einem Gauß–Jordan-Schritt mit Pivotelement $a_{17}^{(0)}$. Das Basisvariablen-feld lautet $\text{BVF}_1 = ('z_0', 'w_2', 'w_3')$. Von jetzt an betrachten wir die erwei-terten Tableaus. Als erstes erweitertes Tableau erhalten wir

BVF_1	w_1	w_2	w_3	z_1	z_2	z_3	z_0	$(q^{(1)} \vdots (B^{(1)})^{-1})$		
$'z_0'$	-1	0	0	2	0	0	1	$1 \vdots 1$	0	0
$'w_2'$	-1	1	0	5	-1	0	0	$2 \vdots 0$	1	0
$'w_3'$	-1	0	1	$\boxed{5}$	1	-2	0	$2 \vdots 0$	0	1

$'w_1'$ hat das Basisvariablenfeld verlassen. Daher ist $j_0 = 3 + 1 = 4$ der neue Pivotspaltenindex. Die Indizes, für die in (2.12) das Minimum angenommen werden, sind vereinigt in $J = \{2, 3\}$. Es ist $t = 1 \notin J$ und das lexikographische Minimum von

$$V := \left\{ \frac{1}{5}(2\,1\,0\,0), \ \frac{1}{5}(2\,0\,1\,0) \right\}$$

ist der zweite Zeilenvektor. Daher ist $i_0 = 3$. Nach einem Gauß–Jordan-Schritt mit Pivotelement $a_{34}^{(1)}$ erhält man

BVF_2	w_1	w_2	w_3	z_1	z_2	z_3	z_0	$(q^{(2)} \vdots (B^{(2)})^{-1})$		
$'z_0'$	$-\frac{3}{5}$	0	$-\frac{2}{5}$	0	$-\frac{2}{5}$	$\frac{4}{5}$	1	$\frac{1}{5} \vdots 1$	0	$-\frac{2}{5}$
$'w_2'$	0	1	-1	0	-2	$\boxed{2}$	0	$0 \vdots 0$	1	-1
$'z_1'$	$-\frac{1}{5}$	0	$\frac{1}{5}$	1	$\frac{1}{5}$	$-\frac{2}{5}$	0	$\frac{2}{5} \vdots 0$	0	$\frac{1}{5}$

$'w_3'$ hat das Basisvariablenfeld verlassen. Daher ist $j_0 = 3 + 3 = 6$ der neue Pivotspaltenindex. Mit (2.12) erhält man $i_0 = 2$.

Nach einem Gauß–Jordan-Schritt mit Pivotelement $a_{26}^{(2)}$ erhält man

BVF$_3$	w_1	w_2	w_3	z_1	z_2	z_3	z_0	$(q^{(3)} \vdots (B^{(3)})^{-1})$			
$'z_0'$	$-\frac{3}{5}$	$-\frac{2}{5}$	0	0	$\boxed{\frac{2}{5}}$	0	1	$\frac{1}{5} \vdots 1$	$-\frac{2}{5}$	0	
$'z_3'$	0	$\frac{1}{2}$	$-\frac{1}{2}$	0	-1	1	0	$0 \vdots 0$	$\frac{1}{2}$	$-\frac{1}{2}$	
$'z_1'$	$-\frac{1}{5}$	$\frac{1}{5}$	0	1	$-\frac{1}{5}$	0	0	$\frac{2}{5} \vdots 0$	$\frac{1}{5}$	0	

$'w_2'$ hat das Basisvariablenfeld verlassen. Daher ist $j_0 = 3 + 2 = 5$ der neue Pivotspaltenindex. Da in der Pivotspalte lediglich $a_{15}^{(3)} > 0$ gilt, ist $i_0 = 1$. Nach einem Gauß–Jordan-Schritt mit Pivotelement $a_{15}^{(3)}$ wird $'z_0'$ das Basisvariablenfeld verlassen und der Algorithmus ist zu Ende. Man erhält

BVF$_4$	w_1	w_2	w_3	z_1	z_2	z_3	z_0	$(q^{(4)} \vdots (B^{(4)})^{-1})$			
$'z_2'$	-6	-1	0	0	1	0	$\frac{5}{2}$	$\frac{1}{2} \vdots \frac{5}{2}$	-1	0	
$'z_3'$	-6	$-\frac{1}{2}$	$-\frac{1}{2}$	0	0	1	$\frac{5}{2}$	$\frac{1}{2} \vdots \frac{5}{2}$	$-\frac{1}{2}$	$-\frac{1}{2}$	
$'z_1'$	$-\frac{7}{5}$	0	0	1	0	0	$\frac{1}{2}$	$\frac{1}{2} \vdots \frac{1}{2}$	0	0	

Man erhält, dass

$$w = o \quad \text{und} \quad z = \frac{1}{2} \begin{pmatrix} 1 \\ 1 \\ 1 \end{pmatrix}$$

$LCP(q, M)$ lösen.

Aufgabe 2.6.3: Es ist $(B^{(1)})^{-1} = E$,

$$(B^{(2)})^{-1} = \begin{pmatrix} 1 & -\frac{1}{2} & 0 \\ 0 & \frac{1}{4} & 0 \\ 0 & \frac{1}{2} & 1 \end{pmatrix}, \quad (B^{(3)})^{-1} = \begin{pmatrix} 1 & -1 & 0 \\ 0 & \frac{1}{3} & 0 \\ 0 & -\frac{5}{3} & 1 \end{pmatrix},$$

$$(B^{(4)})^{-1} = \begin{pmatrix} 1 & -1 & 0 \\ 0 & -\frac{1}{2} & \frac{1}{2} \\ 0 & -\frac{5}{2} & \frac{3}{2} \end{pmatrix}, \quad (B^{(5)})^{-1} = \begin{pmatrix} 1 & \frac{1}{2} & -\frac{9}{10} \\ 0 & 0 & \frac{1}{5} \\ 0 & -\frac{1}{2} & \frac{3}{10} \end{pmatrix}.$$

Aufgabe 3.1.1: Es sei $x \in \mathbb{R}^n$, $x \neq o$. Da M eine P-Matrix ist, existiert nach Satz 3.1.1 ein Index $i_0 \in \{1, ..., n\}$ mit

$$x_{i_0}(M \cdot x)_{i_0} > 0.$$

Es ist

$$x_{i_0}((E - D + DM) \cdot x)_{i_0} = (1 - d_{i_0}) \cdot x_{i_0}^2 + d_{i_0} x_{i_0} (M \cdot x)_{i_0}.$$

Für $d_{i_0} = 0$ ist

$$(1 - d_{i_0}) \cdot x_{i_0}^2 + d_{i_0} x_{i_0} (M \cdot x)_{i_0} = x_{i_0}^2 > 0,$$

da wegen $x_{i_0}(M \cdot x)_{i_0} > 0$ insbesondere $x_{i_0} \neq 0$ gelten muss.
Für $d_{i_0} \in (0, 1]$ erhält man dann

$$\underbrace{(1 - d_{i_0}) \cdot x_{i_0}^2}_{\geq 0} + \underbrace{d_{i_0} x_{i_0} (M \cdot x)_{i_0}}_{> 0} > 0.$$

Wiederum mit Satz 3.1.1 folgt, dass dann $E - D + DM$ eine P-Matrix ist.

Aufgabe 3.1.2: Man erhält die folgende Abbildung:

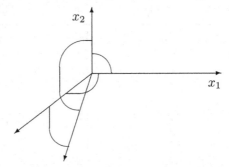

Das bedeutet:

a) Die vier komplementären Kegel überdecken den $\mathbb{R}^2$. Daher ist $LCP(q, M)$ für jedes $q \in \mathbb{R}^2$ lösbar.

b) $q = \begin{pmatrix} -4 \\ -5 \end{pmatrix}$ liegt in der Schnittmenge von genau drei komplementären Kegeln. Daher hat $LCP(q, M)$ genau drei Lösungen.

Aufgabe 3.1.3: Induktionsanfang: $i = 1$. Es bezeichne

$$s := \sum_{j=1}^{n} 2^j.$$

Dann ist

$$s = 2s - s = \sum_{j=1}^{n} 2^{j+1} - \sum_{j=1}^{n} 2^j = 2^{n+1} - 2.$$

Somit ist $2^{n+1} - \sum_{j=1}^{n} 2^j = 2^1$.

Induktionsschluss: $i \rightsquigarrow i + 1$.

$$2^{n+1} - \sum_{j=i+1}^{n} 2^j = 2^{n+1} - \sum_{j=i}^{n} 2^j + 2^i = 2^i + 2^i = 2 \cdot 2^i = 2^{i+1}.$$

Setzt man $\mu := 2^{n+1} - \lambda$, so folgt

$$
q + \mu \cdot e = \begin{pmatrix} -\sum\limits_{j=1}^{n} 2^j \\ \vdots \\ -\sum\limits_{j=i}^{n} 2^j \\ \vdots \\ -\sum\limits_{j=n}^{n} 2^j \end{pmatrix} + (2^{n+1} - \lambda) \cdot e = \begin{pmatrix} 2 \\ 2^2 \\ \vdots \\ 2^n \end{pmatrix} - \lambda \cdot e = p - \lambda \cdot e.
$$

Aufgabe 3.1.4: Das Basisvariablenfeld, welches zur eindeutigen Lösung gehört, wird in Satz 3.1.6 rekursiv in Abb. 3.4 bestimmt. Es lautet

$$
\left('w_1', \ldots, 'w_{n-1}', 'z_n' \right).
$$

Wir betrachten somit das lineare Gleichungssystem

$$
\begin{pmatrix} 1 & 0 & \cdots & 0 & -2 \\ 0 & 1 & & 0 & \vdots \\ \vdots & \ddots & \ddots & 1 & -2 \\ 0 & \cdots & \cdots & 0 & -1 \end{pmatrix} x = \begin{pmatrix} -2^n - 2^{n-1} - \cdots - 2 \\ \vdots \\ -2^n - 2^{n-1} \\ -2^n \end{pmatrix}.
$$

Es ergibt sich $x_n = 2^n$ und für $i \in \{n-1, \ldots, 1\}$

$$
x_i = -\sum_{j=i}^{n} 2^j + 2x_n = 2^{n+1} - \sum_{j=i}^{n} 2^j = 2^i.
$$

Siehe Aufgabe 3.1.3. Es bilden dann

$$
w = \begin{pmatrix} 2 \\ 2^2 \\ \vdots \\ 2^{n-1} \\ 0 \end{pmatrix} \quad \text{und} \quad z = \begin{pmatrix} 0 \\ \vdots \\ 0 \\ 2^n \end{pmatrix}
$$

die eindeutige Lösung von $LCP(q, M)$.

Aufgabe 3.1.5: Wir setzen $\tilde{A} := A + A^{\mathrm{T}}$. Dann gilt

$$
x^{\mathrm{T}} \tilde{A} x = x^{\mathrm{T}} A x + x^{\mathrm{T}} A^{\mathrm{T}} x = x^{\mathrm{T}} A x + (Ax)^{\mathrm{T}} x = 2x^{\mathrm{T}} A x
$$

für alle $x \in \mathbb{R}^n$. D.h. A ist genau dann positiv definit, wenn $\tilde{A}$ positiv definit ist. Da $\tilde{A}$ symmetrisch ist, reicht es, die drei führenden Hauptminoren von $\tilde{A}$ zu betrachten.

Es ist

$$\tilde{A} = \begin{pmatrix} 2\,1\,1 \\ 0\,4\,2 \\ 1\,1\,2 \end{pmatrix} + \begin{pmatrix} 2\,0\,1 \\ 1\,4\,1 \\ 1\,2\,2 \end{pmatrix} = \begin{pmatrix} 4\,1\,2 \\ 1\,8\,3 \\ 2\,3\,4 \end{pmatrix}.$$

Es ist

$$\det(4) = 4 > 0, \quad \det \begin{pmatrix} 4\,1 \\ 1\,8 \end{pmatrix} = 31 > 0, \quad \det \tilde{A} = 68 > 0.$$

Aufgabe 3.1.6: a) Ist $\lambda \in \mathbb{R}$ ein Eigenwert von A, so existiert ein Vektor $x \in \mathbb{R}^n$, $x \neq o$ mit $Ax = \lambda x$. Da $x \neq o$ und A eine P-Matrix ist, gilt nach Satz 3.1.1

$$\max_{1 \leq i \leq n} x_i (A \cdot x)_i > 0$$

bzw.

$$\max_{1 \leq i \leq n} \lambda x_i^2 > 0.$$

Somit ist $\lambda > 0$.

b) A ist eine P-Matrix, da $a_{ii} = 1$, $i = 1, ..., 3$, $\det A = 70$,

$$\det \begin{pmatrix} 1 & -1 \\ 1 & 1 \end{pmatrix} = 2, \quad \det \begin{pmatrix} 1 & 0 \\ 4 & 1 \end{pmatrix} = 1, \quad \det \begin{pmatrix} 1 & -17 \\ 0 & 1 \end{pmatrix} = 1.$$

Für die Eigenwerte ergibt sich

$$p(\lambda) = \det(A - \lambda E) = -\lambda^3 + 3\lambda^2 - 4\lambda + 70 \overset{!}{=} 0.$$

Mit dem Hinweis und Polynomdivision erhält man

$$\lambda^3 - 3\lambda^2 + 4\lambda - 70 = (\lambda - 5)(\lambda^2 + 2\lambda + 14).$$

Außer $\lambda_1 = 5$ sind also auch noch $\lambda_{2,3} = -1 \pm \sqrt{13}i$ zwei Eigenwerte von A. Letztere haben einen negativen Realteil.

Aufgabe 3.1.7: Ohne Einschränkung sei A eine untere Dreiecksmatrix. Somit ist

$$A = \begin{pmatrix} a_{11} & 0 & \cdots & 0 \\ a_{21} & a_{22} & 0 & \vdots \\ \vdots & \cdots & \ddots & 0 \\ a_{n1} & \cdots & \cdots & a_{nn} \end{pmatrix}.$$

Wir setzen

$$u_1 := \frac{1}{|a_{11}|}$$

und dann rekursiv für $i = 2, ..., n$

$$u_i := \Big(\sum_{j=1}^{i-1} |a_{ij}| \cdot u_j + 1 \Big) / |a_{ii}|.$$

Dann ist (3.29) erfüllt und A eine H-Matrix.

Aufgabe 3.3.1: Da M eine P-Matrix ist, existiert M^{-1} und $LCP(q, M)$ hat nach Satz 3.1.2 genau eine Lösung für jedes $q \in \mathbb{R}^n$. Ist z die Lösung von $LCP(q, M)$, so gilt $z \geq o$ und

$$q_i + m_{ii}z_i + \sum_{j=1, j\neq i}^{n} \underbrace{m_{ij}z_j}_{\leq 0} \geq 0, \quad i = 1, ..., n.$$

D.h. aus $q_i < 0$ folgt $z_i > 0$ bzw.

$$q < o \Rightarrow z > o \Rightarrow q + Mz = o.$$

Dies bedeutet

$$q < o \Rightarrow o < z = -M^{-1}q.$$

Es sei nun $M^{-1} = (\beta_{ij})$. Angenommen es gelte $M^{-1} \not\geq O$. Dann existieren $i_0, j_0 \in \{1, ..., n\}$ mit $\beta_{i_0 j_0} < 0$. Dann setzen wir für $j = 1, ..., n$

$$q_j := \begin{cases} -1 & \text{falls } j \neq j_0, \\ \dfrac{1}{\beta_{i_0 j_0}}(1 + \sum_{j=1, j\neq j_0}^{n} |\beta_{i_0 j}|) & \text{falls } j = j_0. \end{cases}$$

Somit ist $q < o$ und die Lösung von $LCP(q, M)$ lautet $w = o$, $z = -M^{-1}q$ mit $z > o$. Allerdings gilt für die i_0-te Komponente

$$0 < z_{i_0} = -\sum_{j=1}^{n} \beta_{i_0 j} \cdot q_j = -\beta_{i_0 j_0}q_{j_0} + \sum_{j=1, j\neq j_0}^{n} \beta_{i_0 j}$$

$$= -(1 + \sum_{j=1, j\neq j_0}^{n} |\beta_{i_0 j}|) + \sum_{j=1, j\neq j_0}^{n} \beta_{i_0 j} < 0.$$

Dies ist ein Widerspruch. Daher gilt $M^{-1} \geq O$.

Aufgabe 3.4.1 Da A eine M-Matrix ist, existiert nach Lemma 3.4.1 ein Vektor $u > o$ mit $Au > o$. Wegen $A \leq B$ folgt dann

$$o < Au \leq Bu.$$

Da B eine Z-Matrix ist, folgt wiederum mit Lemma 3.4.1, dass B eine M-Matrix ist.

Aufgabe 3.4.2 Da A eine H-Matrix ist, ist wegen Bemerkung 3.4.1 $\langle A \rangle$ eine M-Matrix. Daher ist $\langle A \rangle^{-1} \geq O$. Mit $D := diag(a_{11}, ..., a_{nn})$ und $B := D - A$ ist $\langle A \rangle = |D| - |B|$ und $|D|^{-1} \geq O$. Mit den Lemmata A.1.7 und A.2.1 folgt dann

$$\rho(D^{-1}B) \leq \rho(|D|^{-1}|B|) < 1.$$

Mit Lemma A.1.8 folgt dann schließlich

$$|A^{-1}| = |(D-B)^{-1}| = |(E - D^{-1}B)^{-1}D^{-1}| = \Big| \sum_{k=0}^{\infty} (D^{-1}B)^k D^{-1} \Big|$$

$$\leq \Big(\sum_{k=0}^{\infty} (|D|^{-1}|B|)^k \Big) |D|^{-1} = (E - |D|^{-1}|B|)^{-1}|D|^{-1} = \langle A \rangle^{-1}.$$

Aufgabe 3.4.3 Da u die Lösung von $LCP(\overline{q}, \overline{M})$ ist, gilt insbesondere $u \geq o$. Wir definieren $\mathfrak{I} := \{i : u_i = 0\}$ und damit $\tilde{M} = (\tilde{m}_{ij})$ sowie $\tilde{q} = (\tilde{q}_i)$ durch

$$\tilde{m}_{ij} := \begin{cases} \overline{m}_{ij} & \text{falls } i \notin \mathfrak{I}, \\ 0 & \text{falls } i \in \mathfrak{I} \text{ und } j \neq i, \\ \overline{m}_{ii} & \text{falls } i \in \mathfrak{I} \text{ und } j = i, \end{cases} \qquad \tilde{q}_i := \begin{cases} \overline{q}_i & \text{falls } i \notin \mathfrak{I}, \\ 0 & \text{falls } i \in \mathfrak{I}, \end{cases}$$

$i, j = 1, ..., n$. Für $n = 5$ und $\mathfrak{I} = \{2, 4\}$ ist zum Beispiel

$$\tilde{M} = \begin{pmatrix} \overline{m}_{11} & \overline{m}_{12} & \overline{m}_{13} & \overline{m}_{14} & \overline{m}_{15} \\ 0 & \overline{m}_{22} & 0 & 0 & 0 \\ \overline{m}_{31} & \overline{m}_{32} & \overline{m}_{33} & \overline{m}_{34} & \overline{m}_{35} \\ 0 & 0 & 0 & \overline{m}_{44} & 0 \\ \overline{m}_{51} & \overline{m}_{52} & \overline{m}_{53} & \overline{m}_{54} & \overline{m}_{55} \end{pmatrix}, \quad \tilde{q} = \begin{pmatrix} \overline{q}_1 \\ 0 \\ \overline{q}_3 \\ 0 \\ \overline{q}_5 \end{pmatrix}.$$

Wir werden nun zeigen, dass

$$\tilde{q} + \tilde{M}u = o \leq \tilde{q} + \tilde{M}v$$

gilt.

1. Fall: $i \in \mathfrak{I}$. Dann ist

$$(\tilde{q} + \tilde{M}u)_i = 0 \leq \overline{m}_{ii}v_i = (\tilde{q} + \tilde{M}v)_i.$$

2. Fall: $i \notin \mathfrak{I}$. Dann ist

$$\overline{q}_i + \sum_{j=1}^{n} \overline{m}_{ij}u_j = 0 \leq \underline{q}_i + \sum_{j=1}^{n} \underline{m}_{ij}v_j \leq \overline{q}_i + \sum_{j=1}^{n} \overline{m}_{ij}v_j.$$

Es ist $\overline{M} \leq \tilde{M}$, $\overline{M}$ ist eine M-Matrix und $\tilde{M}$ ist eine Z-Matrix. Nach Aufgabe 3.4.1 ist $\tilde{M}$ dann auch eine M-Matrix. Aus $\tilde{q} + \tilde{M}u \leq \tilde{q} + \tilde{M}v$ folgt dann $u \leq v$.

Aufgabe 4.1.1: Ist $(\hat{x}, \hat{y})$ ein Nash-Gleichgewicht, so gilt

$$\hat{x}^{\mathrm{T}} A \hat{y} \leq x^{\mathrm{T}} A \hat{y} \quad \text{für alle } x \in S^2$$

und

$$\hat{x}^{\mathrm{T}} B \hat{y} \leq \hat{x}^{\mathrm{T}} B y \quad \text{für alle } y \in S^2.$$

Man erhält für alle $x \in S^2$

$$5\hat{x}_1 \hat{y}_1 + 10\hat{x}_2 \hat{y}_1 + \hat{x}_2 \hat{y}_2 \leq 5x_1 \hat{y}_1 + 10x_2 \hat{y}_1 + x_2 \hat{y}_2$$

bzw.

$$5(\hat{x}_1 - x_1)\hat{y}_1 + 10(\hat{x}_2 - x_2)\hat{y}_1 + (\hat{x}_2 - x_2)\hat{y}_2 \leq 0$$

und somit

$$5(\hat{x}_1 - x_1)\hat{y}_1 + (\hat{x}_2 - x_2)(10\hat{y}_1 + \hat{y}_2) \leq 0.$$

Wir nehmen an, es sei $\hat{x}_2 \neq 0$. Dann wählen wir $x_1 = 1$, $x_2 = 0$ und erhalten

$$5(\hat{x}_1 - 1)\hat{y}_1 + (10\hat{y}_1 + \hat{y}_2)\hat{x}_2 \geq 5(\hat{x}_1 - 1)\hat{y}_1 + (5\hat{y}_1 + \hat{y}_2)\hat{x}_2$$

$$= 5(\hat{x}_1 + \hat{x}_2)\hat{y}_1 - 5\hat{y}_1 + \hat{x}_2 \hat{y}_2$$

$$= \hat{x}_2 \hat{y}_2 \geq 0.$$

Dabei kann wegen $\hat{y} \neq o$ mindestens ein $\geq$-Zeichen durch ein $>$-Zeichen ersetzt werden. Dies führt zu einem Widerspruch. Somit gilt $\hat{x}_2 = 0$ und es folgt $\hat{x}_1 = 1$. Setzen wir dieses Zwischenergebnis ein, so erhält man

$$5\hat{y}_1 + 10\hat{y}_2 \leq 5y_1 + 10y_2 \quad \text{für jedes } y \in S^2$$

bzw.

$$5\hat{y}_2 \leq 5y_2 \quad \text{für jedes } y \in S^2.$$

Hieraus folgt sofort $\hat{y}_2 = 0$ und somit $\hat{y}_1 = 1$. Es existiert somit höchstens ein Nash-Gleichgewicht; und zwar

$$(\hat{x}, \hat{y}) \quad \text{mit} \quad \hat{x} = \begin{pmatrix} 1 \\ 0 \end{pmatrix} \quad \text{und} \quad \hat{y} = \begin{pmatrix} 1 \\ 0 \end{pmatrix}.$$

Nach Satz 4.1.1 existiert mindestens ein Nash-Gleichgewicht. Somit existiert genau dieses Nash-Gleichgewicht.

Aufgabe 4.1.2: Für jedes $x \in S^m$ gilt

$$x^{\mathrm{T}} A E_{\cdot j_0} = x^{\mathrm{T}} A_{\cdot j_0} = \sum_{i=1}^{m} x_i a_{ij_0} \geq a_{i_0 j_0} \sum_{i=1}^{m} x_i = a_{i_0 j_0} = E_{\cdot i_0}^{\mathrm{T}} A E_{\cdot j_0}.$$

Für jedes $y \in S^n$ gilt

$$E_{\cdot i_0}^{\mathrm{T}} By = -E_{\cdot i_0}^{\mathrm{T}} Ay = -A_{i_0 \cdot} y = -\sum_{j=1}^{n} a_{i_0 j} y_j \geq -a_{i_0 j_0} = E_{\cdot i_0}^{\mathrm{T}} BE_{\cdot j_0}.$$

Aufgabe 4.1.3: Es ist $A \not> O$ und $B \not> O$. Daher addieren wir zu jedem Element eine Zahl, damit die Matrizen dann elementweise positiv sind. Gemäß Lemma 4.1.2 hat dies keine Auswirkung auf die Bestimmung eines Nash-Gleichgewichts. Wir haben willkürlich 4 zu jedem Element addiert. Dann haben wir das Anfangstableau

$\overline{w}_1$	$\overline{w}_2$	$\overline{\overline{w}}_1$	$\overline{\overline{w}}_2$	$\overline{z}_1$	$\overline{z}_2$	$\overline{\overline{z}}_1$	$\overline{\overline{z}}_2$	$q^{(0)}$
1	0	\multicolumn{2}{c}{}	\multicolumn{2}{c}{}	-9	-4	-1
0	1	O	O	-14	-5	-1
\multicolumn{2}{c}{}	1	0	-9	-4	\multicolumn{2}{c}{}	-1
O	0	1	-14	-5	O	-1

und das Basisvariablenfeld

$$\mathrm{BVF}_0 = ('\overline{w}_1 ', '\overline{w}_2 ', '\overline{\overline{w}}_1 ', '\overline{\overline{w}}_2 ').$$

Es ist $K = \{1\}$, was dann $t = 1$ bedeutet, und es wird ein Gauß–Jordan-Schritt mit Pivotelement b_{11} durchgeführt. Man erhält

$\overline{w}_1$	$\overline{w}_2$	$\overline{\overline{w}}_1$	$\overline{\overline{w}}_2$	$\overline{z}_1$	$\overline{z}_2$	$\overline{\overline{z}}_1$	$\overline{\overline{z}}_2$	
1	0					$\boxed{-9}$	-4	-1
0	1	O	O			-14	-5	-1
		$-\frac{1}{9}$	0	1	$\frac{4}{9}$			$\frac{1}{9}$
O		$-\frac{14}{9}$	1	0	$\frac{11}{9}$	O		$\frac{5}{9}$

und das Basisvariablenfeld

$$\mathrm{BVF}_{\frac{1}{2}} = ('\overline{w}_1 ', '\overline{w}_2 ', '\overline{z}_1 ', '\overline{\overline{w}}_2 ').$$

Es hat $'\overline{\overline{w}}_1 '$ das Basisvariablenfeld verlassen. Daher wird $4 + 2 + 1 = 7$ die nächste Pivotspalte. Es ist $L = \{1\}$. Somit ist $v = 1$ und es wird ein Gauß–Jordan-Schritt mit Pivotelement a_{11} durchgeführt. Man erhält

$\overline{w}_1$	$\overline{w}_2$	$\overline{\overline{w}}_1$	$\overline{\overline{w}}_2$	$\overline{z}_1$	$\overline{z}_2$	$\overline{\overline{z}}_1$	$\overline{\overline{z}}_2$	$q^{(1)}$
$-\frac{1}{9}$	0					1	$\frac{4}{9}$	$\frac{1}{9}$
$-\frac{14}{9}$	1	O	O			0	$\frac{11}{9}$	$\frac{5}{9}$
		$-\frac{1}{9}$	0	1	$\frac{4}{9}$			$\frac{1}{9}$
O		$-\frac{14}{9}$	1	0	$\frac{11}{9}$	O		$\frac{5}{9}$

und das Basisvariablenfeld $\text{BVF}_1 = ('\overline{\overline{z}}_1{}','\overline{w}_2{}','\overline{z}_1{}','\overline{\overline{w}}_2{}')$. Es hat $'\overline{w}_1{}'$ das Basisvariablenfeld verlassen. Somit erhält man als Lösung des LCP

$$
w = \begin{pmatrix} \overline{w}_1 \\ \overline{w}_2 \\ \overline{\overline{w}}_1 \\ \overline{\overline{w}}_2 \end{pmatrix} = \frac{1}{9} \begin{pmatrix} 0 \\ 5 \\ 0 \\ 5 \end{pmatrix}, \quad z = \begin{pmatrix} \overline{z}_1 \\ \overline{z}_2 \\ \overline{\overline{z}}_1 \\ \overline{\overline{z}}_2 \end{pmatrix} = \frac{1}{9} \begin{pmatrix} 1 \\ 0 \\ 1 \\ 0 \end{pmatrix}.
$$

Mit Satz 4.1.2 ist dann

$$
(\hat{x},\hat{y}) = \left(\frac{\overline{z}}{e_2^{\mathrm{T}} \overline{z}}, \frac{\overline{\overline{z}}}{e_2^{\mathrm{T}} \overline{\overline{z}}} \right) = \left(\begin{pmatrix} 1 \\ 0 \end{pmatrix}, \begin{pmatrix} 1 \\ 0 \end{pmatrix} \right)
$$

ein Nash-Gleichgewicht.

Aufgabe 4.1.4: Wir verwenden das folgende in PASCAL-XSC geschriebene Programm. Dabei werden die Ideen aus Abschnitt 1.2 verwendet, alle Lösungen eines LCP zu berechnen.

```
program zwei_loesungen_finden;

use i_ari, mvi_ari, mv_ari, matinv;

function zweihoch(n:integer):integer;
begin
if n=0 then zweihoch:=1
            else zweihoch:=2*zweihoch(n-1);
end;

procedure haupt(n,k,mklein,nklein:integer);
var
     Y                        : rmatrix[1..k,1..n];
     i,j,lauf, spalte,ende  : integer;
     C,M,R, Einheit          : rmatrix[1..n,1..n];
     q                        : rvector[1..n];
     Err                      : integer;
     weiter                   : boolean;
     x,w,z                    : rvector[1..n];
     xdach                    : rvector[1..mklein];
     ydach                    : rvector[1..nklein];
     A,B                      : rmatrix[1..mklein,1..nklein];
     summe                    : real;
begin
writeln('Matrixelemente von A zeilenweise eingeben');
for i:= 1 to mklein do
for j:= 1 to nklein do
read(A[i,j]);
```

```
writeln('Matrixelemente von B zeilenweise eingeben');
for i:= 1 to mklein do
for j:= 1 to nklein do
read(B[i,j]);

M:=0;
for i:=1 to mklein do
for j:=mklein +1 to n do M[i,j]:= A[i,j-mklein];

for i:=mklein+1 to n do
for j:=1 to mklein do M[i,j]:= B[j,i-mklein];

Einheit:=id(M);
q:=-1;

Y[1,1]:=1;
Y[2,1]:=-1;

spalte:=1;
ende:=2;
while spalte < n do
begin {while}
      spalte:=spalte+1;

      {bisherige Daten uebertragen}
      for i:= ende+1 to 2*ende do
      for j:= 1 to spalte -1 do Y[i,j]:=Y[i-ende,j];

      {letzte Spalte auffuellen}
      for i:= 1 to ende do Y[i,spalte]:=1;
      for i:= ende +1 to 2*ende do Y[i,spalte]:=-1;

      ende := 2*ende;

end{while};

  for i:= 1 to k do
      begin
      for j:= 1 to n do if Y[i,j]=1 then C[*,j]:=Einheit[*,j]
                  else C[*,j]:=-M[*,j];
      MatInv(C,R,Err);
      {wir benutzen das vordefinierte Modul Matinv}
      {zur Invertierung einer Matrix}
      if Err=0 then
```

```
      begin {C ist dann nichtsingulaer}
        x:= R*q;
        w:=0;
        z:=0;
        weiter:=true;
        lauf:=1;
        while weiter and (lauf <= n) do
          if x[lauf]<0 then weiter:=false
                       else lauf:=lauf+1;
        if weiter then
          begin
            for j := 1 to n do
            if Y[i,j]=1 then w[j]:=x[j]
                else z[j]:=x[j];
            writeln('Eine Loesung lautet:');
            writeln('w=');
            writeln(w);
            writeln('z=');
            writeln(z);
            summe:=0;
            for j:= 1 to mklein do
            summe:=summe +z[j];
            for j:= 1 to mklein do
            xdach[j]:= z[j]/summe;
            summe:=0;
            for j:= mklein +1  to n do
            summe:=summe +z[j];
            for j:= 1 to nklein do
            ydach[j]:= z[mklein+j]/summe;
            writeln('xdach=');
            writeln(xdach);
            writeln('ydach=');
            writeln(ydach);
          end;
        end;
    end;{for i=...}
end;

var n,k,mklein,nklein       : integer;
begin
writeln('Geben Sie m  ein !');
read(mklein);
writeln('Geben Sie n ein !');
read(nklein);
n:=mklein+nklein;
```

```
k:=zweihoch(n);
haupt(n,k,mklein,nklein);
end.
```

Bei Eingabe der Daten

```
4 5
1 2 3 4 3
8 7 8 4 2
8 16 9 4 6
3 7 9 21 2
12 7 5 9 2
3 7 9 11 7
3 1 7 1 2
7 8 3 6 9
```

erhält man innerhalb von zwei Zehntelsekunden:

```
Eine Loesung lautet:
  w=
  0.000000000000000E+000
  0.000000000000000E+000
  0.000000000000000E+000
  4.250000000000000E+000
  2.000000000000000E+000
  0.000000000000000E+000
  6.000000000000000E+000
  0.000000000000000E+000
  1.000000000000000E+000
  z=
  0.000000000000000E+000
  0.000000000000000E+000
  1.000000000000000E+000
  0.000000000000000E+000
  0.000000000000000E+000
  0.000000000000000E+000
  0.000000000000000E+000
  2.500000000000000E-001
  0.000000000000000E+000
  xdach=
  0.000000000000000E+000
  0.000000000000000E+000
  1.000000000000000E+000
  0.000000000000000E+000
  ydach=
  0.000000000000000E+000
  0.000000000000000E+000
```

```
0.000000000000000E+000
1.000000000000000E+000
0.000000000000000E+000
```
Eine Loesung lautet:
w=
```
0.000000000000000E+000
0.000000000000000E+000
1.187500000000000E+000
0.000000000000000E+000
0.000000000000000E+000
1.495844875346261E-001
0.000000000000000E+000
4.376731301939059E-001
0.000000000000000E+000
```
z=
```
3.878116343490305E-002
7.479224376731303E-002
0.000000000000000E+000
4.432132963988919E-002
8.928571428571452E-003
0.000000000000000E+000
4.464285714285714E-002
0.000000000000000E+000
2.857142857142857E-001
```
xdach=
```
2.456140350877193E-001
4.736842105263159E-001
0.000000000000000E+000
2.807017543859649E-001
```
ydach=
```
2.631578947368428E-002
0.000000000000000E+000
1.315789473684210E-001
0.000000000000000E+000
8.421052631578947E-001
```

Wir wollen uns noch mit Hilfe von Maple die exakten Werte des zweiten Nash-Gleichgewichts besorgen. An der Näherungslösung erkennt man, dass zur Lösung das Basisvariablenfeld

$$\text{BVF} = ('z_1\,',' z_2\,',' w_3\,',' z_4\,',' z_5\,',' w_6\,',' z_7\,',' w_8\,',' z_9\,')$$

gehört. Das entsprechende lineare Gleichungssystem $Cx = q$ (siehe (1.15)) lautet somit

$$\left(-M._1| -M._2|\, E._3| -M._4| -M._5|\, E._6| -M._7|\, E._8| -M._9 \right) \cdot x = q.$$

Wir lösen es mit Maple.

```
> restart:
> with(LinearAlgebra):
> C:=<<  0|  0|0|  0|-1|0|-3|0|-3>,
        <  0|  0|0|  0|-8|0|-8|0|-2>,
        <  0|  0|1|  0|-8|0|-9|0|-6>,
        <  0|  0|0|  0|-3|0|-9|0|-2>,
        <-12| -3|0|-7|  0|0|  0|0| 0>,
        < -7| -7|0|-8|  0|1|  0|0| 0>,
        < -5| -9|0|-3|  0|0|  0|0| 0>,
        < -9|-11|0|-6|  0|0|  0|1| 0>,
        < -2| -7|0|-9|  0|0|  0|0| 0>>:
> q:=Vector(1..9,-1):
> x:=LinearSolve(C,q);
```

Man erhält

$$x = \begin{pmatrix} 14/361 \\ 27/361 \\ 19/16 \\ 16/361 \\ 1/112 \\ 54/361 \\ 5/112 \\ 158/361 \\ 2/7 \end{pmatrix}.$$

Die exakten Werte des zweiten Nash-Gleichgewichts lauten somit

$$\hat{x} = \frac{1}{57}\begin{pmatrix} 14 \\ 27 \\ 0 \\ 16 \end{pmatrix}, \quad \hat{y} = \frac{1}{38}\begin{pmatrix} 1 \\ 0 \\ 5 \\ 0 \\ 32 \end{pmatrix}.$$

Wird dieses Nash-Gleichgewicht gespielt, so entstehen für Spieler 1 bzw. Spieler 2 die Kosten

$$\hat{x}^\mathrm{T} A \hat{y} = \frac{56}{19} \quad \text{bzw.} \quad \hat{x}^\mathrm{T} B \hat{y} = \frac{19}{3}.$$

Wird das erste Nash-Gleichgewicht gespielt, so entstehen für Spieler 1 bzw. Spieler 2 die Kosten

$$\hat{x}^\mathrm{T} A \hat{y} = (0\,0\,1\,0)\cdot A \cdot \begin{pmatrix} 0 \\ 0 \\ 0 \\ 1 \\ 0 \end{pmatrix} = 4 \quad \text{bzw.} \quad \hat{x}^\mathrm{T} B \hat{y} = (0\,0\,1\,0)\cdot B \cdot \begin{pmatrix} 0 \\ 0 \\ 0 \\ 1 \\ 0 \end{pmatrix} = 1.$$

Wegen
$$\frac{56}{19} < 4 \quad \text{und} \quad \frac{19}{3} > 1$$
verringern sich die Kosten für Spieler 1, falls sich ein Schlichter von der Wahl des ersten Nash-Gleichgewichts auf die Wahl des zweiten Nash-Gleichgewichts umentscheidet. Die Kosten von Spieler 2 hingegen vergrößern sich. Ein Schlichter, der beide Nash-Gleichgewichte kennt, steht vor dem Problem, durch die Auswahl eines Nash-Gleichgewichts einen der beiden Spieler bevorzugen zu müssen.

Aufgabe 4.2.1: Ist x zulässig für (4.42), so gilt nach Lemma 4.2.1
$$c^{\mathrm{T}}x \geq b^{\mathrm{T}}\hat{u} = c^{\mathrm{T}}\hat{x}.$$

Ist u zulässig für (4.43), so gilt ebenfalls nach Lemma 4.2.1
$$b^{\mathrm{T}}u \leq c^{\mathrm{T}}\hat{x} = b^{\mathrm{T}}\hat{u}.$$

$\hat{x}$ und $\hat{u}$ sind daher Lösungen.

Aufgabe 4.3.1: a) Jedes $A \in [A]$ ist regulär, da $\det A = 1$ für jedes $A \in [A]$ gilt. Es ist
$$A_c = \begin{pmatrix} 1 & -\frac{3}{2} \\ 0 & 1 \end{pmatrix}, \quad \Delta = \begin{pmatrix} 0 & \frac{3}{2} \\ 0 & 0 \end{pmatrix}, \quad b_c = \begin{pmatrix} 1 \\ 1 \end{pmatrix}, \quad \delta = o.$$

1. Fall: $y = (1, 1)^{\mathrm{T}}$. Dann ist
$$M_y = (A_c - \Delta)^{-1}(A_c + \Delta) = \begin{pmatrix} 1 & -3 \\ 0 & 1 \end{pmatrix}^{-1} \cdot \begin{pmatrix} 1 & 0 \\ 0 & 1 \end{pmatrix} = \begin{pmatrix} 1 & 3 \\ 0 & 1 \end{pmatrix}$$
und
$$q_y = \begin{pmatrix} 1 & -3 \\ 0 & 1 \end{pmatrix}^{-1} \cdot \begin{pmatrix} 1 \\ 1 \end{pmatrix} = \begin{pmatrix} 4 \\ 1 \end{pmatrix}.$$

Die eindeutige Lösung von $LCP(q_y, M_y)$ lautet
$$w_y = \begin{pmatrix} 4 \\ 1 \end{pmatrix}, \quad z = o.$$

Somit ist
$$x_y = w_y - z_y = \begin{pmatrix} 4 \\ 1 \end{pmatrix}.$$

2. Fall: $y = (-1, 1)^{\mathrm{T}}$. Dann ist
$$M_y = \left(A_c - \begin{pmatrix} -1 & 0 \\ 0 & 1 \end{pmatrix}\begin{pmatrix} 0 & \frac{3}{2} \\ 0 & 0 \end{pmatrix}\right)^{-1}\left(A_c + \begin{pmatrix} -1 & 0 \\ 0 & 1 \end{pmatrix}\begin{pmatrix} 0 & \frac{3}{2} \\ 0 & 0 \end{pmatrix}\right)$$
$$= \begin{pmatrix} 1 & 0 \\ 0 & 1 \end{pmatrix}^{-1}\begin{pmatrix} 1 & -3 \\ 0 & 1 \end{pmatrix} = \begin{pmatrix} 1 & -3 \\ 0 & 1 \end{pmatrix}$$

und

$$q_y = \begin{pmatrix} 1 & 0 \\ 0 & 1 \end{pmatrix}^{-1} \begin{pmatrix} 1 \\ 1 \end{pmatrix} = \begin{pmatrix} 1 \\ 1 \end{pmatrix}.$$

Die eindeutige Lösung von $LCP(q_y, M_y)$ lautet

$$w_y = \begin{pmatrix} 1 \\ 1 \end{pmatrix}, \quad z = o.$$

Somit ist

$$x_y = w_y - z_y = \begin{pmatrix} 1 \\ 1 \end{pmatrix}.$$

3. Fall: $y = (1, -1)^T$. Hier ergibt sich wegen

$$M_y = \begin{pmatrix} 1 & -3 \\ 0 & 1 \end{pmatrix}^{-1} \begin{pmatrix} 1 & 0 \\ 0 & 1 \end{pmatrix} = \begin{pmatrix} 1 & 3 \\ 0 & 1 \end{pmatrix}$$

und

$$q_y = \begin{pmatrix} 1 & -3 \\ 0 & 1 \end{pmatrix}^{-1} \begin{pmatrix} 1 \\ 1 \end{pmatrix} = \begin{pmatrix} 4 \\ 1 \end{pmatrix}$$

dasselbe x_y wie im 1. Fall.

4. Fall: $y = (-1, -1)^T$. Hier ergibt sich wegen

$$M_y = \begin{pmatrix} 1 & 0 \\ 0 & 1 \end{pmatrix}^{-1} \begin{pmatrix} 1 & -3 \\ 0 & 1 \end{pmatrix} = \begin{pmatrix} 1 & -3 \\ 0 & 1 \end{pmatrix}$$

und

$$q_y = \begin{pmatrix} 1 & 0 \\ 0 & 1 \end{pmatrix}^{-1} \begin{pmatrix} 1 \\ 1 \end{pmatrix} = \begin{pmatrix} 1 \\ 1 \end{pmatrix}$$

dasselbe x_y wie im 2. Fall. Somit erhält man

$$\{x_y : y \in Y\} = \left\{ \begin{pmatrix} 1 \\ 1 \end{pmatrix}, \begin{pmatrix} 4 \\ 1 \end{pmatrix} \right\}$$

und

$$[]\Sigma([A], [b]) = \begin{pmatrix} [1, 4] \\ 1 \end{pmatrix}.$$

b) Die Matrix

$$M_y = \begin{pmatrix} 1 & 0 \\ 0 & 1 \end{pmatrix}^{-1} \begin{pmatrix} 1 & -3 \\ 0 & 1 \end{pmatrix} = \begin{pmatrix} 1 & -3 \\ 0 & 1 \end{pmatrix}$$

ist nicht positiv definit wegen Beispiel 3.1.8.

Aufgabe 4.4.1 Mit der Substitution $v(x) = u'(x)$ betrachten wir die Differentialgleichung

$$v' = \mu\sqrt{1 + v^2}.$$

Die Methode der Trennung der Veränderlichen führt auf

$$\int \frac{1}{\sqrt{1+v^2}} dv = \int \mu dx$$

bzw.

$$\operatorname{arsinh} v = \mu x + c, \quad x \in \mathbb{R}, \, c \in \mathbb{R},$$

was dann

$$v(x) = \sinh(\mu x + c), \quad x \in \mathbb{R}, \, c \in \mathbb{R}$$

bedeutet. Mit $0 = u'(s) = v(s)$ ergibt sich $c = -\mu s$. Somit folgt

$$u(x) = \frac{1}{\mu} \cosh(\mu(x-s)) + d, \quad x \in [0,s], \, d \in \mathbb{R}.$$

Mit $u(s) = 0$ ergibt sich $d = -\frac{1}{\mu}$. Nun ist noch s mit Hilfe von $u(0) = \alpha$ zu bestimmen. Also betrachten wir

$$\alpha = \frac{1}{\mu}(\cosh(-\mu s) - 1).$$

Es folgt

$$s = \frac{1}{\mu}\operatorname{arcosh}(1 + \mu\alpha) = \frac{1}{\mu}\ln\left(1 + \mu\alpha + \sqrt{(\mu\alpha)^2 + 2\mu\alpha}\right).$$

Daher lautet die Lösung $\{s, u(x)\}$ mit

$$s = \frac{1}{\mu}\ln\left(1 + \mu\alpha + \sqrt{(\mu\alpha)^2 + 2\mu\alpha}\right)$$

und

$$u(x) = \begin{cases} \frac{1}{\mu}\left(\cosh(\mu(x-s)) - 1\right), & x \in [0,s] \\ 0, & x \in (s, \infty). \end{cases}$$

Aufgabe 4.4.2 Wegen $u''(x) = -1$, $x \in [0,s]$ ist $u'(x)$, $x \in [0,s]$ streng monoton fallend. Mit $u'(s) = 0$ ist dann $u'(x) > 0$, $x \in [0,s)$. Daher ist $u(x)$, $x \in [0,s]$ streng monoton wachsend. Mit $u(s) = 0$ folgt $u(x) < 0$, $x \in [0,s)$. Damit kann $u(0) = \alpha > 0$ nicht erfüllt sein.

Aufgabe 4.4.3 Wir betrachten zunächst die Differentialgleichung

$$u'' + 4u = 2.$$

Eine partikuläre Lösung lautet $u(x) = \frac{1}{2}$. Um alle Lösungen von

$$u'' + 4u = 0$$

zu bekommen, betrachten wir das charakteristische Polynom $p(\lambda) = \lambda^2 + 4$. Die Nullstellen $\lambda_1 = 2i$ und $\lambda_2 = -2i$ führen auf die allgemeine Lösung der homogenen Differentialgleichung; nämlich

$$u(x) = A \cdot \sin(2x) + B \cdot \cos(2x), \quad x \in \mathbb{R}, \, A, B \in \mathbb{R}.$$

Somit lautet die allgemeine Lösung

$$u(x) = A \cdot \sin(2x) + B \cdot \cos(2x) + \frac{1}{2}, \quad x \in \mathbb{R}, \, A, B \in \mathbb{R}.$$

Mit den Vorgaben $u(0) = 1$, $u(s) = 0$ und $u'(s) = 0$ folgt

$$1 = B + \tfrac{1}{2}$$
$$0 = A \sin(2s) + B \cos(2s) + \tfrac{1}{2}$$
$$0 = 2A \cos(2s) - 2B \sin(2s)$$

bzw.

$$B = \frac{1}{2}$$
$$0 = 2A \sin(2s) + \cos(2s) + 1$$
$$A = \frac{\sin(2s)}{2\cos(2s)}.$$

Setzt man die dritte Bedingung in die zweite Bedingung ein, so folgt

$$B = \frac{1}{2}$$
$$0 = \frac{\sin^2(2s)}{\cos(2s)} + \frac{\cos^2(2s)}{\cos(2s)} + 1 = \frac{1}{\cos(2s)} + 1.$$

Somit gilt $\cos(2s) = -1$, und man erhält $s = s_k = \frac{\pi}{2} + k\pi$, $k \in \mathbb{N}_0$ sowie $A = 0$. Somit ist für jedes $k \in \mathbb{N}_0$ das Paar $\{s_k, u(x)\}$ mit

$$s_k = \frac{\pi}{2} + k\pi$$

und

$$u(x) = \begin{cases} \frac{1}{2}\cos(2x) + \frac{1}{2}, & x \in [0, s_k] \\ 0, & x \in (s_k, \infty) \end{cases}$$

eine Lösung.

Symbolverzeichnis

$\emptyset$	leere Menge
$\mathbb{N}$	Menge der natürlichen Zahlen
$\mathbb{N}_0$	$\mathbb{N} \cup \{0\}$
$\mathbb{R}$	Menge der reellen Zahlen
$\mathbb{C}$	Menge der komplexen Zahlen
$\mathbb{R}^{m \times n}$	Menge der reellen $m \times n$ Matrizen
$\mathbb{R}^n$	Menge der reellen n-dimensionalen Vektoren
A^{-1}	inverse Matrix von A
A^{T}	transponierte Matrix von A (ist $A = (a_{ij}) \in \mathbb{R}^{m \times n}$, so ist $A^{\mathrm{T}} = (a_{ji}) \in \mathbb{R}^{n \times m}$)
A^{H}	ist $A = (a_{ij}) \in \mathbb{C}^{m \times n}$, so ist $A^{\mathrm{H}} = (\bar{a}_{ji}) \in \mathbb{C}^{n \times m}$
$diag(x_1, ..., x_n)$	Diagonalmatrix aus $\mathbb{R}^{n \times n}$ mit Diagonalelementen $x_1, ..., x_n$
$A_{i\cdot}$	i-te Zeile der Matrix A
$A_{\cdot j}$	j-te Spalte der Matrix A
$(A_1 \vdots A_2)$	Blockmatrix
E	Einheitsmatrix
$E_{\cdot j}$	j-te Spalte der Einheitsmatrix (auch j-ter Standard-Basisvektor genannt)
e	Vektor, der in jeder Komponente den Wert 1 besitzt
e_m	Vektor aus $\mathbb{R}^m$, der in jeder Komponente den Wert 1 besitzt

o	Nullvektor
O	Nullmatrix
$x \in \mathbb{R}^n,\ x \geq o$	Vektor $x = (x_i)$ aus $\mathbb{R}^n$ mit $x_i \geq 0$, $i = 1, ..., n$
$x \in \mathbb{R}^n,\ x > o$	Vektor $x = (x_i)$ aus $\mathbb{R}^n$ mit $x_i > 0$, $i = 1, ..., n$
$A \in \mathbb{R}^{m \times n},\ A \geq O$	Matrix $A = (a_{ij})$ aus $\mathbb{R}^{m \times n}$ mit $a_{ij} \geq 0$, $i = 1, ..., m$, $j = 1, ..., n$
$A \in \mathbb{R}^{m \times n},\ A > O$	Matrix $A = (a_{ij})$ aus $\mathbb{R}^{m \times n}$ mit $a_{ij} > 0$, $i = 1, ..., m$, $j = 1, ..., n$
$x, y \in \mathbb{R}^n,\ y = |x|$	Vektor $y = (y_i)$ aus $\mathbb{R}^n$ mit $y_i = |x_i|$, $i = 1, ..., n$
$A, B \in \mathbb{R}^{m \times n},\ B = |A|$	Matrix $B = (b_{ij})$ aus $\mathbb{R}^{m \times n}$ mit $b_{ij} = |a_{ij}|$, $i = 1, ..., m$, $j = 1, ..., n$
$Konv\,K$	konvexe Hülle der nichtleeren Menge K
$\rho(A)$	Spektralradius von A
IR	Menge der reellen kompakten Intervalle
$w * z$	für $w, z \in \mathbb{R}^n$ ist $w * z := \begin{pmatrix} w_1 \cdot z_1 \\ \vdots \\ w_n \cdot z_n \end{pmatrix}$
$M(J)$	Matrix, die aus M hervorgeht, indem man für alle $i \in J$ von M die i-te Zeile und die i-te Spalte streicht
$\operatorname{sgn} x$	für einen Vektor $x \in \mathbb{R}^n$ ist $\operatorname{sgn} x$ ein Vektor mit $(\operatorname{sgn} x)_i = 1$ falls $x_i \geq 0$ und $(\operatorname{sgn} x)_i = -1$ falls $x_i < 0$
$LCP(q, M)$	lineares Komplementaritätsproblem definiert durch q und M
CP_τ	zentraler Pfad
$SOL(q, M)$	Lösungsmenge von $LCP(q, M)$
$FEAS$	zulässiger Bereich von $LCP(q, M)$
$N(\alpha)$	Umgebung des zentralen Pfads

Literaturverzeichnis

1. Adelmeyer M, Warmuth E (2003) Finanzmathematik für Einsteiger. Vieweg, Wiesbaden
2. Adler I, Cottle RW, Verma S (2006) Sufficient matrices belong to L. Math Program 106:391-401
3. Alefeld G, Wang Z, Shen Z (2004) Enclosing solutions of linear complementarity problems for H-matrices. Reliab Comput 10:423-435
4. Alefeld G, Schäfer U (2003) Iterative methods for linear complementarity problems with interval data. Computing 70:235-259
5. Alefeld GE, Chen X, Potra FA (1999) Numerical validation of solutions of linear complementarity problems. Numer Math 83:1-23
6. Alefeld G, Mayer G (1995) On the symmetric and unsymmetric solution set of interval systems. SIAM J Matrix Anal Appl 16:1223-1240
7. Alefeld G, Herzberger J (1983) Introduction to interval computations. Academic Press, New York
8. Appell J, Väth M (2005) Elemente der Funktionalanalysis. Vieweg, Wiesbaden
9. Arnold DN (2000) The patriot missile failure.
   http://www.ima.umn.edu/~arnold/disasters/patriot.html
10. Barth W, Nuding E (1974) Optimale Lösung von Intervallgleichungssystemen. Computing 12:117-125
11. Bastian M (1976) Lineare Komplementärprobleme im Operations Research und in der Wirtschaftstheorie. Verlag Anton Hain, Meisenheim am Glan
12. Beeck H (1972) Über Struktur und Abschätzungen der Lösungsmenge von linearen Gleichungssystemen mit Intervallkoeffizienten. Computing 10:231-244
13. Berman A, Plemmons R (1994) Nonnegative matrices in the mathematical sciences. SIAM Classics in Applied Mathematics, vol. 9
14. Blum E, Oettli W (1975) Mathematische Optimierung. Grundlagen und Verfahren. Springer-Verlag, Berlin
15. Canty MJ (2000) Konfliktlösungen mit Mathematica. Zweipersonenspiele. Springer-Verlag, Berlin
16. Chandrasekaran R (1970) A special case of the complementary pivot problem. Opsearch 7:263-268
17. Chen X, Xiang S (2006) Computation of error bounds for P-matrix linear complementarity problems. Math Program 106:513-525

18. Chu TH (2006) A class of polynomially solvable linear complementarity problems. Math Program 107:461-470
19. Collatz L (1981) Differentialgleichungen. Teubner Studienbücher, Stuttgart
20. Cottle RW, Dantzig GB (1968) Complementarity pivot theory of mathematical programming. Linear Algebra Appl 1:103-125
21. Cottle RW, Pang JS, Stone RE (1992) The linear complementarity problem. Academic Press, San Diego
22. Cottle RW, Sacher RS (1977) On the solution of large, structured linear complementarity problems: the tridiagonal case. Appl Math Optim 3:321-340
23. Crank J (1984) Free and moving boundary problems. Clarendon Press, Oxford
24. Crank JC, Nicolson P (1947) A real method for numerical evaluation of solutions of partial differential equations of the heat-conductive type. Proc Cambr Phil Soc 43:50-67
25. Cryer CW (1971) The solution of a quadratic programming problem using systematic overrelaxation. SIAM J Control 9:385-392
26. Dantzig GB (1966): Lineare Programmierung und Erweiterungen. Springer-Verlag, Berlin
27. Deck T (2006) Der Itô-Kalkül. Einführung und Anwendungen. Springer-Verlag, Berlin
28. Deza A, Nematollahi E, Terlaky T (2008) How good are interior point methods? Klee-Minty cubes tighten iteration-complexity bounds. Math Program 113:1-14
29. Du Val P (1940) The unloading problem for plane curves. Amer J Math 62:307-311
30. Facchinei F, Pang JS (2003) Finite-dimensional variational inequalities and complementarity problems. Springer series in operations research
31. Fan K (1958) Topological proofs for certain theorems on matrices with non-negative elements. Monatsh Math 62:219-237
32. Ferris MC, Pang JS (1997) Engineering and economic applications of complementarity problems. SIAM Rev 39:669-713
33. Ferris MC, Pang JS, Ralph D, Scholtes S (2004) Proceedings of the 3rd international conference on complementarity problems: Foreword. Math Program 101:1-2
34. Fiedler M, Ptak V (1962) On matrices with non-positive off-diagonal elements and positive principal minors. Czechoslovak Mathematical Journal 12:382-400
35. Fischer A (1992) A special Newton-type optimization method. Optimization 24:269-284
36. Fraj AH (2002) Dynamik und Regelung von Automatikgetrieben. Dissertation, Technische Universität München, VDI Verlag, Düsseldorf
37. Franklin J (2002) Methods of mathematical economics. Linear and nonlinear programming, fixed-point theorems. SIAM Classics in applied mathematics, vol. 37
38. Frommer A (1990) Lösung linearer Gleichungssysteme auf Parallelrechnern. Vieweg, Braunschweig
39. Grötschel M (2002) P = NP? Elem Math 57:96-102
40. Hammer R, Hocks M, Kulisch U, Ratz D (1993) Numerical toolbox for verified computing I. Springer-Verlag, Berlin
41. Hansen E (1992) Global optimization using interval analysis. Marcel Dekker,Inc. New York

42. Hansen E (1969) On solving two-point boundary-value problems using interval arithmetic. In: Hansen E (ed) Topics in interval analysis. Clarendon Press, Oxford 74-90

43. Hansen T, Manne AS (1978) Equilibrium and linear complementarity - an economy with institutional constraints on prices. Equil Disequil Econ Theory Proc Conf Vienna 227-237

44. Hashimoto K, Kobayashi K, Nakao M (2005) Numerical verification methods for solutions of the free boundary problem. Numer Funct Anal Optim 26:523-542

45. Heuser H (1983) Lehrbuch der Analysis, Teil 2. Teubner, Stuttgart

46. Hinrichsen L (2007) Zustandsübergänge selbstbremsender Getriebe im Ratterbetrieb. Dissertation, Universität Kassel

47. Isac G (1992) Complementarity problems. Lecture notes in mathematics, vol. 1528. Springer-Verlag, Berlin

48. Jarre F, Stoer J (2004) Optimierung. Springer-Verlag, Berlin

49. Kappel NW, Watson LT (1986) Iterative algorithms for the linear complementarity problem. Int J Comput Math 19:273-297

50. Karmarkar N (1984) A new polynomial-time algorithm for linear programming. Combinatorica 4:373-395

51. Khachiyan LG (1979) A polynomial algorithm in linear programming. Soviet Math. Doklady 20:191-194

52. Klatte R, Kulisch U, Wiethoff A, Lawo C, Rauch M (1993) C-XSC. A C^{++} class library for extended scientific computing. Springer-Verlag, Berlin

53. Klatte R, Kulisch U, Neaga M, Ratz D, Ullrich C (1992) PASCAL-XSC-Language references with examples. Springer-Verlag, New York

54. Klee V, Minty GJ (1972) How good is the simplex algorithm? In: Shisha O (ed) Inequalities. Academic Press, New York 159-175

55. Kojima M, Megiddo N, Noma T, Yoshise A (1991) A unified approach to interior point algorithms for linear complementarity problems. Lecture notes in computer science, vol. 538. Springer-Verlag, New York

56. Kostreva M (1979) Cycling in linear complementarity problems. Math Program 16:127-130

57. Krawczyk R (1969) Newton-Algorithmen zur Bestimmung von Nullstellen mit Fehlerschranken. Computing 4:187-201

58. Kulisch U, Lohner R, Facius A (2001) Perspectives on enclosure methods. Springer-Verlag, Wien

59. Kwok YK (1998) Mathematical models of financial derivatives. Springer finance, Singapore

60. Lancaster P (1969) Theory of matrices. Academic Press, New York

61. Lemke CE (1965) Bimatrix equilibrium points and mathematical programming. Management Science 11:681-689

62. Lemke CE, Howson JT (1964) Equilibrium points of bimatrix games. SIAM J Appl Math 12:413-423

63. Li HB, Huang TZ, Li H (2007) On some subclasses of P-matrices. Numer. Linear Algebra Appl 14:391-405

64. Lin Y, Cryer CW (1985) An alternating direction implicit algorithm for the solution of linear complementarity problems arising from free boundary problems. Appl Math Optim 13:1-17

264   Literaturverzeichnis

65. Lüthi HJ (1976) Komplementaritäts- und Fixpunktalgorithmen in der mathe-
    matischen Programmierung, Spieltheorie und Ökonomie. Lecture notes in eco-
    nomics and mathematical systems, vol. 129. Springer-Verlag, Berlin
66. Mangasarian OL (1996) Dedication [to Richard Warren Cottle]. Comput Optim
    Appl 5:95-96
67. Mangasarian OL (1976) Equivalence of the complementarity problem to a sys-
    tem of nonlinear equations. SIAM J Appl Math 31:89-92
68. Mathias R, Pang JS (1990) Error bounds for the linear complementarity prob-
    lem with a P-matrix. Linear Algebra Appl 132:123-136
69. Megiddo N (1988) A note on the complexity of P-matrix LCP and computing
    an equilibrium. Research Report, IBM Almaden Research Center, San Jose
70. Moore RE (1977) A test for existence of solutions to nonlinear systems. SIAM
    J Numer Anal 14:611-615
71. Moore RE (1966) Interval analysis. Prentice-Hall, Englewood Cliffs, New Jersey
72. Morris WD (2002) Randomized pivot algorithms for P-matrix linear comple-
    mentarity problems. Math Program 92:285-296
73. Murty KG (1988) Linear complementarity, linear and nonlinear programming.
    Heldermann Verlag, Berlin
74. Murty KG (1983) Linear programming. John Wiley & Sons, New York
75. Murty KG (1978) Computational complexity of complementarity pivot meth-
    ods. Math Program Study 7:61-73
76. Murty KG (1972) On the number of solutions to the complementarity prob-
    lem and spanning properties of complementary cones. Linear Algebra Appl
    5:65-108
77. Nasar S (2002) Genie und Wahnsinn. Das Leben des genialen Mathematikers
    John Nash. Zum Film 'A Beautiful Mind'. Piper, München
78. Nash J (1951) Non-cooperative games. Ann Math 54:286-295
79. Neumaier A (1990) Interval methods for systems of equations. University Press,
    Cambridge
80. Oosterlee CW (2003) On multigrid for linear complementarity problems with
    application to american-style options. Electron Trans Numer Anal 15:165-185
81. Ortega JM, Rheinboldt WC (2000) Iterative solution of nonlinear equations in
    several variables. SIAM Classics in applied mathematics, vol. 30
82. Ortega JM (1972) Numerical analysis. Academic Press, New York
83. Owen G (1968) Game theory. W. B. Saunders Company, London
84. Pang JS (1990) Newton-methods for B-differentiable equations. Math Oper
    Res 15:311-341
85. Pang JS (1984) Necessary and sufficient conditions for the convergence of iter-
    ative methods for the linear complementarity problem. J Optim Theory Appl
    42:1-17
86. Pang JS (1982) On the convergence of a basic iterative method for the implicit
    complementarity problem. J Optim Theory Appl 37:149-162
87. Pfeiffer F, Glocker C (1996) Multibody dynamics with unilateral contacts.
    Wiley Series in nonlinear science, New York
88. Pinkus O, Sternlicht B (1961) Theory of hydrodynamic lubrication. McGraw-
    Hill Book Company, Inc
89. Potra FA (2008) Corrector-predictor methods for monotone linear complemen-
    tarity problems in a wide neighborhood of the central path. Math Program
    111:243-272

90. Potra FA, Sheng, R (1997) Predictor-corrector algorithms for solving P_*-matrix LCP from arbitrary positive starting points. Math Program 76:223-244

91. Potra FA, Sheng, R (1997) A large-step infeasible-interior-point method for the P_*-matrix LCP. SIAM J Optim 7:318-335

92. Poundstone W (1993) Prisoner's dilemma. University Press, Oxford

93. Rohn J (1989) Systems of linear interval equations. Linear Algebra Appl 126:39-78

94. Roßmann T (1998) Eine Laufmaschine für Rohre. Dissertation, Technische Universität München, VDI Verlag, Düsseldorf

95. Rump SM (1999) INTLAB –INTerval LABoratory. In: Developments in reliable computing. T. Csendes (Editor), Kluwer Academic Publishers:77-104

96. Runge W (1969) Die praktische Anwendung nichtlinearer Optimierungsmodelle. In: Mathematik und Wirtschaft. Verlag Die Wirtschaft, Berlin 45-61

97. Rüst LY (2007) The P-matrix linear complementarity problem. Generalizations and specializations. Dissertation, ETH Zürich

98. Samelson H, Thrall RM, Wesler O (1958) A partition theorem for Euclidean n-space. Proc Amer Math Soc 9:805-807

99. Schäfer U (2007) Wie erklärt man ein Nash-Gleichgewicht? Elem Math 62:1-7

100. Schäfer U (2007) On computer-assisted proofs for solutions of linear complementarity problems. J Comput Appl Math 199:257-262

101. Schäfer U (2004) Unique solvability of an ordinary free boundary problem. Rocky Mountain J Math 34:341-346

102. Schäfer U (2004) On the modulus algorithm for the linear complementarity problem. Oper Res Lett 32:350-354

103. Schäfer U (2004) A linear complementarity problem with a P-matrix. SIAM Rev 46:189-201

104. Schäfer U (2004) A new subclass of P-matrices. Linear Algebra Appl 393:353-364

105. Schäfer U (2003) Accelerated enclosure methods for ordinary free boundary problems. Reliab Comput 9:391-403

106. Schäfer U (2001) An enclosure method for free boundary problems based on a linear complementarity problem with interval data. Numer Funct Anal Optim 22:991-1011

107. Schlee W (2004) Einführung in die Spieltheorie. Vieweg, Wiesbaden

108. Schnurr M (2007) Steigungen höherer Ordnung zur verifizierten globalen Optimierung, Dissertation, Universitätsverlag Karlsruhe

109. Schöning U (1992) Theoretische Informatik - kurzgefasst. B. I. Wissenschaftsverlag, Mannheim

110. Seydel R (2006) Tools for computational finance. Springer-Verlag, Third edition, Berlin

111. Sheng R, Potra FA (1997) A quadratically convergent infeasible-interior-point algorithm for LCP with polynomial complexity. SIAM J Optim 7:304-317

112. Stoer J, Wechs M (1998) Infeasible-interior-point paths for sufficient linear complementarity problems and their analyticity. Math. Program. 83:407-423

113. Thompson RC, Walter WL (1992) An existence theorem for a parabolic free boundary problem. Differ Integral Equ 5:43-54

114. Thompson RC, Walter WL (1990) Convergence of the line method approximation for a parabolic free boundary problem. Differ Integral Equ 2:335-351

115. Thompson RC (1982) A note on monotonicity properties of a free boundary problem for an ordinary differential equation. Rocky Mountain J Math 12:735-739

116. Todd MJ (1986) Polynomial expected behavior of a pivoting algorithm for linear complementarity and linear programming problems. Math Program 35:173-192

117. Tomlin J (1978) Robust implementation of Lemke's method for the linear complementarity problem. Math Program Study 7:55-60

118. Tsatsomeros M, Li L (2000) A recursive test for P-matrices. BIT 40:410-414

119. Stiegelmeyr A (2001) Zur numerischen Berechnung strukturvarianter Mehrkörpersysteme. Dissertation, Technische Universität München, VDI Verlag, Düsseldorf

120. van Bokhoven WMG (1981) Piecewise-linear modelling and analysis. Proefschrift, Eindhoven

121. van Eijndhoven JTJ (1986) Solving the linear complementarity problem in circuit simulation. SIAM J Control Optim 24:1050-1062

122. Varga RS (1962) Matrix iterative analysis. Prentice-Hall, New Jersey

123. Väliaho H (1996) P_*-Matrices are just sufficient. Linear Algebra Appl 239:103-108

124. Walter W (1972) Gewöhnliche Differentialgleichungen. Springer-Verlag, Berlin

125. Wösle M (1997) Dynamik von räumlichen strukturvarianten Starrkörpersystemen. Dissertation, Technische Universität München, VDI Verlag, Düsseldorf

126. Wolfsteiner P (1999) Dynamik von Vibrationsförderern. Dissertation, Technische Universität München, VDI Verlag, Düsseldorf

127. Wright S, Zhang Y (1996) A superquadratic infeasible-interior-point method for linear complementarity problems. Math Program 73:269-289

128. Ye Y, Pardalos PM (1991) A class of linear complementarity problems solvable in polynomial time. Linear Algebra Appl 152:3-17

Sachverzeichnis

Printed in the United States
By Bookmasters